岩土工程施工与质量控制研究

刘　明　吕凡参　陈保林 ◎ 主编

黑龙江朝鲜民族出版社

图书在版编目（CIP）数据

岩土工程施工与质量控制研究 / 刘明, 吕凡参, 陈保林主编. -- 哈尔滨：黑龙江朝鲜民族出版社, 2024.

ISBN 978-7-5389-2897-6

Ⅰ. TU4

中国国家版本馆CIP数据核字第2025N4F207号

YANTU GONGCHENG SHIGONG YU ZHILIANG KONGZHI YANJIU

书　　名　岩土工程施工与质量控制研究

主　　编　刘　明　吕凡参　陈保林

责任编辑　姜哲勇　朴海燕

责任校对　李慧艳

装帧设计　韩元琛

出版发行　黑龙江朝鲜民族出版社

发行电话　0451-57364224

电子信箱　hcxmz@126.com

印　　刷　黑龙江天宇印务有限公司

开　　本　787mm×1092mm　1/16

印　　张　17.5

字　　数　360千字

版　　次　2024年12月第1版

印　　次　2025年3月第1次印刷

书　　号　ISBN 978-7-5389-2897-6

定　　价　70.00元

编委会

前　言

随着我国社会经济的不断发展，我国的岩土工程建设项目得到了较快的发展，一个又一个大型工程项目的成功建设，体现了我国岩土工程建设技术的迅猛发展。目前，我国对于岩土工程建设仍有较大的需求，对岩土工程的技术、质量、环境等方面的要求也越来越高。对于岩土工程来说，施工质量的控制对岩土工程建设的质量控制具有重要的影响。因此，加强对岩土工程施工技术与质量控制的研究显得尤为必要。

当前，随着岩土工程施工的不断发展，岩土工程施工中出现了许多新情况、新问题，因此，对于岩土工程的施工技术也提出了新的要求。当今社会科技发展日新月异，岩土工程学科也取得了较大的发展，如原位测试、地基处理等技术不断创新，并应用于岩土工程施工实践中。施工技术的创新与应用也推动了岩土工程施工质量控制的新发展。本书从岩体和土体的工程性质及评价出发，阐述了土地基和岩石地基工程以及岩土边坡工程与岩土工程爆破，接着研究与分析了岩土工程施工的相关技术，后梳理了岩土工程勘测与质量控制、岩土工程设计与质量控制、岩土工程的施工与质量控制等内容。本书论述严谨，结构合理，条理清晰，内容丰富，可供相关工作人员学习参考，对岩土工程施工与质量控制研究有一定的借鉴意义。

在本书的策划和写作过程中，曾参阅了国内外有关的大量文献和资料，从其中得到启示；同时也得到了有关领导、同事、朋友及学生的大力支持与帮助。在此致以衷心的感谢。本书的选材和写作还有一些不尽如人意的地方，加上编者学识水平和时间所限，书中难免存在缺点，敬请同行专家及读者指正，以便进一步完善提高。

目　录

第一章　岩体和土体的工程性质及评价 ················· 01

第一节　岩体地应力测试 ························· 01

第二节　土的工程分类 ························· 04

第三节　工程岩体的分类 ························· 15

第二章　土地基和岩石地基工程 ··················· 25

第一节　一般土质地基 ························· 25

第二节　特殊土质地基 ························· 31

第三节　软弱地基处理 ························· 42

第四节　岩石地基 ··························· 56

第三章　岩土边坡工程与岩土工程爆破 ··············· 63

第一节　岩土边坡工程 ························· 63

第二节　岩土工程爆破 ························· 68

第四章　灌注桩综合施工新技术 ··················· 83

第一节　灌注桩水磨钻缺陷桩处理技术 ················ 83

第二节　海上平台嵌岩灌注斜桩成桩综合施工技术 ·········· 89

第三节　大直径旋挖灌注桩硬岩分级扩孔钻进技术 ·········· 97

第四节　灌注桩钢筋笼箍筋自动弯箍施工技术 ············ 102

第五节　旋挖灌注桩内外双护筒定位施工技术 ············ 107

第六节　海上平台斜桩潜孔锤锚固施工技术 ············· 112

第五章　地下连续墙深基坑支护新技术 ··············· 118

第一节　地铁保护范围内地下连续墙成槽综合施工技术 ········ 118

第二节　地下连续墙硬岩大直径潜孔锤成槽施工技术 ········· 124

第三节　地下连续墙成槽大容量泥浆循环利用施工技术 ········ 129

第四节　地下连续墙超深硬岩成槽综合施工技术 ··········· 133

第六章　大直径潜孔锤应用新技术 ································· 138

第一节　大直径潜孔锤全护筒跟管钻孔灌注桩施工技术 ··········· 138

第二节　灌注桩潜孔锤全护筒跟管管靴技术 ····················· 145

第三节　灌注桩潜孔锤钻头耐磨器跟管钻进技术 ················· 148

第四节　硬岩灌注桩大直径潜孔锤成桩综合施工技术 ············· 151

第七章　非开挖施工技术与其他岩土工程施工方法 ··············· 159

第一节　非开挖施工技术概述 ······························· 159

第二节　顶管法 ··· 163

第三节　微型隧道法 ····································· 169

第四节　气动夯管锤施工技术 ······························· 172

第五节　导向钻进法 ····································· 180

第六节　振动法铺设管道技术 ······························· 183

第七节　其他非开挖施工技术 ······························· 186

第八节　其他岩土工程施工方法 ····························· 190

第八章　岩土工程勘察与质量控制 ··························· 198

第一节　岩土工程勘察设计 ······························· 198

第二节　岩土工程勘察技术 ······························· 204

第三节　岩土工程水文勘察 ······························· 215

第四节　岩土工程勘察的质量控制 ··························· 224

第九章　岩土工程设计与质量控制 ··························· 230

第一节　岩土工程设计与质量控制概述 ······················· 230

第二节　岩土工程的地基设计与质量控制 ····················· 236

第三节　岩土工程的桩基础工程设计与质量控制 ················· 242

第十章　岩土工程的施工与质量控制 ························· 246

第一节　岩土工程的地基处理与质量控制 ····················· 246

第二节　岩土工程的桩基础施工与质量控制 ··················· 254

第三节　岩土工程的地下连续墙施工与质量控制 ················· 261

第四节　岩土工程的锚固技术与质量控制 ····················· 265

参考文献 ··· 270

第一章　岩体和土体的工程性质及评价

第一节　岩体地应力测试

一、地应力测量的基本原理

在工程的设计与施工阶段，必须了解地应力的大小和分布状态，从而为岩体工程的设计与施工提供可靠的依据；即使在工程运营阶段，也需要对岩体中的应力变化和活动以及对理论分析进行校核；岩体应力测量还是预报岩体失稳破坏以及预报岩爆的有力工具。由于人们无法通过理论计算获得地应力的精确值，因此岩体地应力测量就成为人们获取地应力大小的最有效手段之一。

地应力测量就是确定岩体中的三维应力状态。岩体中一点的三维应力状态可由选定坐标系中的 6 个分量（σ_x，σ_y，σ_z，σ_{xy}，σ_{zx}，）来表示。该坐标系是可根据需要和方便进行任意选择，但一般取地球坐标系作为测量坐标系。由 6 个应力分量可求得该点唯一的 3 个主应力的大小和方向。在实际地应力测量中，每一测点所涉及的岩体可能从几立方厘米到几千立方米，这取决于所采用的测量方法。但无论多大，对于整个岩体而言，仍可视为一点。虽然也有测量大范围岩体内的平均应力的方法，如超声波等地球物理方法，但这些方法很不准确，故远没有"点"测量方法普及。由于地应力状态的复杂性和多样性，要比较准确的测定某一地区的地应力，就必须进行充足数量的"点"测量，在此基础上借助数值分析和数理统计、灰色建模、人工智能等分析方法，进一步确定该区域的全部地应力场状态。

由于地应力是一个非可测的物理量，它只能通过测量应力变化而引起的诸如位移、应变或电阻、电感、波速等可测物理量的变化值，然后基于某种假设反算出地应力量值。因此，目前国内外采用的所有地应力测量方法，基本均为在钻孔、地下开挖或露头上刻槽引起岩体中应力的扰动，然后用各种探头量测由于应力扰动而产生的各种物理量变化的方法来实现。总体上分为直接测量法和间接测量法两大类。

直接测量法是测量仪器直接记录补偿应力、恢复应力、平衡应力或其他应力量，并由这些应力值与地应力的相互关系，通过计算获得地应力值，其优点是无须事先知道岩体的物理力学性质及应力应变关系，不涉及物理量之间的换算即可决定岩体地应力，如扁千斤顶法、水压致裂法、刚性圆筒应力法以及声发射法（Kaiser 效应）等。间接测量法不是直接测量应力值，而是借助某些传感元件或介质，测量和记录某些与应力有关的间接物理量的变化，如变形、应变、弹性波波动参数、岩体密度、渗透性、吸水性、电阻电容、放射性参数等，然后根据已知或假设的公式来计算地应力值，如应力解除法、局部应力解除法、应变解除法、应用地球物理方法等。

二、水压致裂法

水压致裂法地应力测量是深孔地应力测量中最主要的一种方法，尤其在地壳深层的地应力场研究中必不可少，是地震及其破坏机理研究的重要依据。水压致裂法在 20 世纪 50 年代被广泛用于油田工程，通过在钻井中制造人工裂隙来提高石油产量。

（一）测量原理

水压致裂法是借助于一对可膨胀的橡胶封隔器，在需要测量应力的深度上封闭隔离一段钻孔，然后泵入液体对试段钻孔施加压力，根据压裂过程曲线上压力特征值以及橡胶塞套上压痕的方位，确定岩体中地应力的大小和方向。

水压致裂法的原理以弹性力学平面问题为基础，并引入三个基本假设，即：① 岩体是线性、均匀、各向同性的弹性体。② 岩体为多孔介质时，注入的液体按达西定律在岩体孔隙中流动。③ 岩体地应力的一个主方向是垂直方向，与垂直向钻孔轴线一致，大小等于上覆岩层的质量。也就是说水压致裂法地应力测量是对钻孔横截面上的二维地应力状态的测量。

从弹性力学理论可知，当一个位于无限体中的钻孔受到无穷远处的二维应力（σ_1，σ_3）作用时，离开钻孔端部一定距离的部位处于平面应变状态，在这些部位，钻孔周边的应力为：

$$\left.\begin{array}{l} \sigma_\theta = \sigma_1 + \sigma_3 - 2(\sigma_1 - \sigma_3)\cos\theta \\ \sigma_r = 0 \end{array}\right\}$$

式中：σ_θ，σ_r——钻孔周边的切向应力和径向应力；

θ——钻孔周边一点与 σ_1 轴的夹角，当 $\theta = 0$ 时，σ_θ 取极小值，$\sigma_\theta = 3\sigma_3 - \sigma_1$。

在试验过程中，当高压水泵入到由栓塞隔开的钻孔试验段中，水试段压升高，钻孔孔壁的环向压应力降低，并在某些点出现拉应力；当泵入的水压力超过 $3\sigma_3 - \sigma_1$ 和岩石抗拉强度 σ_t 后，就在 $\theta = 0$ 处（即 σ_1 所在方位）发生孔壁开裂。设钻孔孔壁产生初始开

裂时的水压力为 P_{c1}，则有：

$$p_{c1} = 3\sigma_3 - \sigma_1 + \sigma_t$$

若继续向封闭段注水，则裂隙进一步扩展，当裂隙深度达到 3 倍钻孔孔径时，此处已接近初始地应力状态，停止加压，保持压力恒定，则该恒定压力称为关闭压力或封井压力 p_s，其应与初始地应力 σ_3 相平衡，即：

$$p_s = \sigma_3$$

式中：σ_3 的方向与裂隙方向垂直。

联立式 $p_{c1} = 3\sigma_3 - \sigma_1 + \sigma_t$ 和式 $p_s = \sigma_3$，则可求得初始水平地应力：

$$\left. \begin{array}{l} \sigma_1 = 3\sigma_3 - p_{c1} + \sigma_t \\ \sigma_3 = p_s \end{array} \right\}$$

式中：σ_t ——岩体抗拉强度，可由试验本身确定。

因为使张裂隙再次开启时，有：

$$3\sigma_3 - \sigma_1 - p_{c2} = 0$$

联立 $p_s = \sigma_3$、$\sigma_3 = p_s$、$\left. \begin{array}{l} \sigma_1 = 3\sigma_3 - p_{c1} + \sigma_t \end{array} \right\}$ 与 $3\sigma_3 - \sigma_1 - p_{c2} = 0$，则得：

$$\sigma_t = p_{c1} - p_{c2}$$

若钻孔中存在裂隙水，且封隔段的裂隙水压力为 p_0，可得：

$$\left. \begin{array}{l} \sigma_1 = 3\sigma_3 - p_{c1} + \sigma_t - p_0 \\ \sigma_3 = p_s - p_0 \end{array} \right\}$$

主应力则由岩体自重应力来确定，即 $\sigma_2 = \sigma_z = \gamma H$。

（二）测量步骤

在进行正式水压致裂试验前，应首先对钻孔的透水率、钻孔倾斜度进行检查，同时根据工程需要选择合理的测试段，并对每根加压钻杆进行密封检查。水压致裂法地应力测量包括以下步骤：① 密封孔段。打钻孔到测试部位，通过钻杆将一对可膨胀的橡胶封隔器放置到选定测试段，加压使其膨胀，座封于孔壁上，形成压裂段。此时，尚未对压裂段注入液体，压裂段钻孔横截面上未承受液压作用，地面泵压显示为零。② 注水加压。通过钻杆推动转换阀，向压裂段注高压水流，不断加大水压，直至孔壁出现裂隙，记下此时的初始开裂压力 P_{c1}；然后继续施加压力使裂隙扩展，当水压增至 2~3 倍开裂压力时，裂隙扩展至 10 倍钻孔孔径，关闭高水压系统，泵压急速下降，之后随着破裂面的闭合，转变为缓慢下降，此时便得到了破裂面处于临界闭合时的关闭压力 P_s；最后泄压使裂隙闭合，泵压记录降为零。③ 重张裂隙。重新向压裂段注水，使裂隙重新张开，并记下裂隙重开时的压力 P_{c2} 和随后恒定关闭压力 P_s。这种重新加压过程一般要重复 2~3 次，以便取得合理的压裂参数，判断岩石破裂和裂隙扩展过程，以提高测试数据的准确性。④ 解封。压裂完毕后，通过钻杆拉动转换阀，使隔离器内的液体通过钻杆排出，隔离器收缩恢复原状，即封隔器解封。⑤ 记录。将特殊橡皮包裹的印模器送入压裂段并加压，使水压致裂裂隙的形状、大小、方位及原来孔壁存在的节理、裂隙均由橡皮印模器记录下来。⑥ 数据处理。根据记录数据绘制压力 – 时间曲线图，并计算主应力的大小和确定主应力的方向。

然而，水压致裂法也存在一定的不足。首先，采用水压致裂法测量地应力时，只有假定钻孔方向与一个主应力方向重合，且该主应力的值也已知，才能根据在一个钻孔测得的结果确定三维地应力状态，否则就必须打交汇于测点的互不平行的 3 个钻孔；在测试中，通常假定自重应力是一个主应力，因而将钻孔打在垂直方向，但是在很多情况下，垂直方向并不是主应力方向，而且垂直应力也不等于自重应力；同时，这种方法认为初始开裂在垂直于最小主应力的方向发生，可是如果岩石本来就有层理、节理等弱面存在，那么初始裂隙就由可能沿着弱面发生。因此，水压致裂法只能用于比较完整的岩体中。

三、应力解除法

应力解除法是较为成熟的一种地应力测量技术，也是岩体地应力测量中应用较广的方法。该方法既可测量洞室周围较浅部分的岩体应力，也可测量深部岩体的应力。

应力解除法的基本原理：当需要测定岩体中某点的应力状态时，首先人为地将该处岩体与周围岩体分离，此时岩体单元所受的应力被解除，同时该单元的几何形状也发生弹性恢复；应用特定的仪器，测定这种弹性恢复的应变值或变形值，借助弹性理论来计算岩体的地应力。

应力解除法是建立在弹性理论基础上的原位实测方法，其基本假定为：① 岩体是线性、均匀、各向同性的弹性体。② 岩体加载、卸载过程中具有同样的应力路径或应力 – 应变关系。③ 解除孔径 ≥ 3 倍测孔直径，可近似处理为厚壁圆筒问题。

第二节　土的工程分类

土是岩石（母岩）在风化作用后，在原地或经搬运作用在异地的各种地质环境下形成的堆积物。土的工程性质与母岩的成分、风化的性质以及搬运沉积的环境条件有着密切的关系，研究土的工程性质就要研究土的成因、矿物成分、结构构造、三相体系以及其组合特征与变化规律。土是一种特殊的变形体材料，它既服从连续介质力学的一般规律，又有其特殊的应力 – 应变关系和特殊的强度、变形规律，从而形成了土力学不同于一般固体力学的分析和计算方法。

土的工程性质指标包括物理性质指标和力学性质指标两类。物理指标是指用于定量描述土的组成、土的干湿、疏密与软硬程度的指标；力学指标主要是用于定量描述土的变形规律、强度规律和渗透规律的指标。不同类型的土，工程性质相差很大，在工程建设中也应该采取不同的处理方法。尤其是一些特殊土如软土、黄土、膨胀土、冻土、红黏土、填土、盐渍土、污染土等有特殊的性质，所以在工程建设时要加以区分，进行适当的处理。

一、土的成因与结构

（一）土的成因及特征

岩石经过风化（物理风化、化学风化、生物风化）、剥蚀等作用会形成颗粒大小不等的岩石碎块或矿物颗粒，这些岩石碎屑物质在重力作用、流水作用、风力吹扬作用、冰川作用及其他外力作用下被搬运到别处，在适当的条件下沉积成各种类型的土体。所以土是母岩在风化作用后在原地或经搬运作用在异地的各种地质环境下形成的堆积物。土体按地质成因可分为残积土、坡积土、洪积土、冲积土、淤积土、冰积土和风积土。实际上在土粒被河流等搬运的过程中，颗粒大小、形状及矿物成分进一步变化细分，并在沉积过程中常因沉积分异作用而使土在成分、结构、构造和性质上表现出有规律的变化。第四纪土层具有下列基本特性：

1. 土的分选性

岩石被风化后，有一些残留在原地堆积的称为残积土，基本保留原岩的矿物成分；另外一些大颗粒的搬运到山坡下沉积成为坡积土，多为角砾状，其磨圆度差；粗颗粒的被流水带走在中下游沉积成为洪积土，多为圆砾状，其磨圆度一般；细颗粒的被流水带到更远的下游沉积成为淤积土。

2. 土的碎散性

物理风化是指岩石和土的粗颗粒受风、霜、雨、雪的侵蚀，温度、湿度的变化，不均匀膨胀和收缩，使岩石产生裂隙，崩解为碎块。这种风化作用只改变颗粒的大小与形状，不改变矿物成分。由物理风化生成的多为粗颗粒土，如碎石、卵石、砾石、砂土等，呈松散状态，统称无黏性土。这类土颗粒的矿物成分仍与原来的母岩相同，称为原生矿物。虽然物理风化后的土可以当成只是颗粒大小量的变化，但是这种量变的积累结果使原来的大块岩体获得了新的性质，变成了碎散的颗粒。颗粒之间存在着大量的孔隙，可以透水和透气。

3. 土的三相体系

化学风化是指岩石碎屑与水、氧气和二氧化碳等物质接触反应而发生的变化，它改变了原来的矿物成分，形成了新的矿物，也称次生矿物。化学风化的作用有：水解作用、水化作用、氧化作用、溶解作用、碳酸化作用等。化学风化的结果，形成十分细微的土颗粒以及大量的可溶性盐类。微细颗粒的表面积很大，具有吸附水分子的能力，具有黏聚力，如黏土、粉质黏土等。因此，自然界的土，一般都是由固体颗粒、水和气体 3 种成分构成。

4. 土的自然变异性

在自然界中，土的各种风化作用时刻都在进行，而且各种风化作用相互交替。由于形成过程的自然条件不同，自然界的土也就多种多样。同一场地，不同深度处土的性质也不一样，即使同一位置的土，其性质也往往随方向而异。例如沉积土往往竖直方向的透水性小，水平方向的透水性大。因此，土是自然界漫长的地质年代内所形成的性质复杂、不均匀、各向异性且随时间不断变化的材料。

5. 土的压缩性

由于各种土的形成地质年代先后次序不同，所以其自重应力、后期固结压力及受到后期地质作用的方式不同，因此各种土均是随时间不断固结的，土的压缩性也是不断变化的。

（二）土的矿物成分

土的矿物成分主要是根据组成土的固体颗粒及其杂质来划分的，它可分为 3 大类别，即原生矿物、次生矿物和有机质。

1. 原生矿物

原生矿物是岩石经物理风化破碎但成分没有发生变化的矿物碎屑。常见的原生矿物有石英、长石、云母、角闪石、辉石、橄榄石、石榴石等。原生矿物的特点是颗粒粗大，物理、化学性质一般比较稳定，所以它们对土的工程性质影响比其他几种矿物要小得多。

2. 次生矿物

次生矿物是母岩原有矿物成分发生变化后新生的矿物成分，主要包括黏土矿物，次生 SiO_2、Al_2O_3 和 Fe_2O_3 等。土中次生 SiO_2 和倍半氧化物 Al_2O_3，Fe_2O_3 等矿物的胶体活动性、亲水性及对土的工程性质影响，一般比次生黏土矿物要小。

次生黏土矿物主要为高岭石、伊里石及蒙脱石 3 个基本组。次生黏土矿物有结晶（片状或纤维状）和非结晶两种。高岭石、伊里石及蒙脱石都属于片状结晶，其原子呈层状排列，基本单元为硅氧四面体（称为硅离子）和铝氢氧八面体（称为铝离子）。硅离子和铝离子分别以硅和铝原子为中心，氧原子和氢氧根位于顶点。由 6 个硅氧四面体的硅离子在一个平面排列，形成一个硅片（硅片底面氧离子被相邻两个硅离子共用）；由 4

个铝氢氧八面体的铝离子在一个平面排列，形成一个铝片（每个 OH^- 都被相邻两个铝离子共用）。这类硅片和铝片组合的形式是形成不同黏土矿物的基础。

（1）高岭石类

高岭石类 $[Si_4Al_4O_{10}(OH)_8]$ 的基本单元（晶胞）为 1：1 组合的二层结构，也就是说，结晶格架的每个晶胞分别是由一个铝氢氧八面体层和硅氧四面体层组成。其两个相邻晶胞之间以 O^{2-} 和 OH^-（氢键）相互联系，晶格不能自由活动，不允许有水分子进入晶胞之间。因此，它是较为稳定的黏土矿物。它在含有不纯的原子或分子时才具有膨胀性；它在盐分影响下，液限和强度均降低。多水高岭石因其在各片之间有 H_2O 形式的结晶水，其矿物呈圆杆状或扁平的棒状。由于这种棒状矿物在湿化后将起滚珠轴承似的作用，土体将易发生滑动。

（2）蒙脱石

蒙脱石类 $[Si_8Al_4O_{20}(OH)_4]$ 的基本单元为 2：1 的三层结构，也就是说结晶格架与高岭石类不同，它的晶胞是由两个硅氧四面体层夹一个铝氢氧八面体层组成。它的晶胞之间为数层水分子，由联结力很弱的 O^{2-} 分子相互联系，晶格具有异常大的活动性，遇水很不稳定，水分子可无定量地进入晶格之间而使它产生膨胀，其体积可增大数倍。因此它的矿物离子表面常被水包围，具有高塑性和低内摩擦角。脱水后又会显著收缩，并伴有微裂隙产生。

（3）伊利石类

伊利石类：$K(Si_7Al)(Al, Mg, Fe)_{4-6}O_{20}(OH)_4$ 的基本单元也是 2：1 组合的三层结构，所不同的是其硅氧四面体中的部分 Si^{4+} 离子常被 Al^{3+}，Fe^{3+} 所置换，且晶胞之间的结合不是水，而是由 K^+ 或 Na^+ 离子所连接（钾伊利石和钠伊利石）。此外，伊利石的游离原子价较多，且多集中于硅片层内，即距晶格表面较近，所以替换离子在伊利石中的吸附力极为牢固（不像蒙脱石，不仅游离原子价较少，而且多集中于距晶格表面较远的铝片层内），遇水膨胀和失水收缩的性能均不及蒙脱石显著。伊利石的表面呈角状，内摩擦角大。

由于黏土矿物是很细小的扁平颗粒，颗粒表面具有很强的与水相互作用的能力，所以表面积越大，与水作用的能力越强。

3. 有机质

在自然界的一般土，特别是淤泥质土中，通常都含有一定数量的有机质，当其在黏性土中的质量分数达到或超过 5%（在砂土中的质量分数达到或超过 3%）时，就开始对土的工程性质具有显著的影响。由于胶体腐殖质的存在使土具有高塑性、膨胀性和黏性。所以含有机质的土对工程建设是不利的。

（三）土的结构构造

土的结构、构造是其物质成分的连结特点、空间分布和变化形式。土的工程性质及其变化，除取决于其物质成分外，在较大程度上还与诸如土的粒间连结性质和强度、层理特点、裂隙发育程度和方向，以及土质的其他均匀性特征等土体的天然结构和构造因素有关。所以只有研究并查明土的结构和构造特征，才能了解土的工程性质在一定区域内不同方向的变化情况，从而全面地评定相应建筑地区土体的工程性质。

土的结构及构造特征与其形成环境、形成历史以及组成成分等有密切关系。

1. 土的结构

（1）土的结构定义与类别划分

在岩土工程中，土的结构是指土颗粒个体本身的特点和颗粒间相互关系的综合特征。具体来说是指：

① 土颗粒本身的特点

土颗粒大小、形状和磨圆度及表面性质（粗糙度）等。这些结构特征对粗粒土（如碎石、砾石类土，粗中砂土等）的物理力学性质，如孔隙性与密实度、透水性、强度和压缩性等有重要影响。当组成颗粒小到一定程度时（如对黏性土），以上因素变化对土性质影响不大。

② 土颗粒之间的相互关系特点

粒间排列及其连结性质。土的结构可分为两大基本类型：单粒（散粒）结构和集合体（团聚）结构。这两大类不同结构特征的形成和变化取决于土的颗粒组成、矿物成分及所处的环境条件。

（2）单粒结构特征

单粒结构，也称散粒结构，是碎石（卵石）、砾石类土和砂土等无黏性土的基本结构形式。

单粒结构对土的工程性质影响主要在于其松密程度。据此，单粒结构一般分为疏松的和紧密的两种。土粒堆积的松密程度取决于沉积条件和后来的变化作用。

具有单粒结构的碎石土和砂土，虽然孔隙比较小，但土粒相互依靠支撑，内摩擦力大，并且受压力时土体积变化较小。另外，由于这类土的透水性强，孔隙水很容易排出，在荷载作用下压密过程很快。因此，即使原来比较疏松，当建筑物结构封顶时，地基沉降也告完成。所以，对于具有单粒结构的土体，一般情况（静荷载作用）下可以不必担心它的强度和变形问题。

（3）集合体结构特征

集合体结构，也称团聚结构、絮凝结构或易变结构。这类结构为黏性土所特有。

由于黏性土组成颗粒细小，表面能大，颗粒带电，沉积过程中粒间引力大于重力，并形成结合水膜连结，使之在水中不能以单个颗粒沉积下来，而是凝聚成较复杂的集合体进行沉积。这些黏粒集合体呈团状，常称为团聚体，构成黏性土结构的基本单元。具有集合体结构的土体，孔隙度很大（可达50%~98%），土的压缩性大；含水量很大，往往超过50%且压缩过程缓慢；具有大的易变性——不稳定性，对外界条件变化（如加压、震动、干燥、浸湿以及水溶液成分和性质变化等）很敏感，往往使之产生质的变化。

　　根据其颗粒组成、连结特点及性状的差异性，集合体结构可分为蜂窝状结构和絮状结构两种类型。

　　① 蜂窝状结构：亦称为聚粒结构，是由较粗黏粒和粉粒的单个颗粒之间以面—点、边—点或边—边，受异性电引力和分子引力相连结组合而成的疏松多孔结构。

　　② 絮状结构：亦称为聚粒絮凝结构或二级蜂窝状结构，主要是由更小黏粒连结形成的，是上述蜂窝状的若干聚粒之间，以面—边或边—边连结组合而成的更疏松、孔隙体积更大的结构。

　　2. 土的构造

　　土的构造是指土体结构相对均一的土层单元体在空间上的排列方式和组合特征。各土层单元体的分界面称土层层面。土层单元体的形状多为层状、条带状，局部夹有透镜状，所以土层构造主要是层状构造。土层层面形态有平直的、交叉的，也有变化起伏的。由于地质历史的漫长，土层沉积往往是分层沉积的，所以从地面开始越往深处土层地质年代一般越老。

　　不同的土性也有不同的构造，碎石土往往呈粗砂状或似斑状构造，黏土中往往有砂土透镜体夹层等。也就是说，地层剖面中垂直方向地层层位变化较复杂，但水平方向同一层土性状大致相同但层厚有变化。因此，工程地质勘测中往往要多布钻孔才能详细掌握地层变化。

（四）土的三相关系

　　土的三相系指土是由土颗粒（固相）、土中水（液相）和土中气（气相）组成的。土的三相组成物质的差异、结构构造不同及形成年代不同等因素必然影响土的工程性状，并在土的含水量、重度、软硬程度、孔隙比、强度、承载能力方面有所反映。下面分别介绍土的三相关系。

　　1. 土的固相

　　土的固相指的是土中固体颗粒的大小及所构成的骨架，土骨架可以传递有效应力。σ'（有效应力）$=\sigma$（上覆土层的总应力）$-u$（孔隙水压力）。土的固相由各种大小不同的矿物颗粒组成，所以有必要对土颗粒分组。

　　（1）粒组的划分及特征

　　粒径（或粒度）：土颗粒直径的大小（单位：mm），可通过筛分时的筛孔孔径和水中下沉的当量球体的直径来确定。

粒组：粒径处于一定范围内的土粒组。

土的粒度成分（或称土的颗粒级配）：土中各粒组颗粒的质量分数。颗粒级配良好表示土颗粒大小不均匀。

土的粒径由大到小逐渐变化时，土的工程性质也相应地发生变化。因此，在工程上粒组的划分在于使同一粒组土粒的工程性质相近，而与相邻粒组土粒的性质有明显差别。粒组特征如下：① 土颗粒愈细小，与水的作用愈强烈。毛细作用由无到毛细上升高度逐渐增大。② 土颗粒越大，透水性越好。③ 黏性土由于结合水与双电层的作用，颗粒越细越易吸水膨胀，具有可塑性和流变性，但黏土基本不透水。

（2）颗粒分析试验

土的颗粒级配需通过土的颗粒大小筛分实验来测定。对于粒径大于 0.075mm 粗颗粒用筛分法测定粒组的土质量。试验时将风干、分散的代表性土样通过一套孔径不同的标准筛（例如 20，2，0.5，0.25，0.1，0.075mm）进行分选，分别用天平称重即可确定各粒组颗粒的相对含量。粒径小于 0.075mm 的颗粒难以筛分，可用比重计法或移液管法进行粒组相对含量测定。实际上，小土颗粒多为片状或针状，因此粒径并不是这类土粒的实际尺寸，而是它们的水力当量直径（与实际土粒在液体中有相同沉降速度的理想球体的直径）。

颗粒级配曲线法是一种最常用的颗粒分析试验结果的表示方法，它表示土中小于某粒径的颗粒质量占土的总质量百分率与土粒粒径的变化关系。其横坐标表示土粒粒径，采用对数坐标；纵坐标表示小于某粒径颗粒的质量分数。筛分试验所得曲线称为颗粒级配曲线或颗粒级配累积曲线。从级配曲线可以直观地判断土中各粒组的含量情况，如果颗粒级配曲线陡峻，表示土粒大小均匀，级配不好；反之，曲线平缓，则表示土粒大小不均匀，级配良好。

有效粒径 d_{10} 指小于某粒径的土粒的质量分数为 10% 时相对应的粒径指标。d_{10} 之所以被称为有效粒径，是因为它是土中有代表性的粒径，对分析评定土的某些工程性质有一定意义，例如碎石土、砂土等粗粒土的透水性与由有效粒径的土粒构成的均匀土的透水性大致相同，因而可由 d_{10} 估算土的渗透系数及预测机械潜蚀的可能性等。

平均粒径 d_{50} 指小于某粒径的土粒的质量分数为 50% 时相对应的粒径指标。

限定粒径 d_{60} 指小于某粒径的土粒的质量分数为 60% 时相对应的粒径指标。

d_{60} 与 d_{10} 之比值反映颗粒级配的不均匀程度，所以称为不均匀系数 C_u：

$$C_u = \frac{d_{60}}{d_{10}}$$

C_u 愈大，土粒愈不均匀（颗粒级配累积曲线愈平缓），作为填方工程的土料时，则比较容易获得较小的孔隙比（较大的密实度）。工程上把 $C_u < 5$ 的土看作是均匀的，$C_u > 10$ 的土则是不均匀的，即级配良好的。

除不均匀系数（C_u）外，还可用曲率系数（C_c）来说明累积曲线的弯曲情况，从而分析评述土粒度成分的组合特征：

$$C_c = \frac{d_{30}^2}{d_{10} \cdot d_{60}}$$

式中：d_{10}，d_{60} 的意义同上，d_{30} 为相应累积粒径的质量分数为 30% 的粒径值。

C_c 值为 1~3 的土级配较好。C_c 值小于 1 或大于 3 的土，累积曲线都明显弯曲（凹面朝下或朝上）而呈阶梯状，粒度成分不连续，主要由大颗粒和小颗粒组成，缺少中间颗粒。

2. 土的液相

土的液相是指存在于土孔隙中的水。通常认为水是中性的，在零度以下时冻结，但实际上土中的水是一种成分非常复杂的电解质水溶液，它和亲水性的矿物颗粒表面有着复杂的物理化学作用。土中水溶液与土颗粒表面及气体有着复杂的相互作用，其作用程度不同，则形成不同性质的土中水，可将土中水分为结合水和非结合水两大类。

（1）结合水

结合水是指受分子引力、静电引力吸附于土粒表面的土中水，受到表面引力的控制而不服从静水力学规律，其冰点低于零度。结合水又可分为强结合水和弱结合水。

① 强结合水（吸着水）

强结合水也称吸着水，是牢固地被土粒表面吸附的一层极薄的水层。强结合水在最靠近土颗粒表面处，水分子和水化离子排列得非常紧密，以致其相对密度大于 1，并有过冷现象，即温度降到零度以下不发生冻结的现象。由于受土粒表面的强大引力作用，吸着水紧紧地吸附于土粒表面，失去自由活动能力，整齐地排列起来。强结合水厚度很小，一般只有几个水分子层。它的特征是，没有溶解能力，不能传递静水压力，只有吸热变成蒸汽时才能移动，具有极大的黏滞度、弹性和抗剪强度。

② 弱结合水（薄膜水）

弱结合水是距离土粒表面稍远的水分子，受到土粒的吸引力较弱，有部分活动能力，排列疏松不整齐。弱结合水厚度比强结合水大得多，且变化大，是整个结合水膜的主体，它仍然不能传递静水压力，没有溶解能力，冰点低于 0℃。但水膜较厚的弱结合水能向邻近的较薄的水膜缓慢转移。当土中含有较多的弱结合水时，土则具有一定的可塑性。砂土比表面较小，几乎不具可塑性，而黏性土的比表面较大，其可塑性就大。

弱结合水离土粒表面愈远，其受到的静电引力愈小，并逐渐过渡到非结合水。

③ 土粒表面的双电层结构

双电层结构的第一层是指最靠近土粒表面处，静电引力最强，把水化离子和水分子牢固地吸附在颗粒表面形成的固定层。土粒周围水溶液中的阳离子和水分子，一方面受到土粒所形成电场的静电引力作用，另一方面又受到布朗运动（热运动）的扩散力作用。

双电层结构的第二层是指在固定层外围，静电引力比较小，因此水化离子和水分子的活动性比在固定层中大而形成的扩散层。

固定层和扩散层中所含的阳离子与土粒表面负电荷一起构成双电层。弱结合水则相当于扩散层中的水。

从上述双电层的概念可知，反离子层中的结合水分子和交换离子，愈靠近土粒表面，则排列得愈紧密和整齐，即靠近土体表面的强结合水活动性也愈小。因此蒙脱石类黏性土与水作用最强烈，伊利石类次之，高岭石类相对不是很活跃。

（2）非结合水

非结合水为土粒孔隙中超出土粒表面静电引力作用范围的一般液态水。非结合水主要受重力作用控制，能传递静水压力和溶解盐分，在温度 0℃ 左右冻结成冰。液态非结合水包括毛细水和重力水。

① 毛细水

毛细水是由于毛细作用保持在地下水位附近土的毛细孔隙中的地下水。它分布在结合水的外围，有极微弱的抗剪强度，能传递静水压力，在外力较小的情况下就可以发生显著的流动。毛细水不仅受到重力的作用，还受到表面张力的支配，能沿着土的细孔隙从潜水面上升到一定的高度。这种毛细水上升接近建筑物基础底面时，毛细压力将作为基底附加压力的增值，而增大建筑物的沉降；毛细水上升接近或浸没基础时，在寒冷地区将加剧冻胀作用；毛细水浸润基础或管道时，水中盐分对混凝土和金属材料常具有腐蚀作用。

② 重力水

重力水是存在于较粗大孔隙中，具有自由活动能力，在重力作用下流动的水，为普通液态水。重力水流动时，产生动水压力，能冲刷带走土中的细小土粒，这种作用称为机械潜蚀作用。重力水还能溶滤土中的水溶盐，这种作用称为化学潜蚀作用。两种潜蚀作用都将使土的孔隙增大，增大压缩性，降低抗剪强度。同时，地下水面以下饱水的土重及工程结构的重量，因受重力水浮力作用，将相对减小。

3. 土的气相

土的气相是指充填在土的孔隙中的气体，包括土中与大气连通的气体和土中密闭的气体两类。与大气连通的气体对土的工程性质没有多大的影响，它的成分与空气相似，当土受到外力作用时，这种气体很快从孔隙中挤出；但是密闭的气体对土的工程性质有很大的影响，密闭气体的成分可能是空气、水汽或天然气。密闭气体很难从土中排除，对土的性质影响较大，使土不易压密、弹性变形量增加等。在压力作用下这种气体可被压缩或溶解于水中，而当压力减小时，气泡会恢复原状或重新游离出来。

二、工程分类

我国规范对第四纪土按堆积年代、地质成因、颗粒级配进行以下分类。

（一）土按堆积年代和固结程度分类

1. 按堆积年代分类

按堆积年代土可以分为老黏性土、一般黏性土和新近堆积的黏性土。

（1）老黏性土

老黏性土是指第四纪晚更新世（Q_3）及其以前堆积的土。它是一种堆积年代久、工程性质较好的土，一般具有较高强度和较低压缩性，并具有超固结的性质。

（2）一般黏性土

一般黏性土是指第四纪全新世（Q_4 文化期以前）堆积的黏性土。其分布面积广，工程性质变化很大，一般为正常固结土。

（3）新近堆积的黏性土

新近堆积的黏性土是指近期以来堆积的黏性土，大多为欠固结土，强度低。

2. 按固结程度分类

按固结程度土可分为正常固结土、超固结土和欠固结土。

（1）正常固结土

目前承受的有效上覆自重压力等于其先期固结压力的土。

（2）超固结土

目前承受的有效上覆自重压力小于其先期固结压力的土。

（3）欠固结土

在目前的上覆自重应力下尚未完全固结的土。

（二）土按地质成因分类

土按地质成因可分为残积土、坡积土、洪积土、冲积土、淤积土、冰积土和风积土。

1. 残积土

残积土是岩石经风化破碎后残留在原地的一种碎屑堆积物。残积土颗粒未经磨圆或分选，没有层理构造，均质性差，因而土的物理力学性质很不一致，同时多为棱角状的粗颗粒土，其孔隙率较大，作为建筑物地基容易产生不均匀沉降。

2. 坡积土

坡积土是在重力作用下，高处的风化物被雨水或雪水搬运到较平缓的山坡地带而形成的山坡堆积物。它一般分布在坡腰或坡脚下,其上部与残积土相接。坡积土形成于山坡,故常发生沿下卧基岩倾斜面滑动的现象。另外,坡积土由于组成物质粗细颗粒混杂,土质不均匀,厚度变化大。新近堆积的坡积土,土质疏松,压缩性较高。

3. 洪积土

洪积土是由山区暴雨和临时性的洪水作用,在山前形成的堆积物。洪积土常呈现不规则的交错层理构造,如具有夹层、尖灭或透镜体等产状。靠近山地的洪积土颗粒较粗,地下水位埋藏较深,土的承载力一般较高,常为良好的天然地基;离山较远地段颗粒较细,土质均匀、密实,厚度较大,通常也是良好的天然地基。

4. 淤积土

淤积土是在静水或缓慢水流环境下所形成的沉积物。包括海相沉积土和湖泊沉积土两大类。常见的淤积土有淤泥和淤泥质土,其特点是含水量很高,孔隙比很大,强度很低。

5. 冰积土

冰积土是由冰川和冰水作用所形成的沉积物。一般可分为冰碛、冰湖及冰水沉积3种类型。冰碛物主要堆积在冰川的近底部分,颗粒常以砾石为主,夹有砂和黏土,由于受上覆冰层的巨大压力而压实,具有较高的强度,是良好的建筑物地基。冰湖和冰水沉积物,分别是冰湖或融化后的冰川水所形成的堆积物。

冰湖沉积的带状黏土,具有明显的层理,但有时含有少量漂石,是一种不均匀地基土。

6. 风积土

风积土是风力搬运形成的堆积物。主要包括松散的砂和砂丘,典型的黄土也是风积物的一种。这种土的特征是没有层理,同一地点沉积的物质颗粒大小十分接近。

（三）土按颗粒级配分类

《岩土工程勘察规范》(GB 50021-2001)、《建筑地基基础设计规范》(GB 5007-2011)中,按颗粒级配或塑性指数将土分为碎石土、砂土、粉土和黏性土。

1. 碎石土

碎石土是指粒径大于2mm的颗粒量超过总质量50%的土。根据颗粒级配和颗粒形状,碎石土又可分为漂石、块石、卵石、碎石、圆砾和角砾。

2. 砂土

砂土是指粒径大于2mm的颗粒质量不超过总质量的50%、粒径大于0.075mm的颗粒质量超过总质量的50%的土。根据颗粒级配,砂土又分为砾砂、粗砂、中砂、细砂和粉砂。

3. 粉土

粉土是指粒径大于0.075mm的颗粒质量不超过总质量的50%,且塑性指数I_p小于或等于10的土。必要时,可根据颗粒级配将粉土分为砂质粉土(粒径小于0.005mm的颗粒质量不超过总质量的 10%）和黏质粉土（粒径小于 0.005mm 的颗粒质量等于或超过总质量的 10%）。

4. 黏性土

黏性土是指塑性指数 I_p 大于 10 的土。根据塑性指数又可分为粉质黏土（$10 < I_p \leqslant 17$）和黏土（$I_p > 17$）。

第三节　工程岩体的分类

岩体是指由一种或多种岩石组成，并由各类结构面及其所切割的结构体所构成的，存在于一定的地质环境中的刚性地质体。岩体经常被各种结构面（如层面、节理、断层、片理等）切割，使岩体成为一种多裂隙的不连续介质。

岩体结构是指岩体中结构面与结构体的组合形式，它包括结构面和结构体两个要素。结构面是指存在于岩体中的各种不同成因、不同特征的地质构造形迹界面，如断层、节理、层理、软弱夹层及不整合面等。结构体是指岩体被结构面切割后形成的岩石块体。岩体结构包括整体结构、块状结构、层状结构、碎裂结构和散体结构等。

软弱结构面，又称不连续面，指岩体中延伸较远、两壁较平滑、充填有一定厚度软弱物质的层面，如软弱夹层、泥化夹层、片理、劈理、节理、断层破碎带等。坚硬岩体的工程地质性质，严格受其中软弱面的强度、延展性、方向性、组合关系及密度等所控制。软弱夹层指岩体中夹有强度很低或被泥化、软化、破碎的薄层。

一、岩体的工程分类

在实际工程设计和施工过程中，对各类岩体的质量评价是一项重要内容。对作为工程建筑物地基或围岩的岩体，从工程的实际要求出发，对它们进行分类、分级，并根据其特性进行试验，得出相应的设计计算指标或参数，是非常必要的。其内容和要求须视工程类型、不同设计阶段和所要解决的问题而定。

表 1-1　岩石坚硬程度分类

坚硬程度	坚硬岩	较硬岩	较软岩	软岩	极软岩
饱和单轴抗压强度 f_r / MPa	$f_r > 60$	$60 \geqslant f_r > 30$	$30 \geqslant f_r > 15$	$15 \geqslant f_r > 5$	$f_r \leqslant 5$

表 1-2　岩体完整程度分类

完整程度	完整	较完整	较破碎	破碎	极破碎
完整性指数	> 0.75	0.75~0.55	0.55~0.35	0.35~0.15	< 0.15

表 1-3 岩体基本质量等级分类

坚硬程度	完整程度				
	完整	较完整	较破碎	破碎	极破碎
坚硬岩	I	II	III	IV	V
较硬岩	II	III	IV	IV	V
较软岩	III	IV	IV	V	V
软岩	IV	IV	V	V	V
极软岩	V	V	V	V	V

表 1-4 岩体按 BQ 的分类

基本质量级别	岩体质量的定性特征	岩体基本质量指标（BQ）
I	坚硬岩，岩体完整	> 550
II	坚硬岩，岩体较完整； 较坚硬岩，岩体完整	550~451
III	坚硬岩，岩体较破碎； 较坚硬岩，岩体较完整； 较软岩，岩体完整	450~351
IV	坚硬岩，岩体破碎； 较坚硬岩，岩体较破碎—破碎； 较软岩，岩体较完整—较破碎； 软岩，岩体完整—较完整	350~251
V	较软岩，岩体破碎； 软岩，岩体较破碎—破碎； 全部极软岩及全部极破碎岩	≤ 250

二、岩体结构的类型

岩体结构是指岩体中结构面与结构体的组合形式，它包括结构面和结构体两个要素。

（一）结构体

结构体指岩体中被结构面切割而产生的单个岩石块体。由于各种成因的结构面的组合，在岩体中可形成大小、形状不同的结构体。

受结构面组数、密度、产状、长度等影响，岩体中结构体的形状和大小是多种多样的，但根据其外形特征可大致归纳为柱状、块状、板状、楔形、菱形和锥形等六种基本形态。当岩体强烈变形破碎时，也可形成片状、碎块状、鳞片状等形式的结构体。

结构体形状、大小、产状和所处位置不同，其工程稳定性大不一样。当结构体形状、大小相同，但产状不同，在同一工程位置，其稳定性不同；当结构体形状、大小、产状都相同，在不同工程位置，其稳定性也不相同。

（二）结构面

结构面是指存在于岩体中的各种不同成因、不同特征的地质构造的形迹界面，如断层、节理、层理、软弱夹层及不整合面等。结构面包括物质分异面及不连续面，是在地质发展的历史中，在岩体内形成的具有不同方向、不同规模、不同形态以及不同特性的面、缝、层、带状的地质界面。

1. 结构面的类型

结构面按地质成因可分为原生结构面、构造结构面和次生结构面三类。① 原生结构面是在岩石形成过程中形成的结构面，其特征与岩石的成因密切相关。② 构造结构面是构造运动过程中形成的破裂面。③ 次生结构面是岩体形成以后，在外营力作用下产生的结构面。

各类结构面的地质类型、主要特征以及工程地质评价如表 1-5 所示。

表 1-5　结构面类型及其主要特征

成因类型	地质类型	主要特征			工程地质评价
		产状	分布	性质	
原生结构面	沉积结构面	层理层面；软弱夹层；不整合面、假整合面；沉积间断面	一般与岩层产状一致，为层间结构面	海相岩层中此类结构面分布稳定，陆相岩层中呈交错状，易尖灭	层理层面、软弱夹层等结构面较为平整；不整合面及沉积间断面多由碎屑泥质物质构成，且不平整	国内外较大的坝基滑动及滑坡很多由此类结构面所造成
	岩浆结构面	侵入体与围岩接触面；岩脉、岩墙接触面；原生冷凝节理	岩脉受构造结构面控制，而原生节理受岩体接触面控制	接触面延伸较远，比较稳定，而原生节理往往短小密集	与围岩接触面可具熔合及破坏两种不同的特征，原生节理一般为张裂面，较粗糙不平	一般不造成大规模的岩体破坏，但有时与构造断裂配合，也可形成岩体的滑移，如有的坝肩局部滑移
	变质结构面	片理；片岩软弱夹层	产状与岩层或构造方向一致	片理短小，分布极密，片岩软弱夹层延展较远，具固定层次	结构面光滑平直，片理在岩层深部往往闭合成隐蔽结构面，片岩软弱夹层，含片状矿物，呈鳞片状	在变质较浅的沉积岩，如千枚岩等路堑边坡常见塌方，片岩夹层有时对工程及地下洞体稳定也有影响
构造结构面		节理（X形节理、张节理）；断层；层间错动；羽状裂隙、劈理	产状与构造线呈一定关系，层间错动与岩层一致	张性断裂较短小，剪切断裂延展较远，压性断裂规模巨大	张性断裂不平整，常具次生充填，呈锯齿状，剪切断裂较平直，具羽状裂隙，压性断层具多种构造岩，往往含断层泥、糜棱岩	对岩体稳定影响很大，在许多岩体破坏过程中，大都有构造结构面的配合作用。此外常造成边坡及地下工程的塌方、冒顶
次生结构面		卸荷裂隙；风化裂隙；风化夹层；泥化夹层；次生夹泥层	受地形及原结构面控制	分布上往往呈不连续状透镜体，延展性差，且主要在地表风化带内发育	一般为泥质物充填，水理性质很差	在天然及人工边坡上造成危害，有时对坝基、坝肩及浅埋隧洞等工程亦有影响，一般在施工中应予以清基处理

另外，结构面按破裂面的受力类型又可分为剪性结构面和张性结构面两类。

张性结构面是由拉应力形成的，如羽毛状张裂面、纵张及横张裂面，岩浆岩中的冷凝节理等。一般来说，张性结构面具有张开度大、连续性差、形态不规则、面粗糙、起伏度大及破碎带较宽等特征，其构造岩多为角砾岩，易被充填。因此，张性结构面常含水丰富，导水性强等。

剪性结构面是剪应力形成的，破裂面两侧岩体产生相对滑移，如逆断层、平移断层以及多数正断层等。剪性结构面的特点是连续性好，面较平直，延伸较长并有擦痕镜面等现象发育。

2. 结构面的特征

结构面的特征包括结构面的规模、形态、物质组成、延展性、密集程度、张开度和充填胶结特征等，它们对结构面的物理力学性质有很大的影响。

（1）结构面的规模

不同类型的结构面，其规模大小不一。大者可延展数十千米，宽度达数十米的破碎带；小者仅延展数十厘米至数十米，甚至是很微小的不连续裂隙。它们对工程的影响是不一样的，有时小的结构面对岩体稳定也可起控制作用。

（2）结构面的形态

结构面的平整、光滑和粗糙程度对结构面的抗剪性能有很大的影响。自然界中结构面的几何形状非常复杂，大体上可分为五种类型：平直状、波状起伏、锯齿状、台阶状、不规则状。结构面的形态对结构面抗剪强度有很大的影响，一般平直光滑的结构面有较小的摩擦角，粗糙起伏的结构面则有较高的抗剪强度。

（3）结构面的延展性

结构面的延展性也称连续性，有些结构面延展性较强，在一定工程范围内切割整个岩体，对稳定性影响较大。但也有一些结构面比较短小或不连续，岩体强度一部分仍为岩石（岩块）强度所控制，稳定性较好。因此，在研究结构面时，应注意调查研究其延展长度及规模。结构面的延展性可用线连续性系数及面连续性系数表示。

（4）结构面的密集程度

结构面的密集程度反映了岩体的完整性，通常用结构面间距和线密度来表示结构面的密集程度。线密度是指单位长度上结构面的条数。一般线密度是取一组结构面法线方向，平均每米长度上的结构面数目。线密度的数值愈大，说明结构面愈密集。不同量测方向的 K 值往往不等，因此，两垂直方向的 K 值之比，可以反映岩体的各向异性程度。结构面间距是指同一组结构面的平均间距，它和结构面线密度间是倒数关系。

（5）结构面的张开度和充填情况

张开度是指结构面的两壁离开的距离，可分为 4 级：

闭合的：张开度小于 0.2mm；

微张的：张开度为 0.2~1.0mm；

张开的：张开度为 1.0~5.0mm；

宽张的：张开度大于 5.0mm。

闭合结构面的力学性质取决于结构面两壁的岩石性质和结构面粗糙程度。微张的结构面，因其两壁岩石之间常常多处保持点接触，抗剪强度比张开的结构面大。张开的和宽张的结构面，抗剪强度则主要取决于充填物的成分和厚度，一般充填物为黏土时，强度要比充填物为砂质时的低，而充填物为砂质时，强度又比充填物为砾时的更低。

（三）岩体的结构类型

岩体结构是指岩体中结构面与结构体的组合方式。不同的岩体结构类型具有不同的工程地质特性（承载能力、变形、抗风化能力、渗透性等）。

岩体结构的基本类型可分为整体结构、块状结构、层状结构、碎裂结构和散体结构五大类，见表 1-6。

表 1-6　岩体结构类型分类

结构类型	地质背景	结构面特征	结构体特征	
			形态	强度 /MPa
整体结构	岩性单一，构造变形轻微的巨厚层岩层及火成岩体，节理稀少	结构面少，1~2 组，延展性差，多呈闭合状，一般无充填物	巨型块体	> 60
块状结构	岩性单一，构造变形轻微到中等的厚层岩体及火成岩体，节理一般发育较稀疏	结构面 2~3 组，延展性差，多闭合状，一般无充填物，层面有一定结合力	大型的方块体、菱块体、柱体	> 60
层状结构	构造变形轻微到中等的中厚层状岩体（单层厚 > 30cm），节理中等发育不密集	结构面 2~3 组，延展性较好，以层面、层理、节理为主，有时有层间错动面和软弱夹层，层面结合力不强	大~中型层块体、柱体、菱柱体	> 30
碎裂结构	岩性复杂，构造变动强烈，破碎遭受弱风化作用或软硬相间的岩层组合，节理裂隙发育密集	各类结构面均发育，组数多，彼此交切或节理、层间错动面、劈理带软弱夹层均发育，结构面组数多较密集~密集，多含泥质充填物，结构面形态光滑度不一	形状大小不一，以小型块体、板柱体、板楔体、碎块体为主	含微裂隙 < 30
散体结构	岩体破碎，遭受强烈风化，裂隙极发育，紊乱密集	以风化裂隙、夹泥节理为主，密集无序状交错，结构面强烈风化、夹泥、强度低	以块度不均的小碎块体、岩屑及夹泥为主	碎块体，手捏即碎

（四）软弱夹层及其对工程的影响

软弱结构面，又称不连续面，指岩体中延伸较远，两壁较平滑，充填有一定厚度软弱物质的层面，如软弱夹层、泥化夹层、片理、劈理、节理、断层破碎带等。坚硬岩体的工程地质性质严格受其中软弱面的强度、延展性、方向性、组合关系及密度等所控制。

软弱夹层指岩体中夹有强度很低或被泥化、软化、破碎的薄层。软弱夹层是具有一定厚度的特殊的岩体软弱结构面，是在坚硬岩层中夹有的力学强度低，泥化或炭质含量高，遇水易软化，延伸较长和厚度较薄的软弱岩层。它与周围岩体相比，具有显著低的强度和显著高的压缩性，或具有一些特有的软弱特性。它是岩体中最薄弱的部位，常构成工程中的隐患。在水工建筑中往往是工程地质研究的主要对象。层间滑动面是一种软弱结构面，且普遍存在于层状沉积岩中。层间滑动面包括破劈理带、糜棱岩化（泥化带）、主滑动面带。

原生软弱夹层是与周围岩体同期形成，但与主岩体的性质差异很大。软弱夹层主要是沿原有的软弱面或软弱夹层经构造错动而形成，也有的是沿断裂面错动或多次错动而成，如断裂破碎带等。次生软弱夹层是沿薄层状岩石、岩体间接触面、原有软弱面或较弱夹层，由次生作用（主要是风化作用和地下水作用）参与形成的。

软弱夹层受力时很容易滑动破坏而引起工程事故，它可以使斜坡产生滑动灾害，使危岩体崩塌，使地下硐室围岩断裂破坏，使岩石地基与路基失稳。所以在进行岩体工程设计及施工过程中，务必加强软弱夹层的勘探与研究，努力查明软弱夹层的力学性质及变形特征，采取合理的工程措施，以避免灾害及工程事故的发生。

大量研究表明，软弱夹层的力学强度与充填物的物质组成、结构特征、充填程度厚度及地下水等因素密切相关。

1. 软弱夹层物质成分的影响

软弱夹层按其颗粒成分可分为泥化夹层、夹泥层、碎屑夹泥层、碎屑夹层等几种类型。颗粒成分不同，对软弱结构面的抗剪强度及剪应力－剪切位移曲线特征具有明显的影响。

2. 填充物结构的影响

对于软弱夹层，研究得最多的是层间填充物泥化夹层结构特征。泥化夹层是指岩体中软弱岩层在层间错动与地下水的长期物理化学作用下，所形成的结构疏松、颗粒多呈定向排列、粒间连接微弱的特殊软弱层。层间填充物结构有透镜状、糜棱岩状和尖角状等。填充物的结构越疏松软弱，越易产生滑动面。

3. 填充程度及厚度的影响

结构面的充填程度可用结构面内充填物质厚度 d 与起伏差 h 之比表示，d/h 即称为充填度。一般情况下，充填度越小，结构面的力学强度越高；反之，随着充填度的增加，其力学强度逐渐降低。

4. 水的作用

在构造运动作用下，泥化夹层为地下水渗流提供了通道。地下水可使破碎岩石中的颗粒分散，含水量增大，进而使岩石处于塑性状态（泥化），强度大大降低。同时地下水还可使夹层中的可溶盐类溶解，引起离子交换，改变泥化夹层的物理、化学性质，加快层间滑动。

对存在于滑坡中的软弱夹层必须进行加固，加固方法可以采用向软弱夹层注入水泥浆、打注浆锚杆、打抗滑桩以及对滑坡体上方卸载等办法。

三、岩体的力学特性

由于岩体中存在各种软弱结构面，所以岩体的力学性质与岩块的力学性质有很大的差异。一般来说，岩体较岩块易于变形，并且其强度显著低于岩块的强度。下面主要从岩体的破坏方式、岩体的变形、强度性质、动力学特性和水力学性质等方面介绍岩体的力学特性。

（一）岩体的破坏方式

岩体的破坏方式与破坏机制与受力条件及岩体的结构特征有关。一般情况下，当岩体结构类型不同时，其破坏方式也不同。从宏观分析，岩体的破坏方式主要有4种：脆性崩塌破裂、整体滑动破坏、局部剪切破坏、基底隆起破坏。

1. 脆性崩塌破坏

在一般情况下，结构面的强度远低于完整岩体的强度，岩坡中结构面的规模、性质及其组合方式在很大程度上决定着岩坡失稳时的破坏形式。结构面的形状或性质稍有改变，则岩坡的稳定性将会受到显著的影响。

在陡峭的斜坡上，巨大岩块在重力作用下突然而猛烈地向下倾倒、翻滚、崩落的现象，称为崩塌。崩塌经常发生在山区的陡峭山坡上，有时也发生在高陡的路堑边坡上。崩塌发生时堆积于坡脚的物质为崩塌堆积物。崩塌的发生是突然的，但是不平衡因素却是长期积累的。

2. 整体滑动破坏

整体滑动破坏是岩体在重力作用下失去原有的稳定状态，沿着斜坡内某些软弱滑动面（或滑动带）整体向下滑动的现象。滑动的岩体具有整体性，除了滑坡边缘线一带和局部一些地方有较少的崩塌和产生裂隙外，总的来看滑动岩块保持着原有岩体的整体性。

3. 局部剪切破坏

局部剪切破坏是指地下开挖岩体边坡、硐室、水坝上方两侧等岩体由于构造应力释放或人为因素等原因，产生的局部剪切滑动破坏。

4.基底隆起鼓胀破坏

基底隆起破坏是一种整体剪切破坏，它是水坝坝堤岩体或围岩隧道底部岩体等在原始高应力作用下，发生岩石基底隆起破裂的一种岩体破坏形式。

（二）岩体的强度特性

岩体强度是指岩体抵抗外力破坏的能力，岩体是由岩块和结构面组成的地质体，因此其强度必然受到岩块和结构面强度及其组合方式（岩体结构）的控制。和岩块一样，岩体强度也有抗压强度、抗拉强度和剪切强度之分，这里主要讨论岩体的剪切强度。

岩体内任一方向的剪切面，在法向应力作用下所能抵抗的最大剪应力，称为岩体的剪切强度。剪切强度通常又可细分为抗剪断强度、抗剪强度和抗切强度3种。岩体的剪切强度主要受结构面、应力状态、岩块性质、风化程度及其含水状态等因素的影响。在高应力条件下，岩体的剪切强度较接近于岩块的强度；而在低应力条件下，岩体的剪切强度主要受结构面、发育特征及其组合关系的控制。由于作用在岩体上的工程荷载一般多在10MPa以下，所以与工程活动有关的岩体破坏，基本上受结构面特征控制。

岩体中结构面的存在，致使岩体一般都具有高度的各向异性。即沿结构面产生剪切破坏时，岩体剪切强度最小，等于结构面的抗剪强度；横切结构面剪切时，岩体剪切强度最高；沿复合剪切面剪切时，其强度则介于以上两者之间。因此，一般情况下，岩体的剪切强度不是一个单一值，而是具有一定上限和下限的值域，其强度包络线也不是一条简单的曲线，而是有一定上限和下限的曲线族。其上限是岩体的剪断强度，一般可通过原位岩体剪切试验或经验估算方法求得，在没有以上资料时，可用岩块剪断强度来代替；下限是结构面的抗剪强度。抗剪强度一般需依据原位剪切试验和经验估算数据，并结合工程荷载及结构面的发育特征等综合确定。

（三）岩体的动力学特性

岩体动力学包括两方面的内容：一方面是对岩体本身动力特性的研究；另一方面是研究岩体在各种动载及地震荷载作用下所表现出来的应力、应变、位移和破坏特征。

试验和研究表明：这两个方面不是相互独立的，而是相互依存、相互影响的。因此，岩体的动力学性质是岩体在动荷载作用下所表现出来的性质，包括岩体中弹性波的传播规律及岩体动力变形和强度性质。岩体的动力学特性可以通过波速测试、现场震动试验等方法来测定。

（四）岩体的水力学特性

1.岩体的渗透特性

岩体的渗流特性以裂隙渗流为主，其特点为：① 岩体渗透性大小取决于岩体中结构面的性质及裂隙的连通性；② 岩体渗透性具有定向性、非均质性和各向异性；③ 一般岩体中的渗流符合达西渗流定律，但岩溶管道流一般属紊流，不符合达西定律；④ 岩体渗流受地下水高差的影响明显；⑤ 岩体渗透系数是反映岩体水力学特性的核心参数。渗透系数可采用现场水文地质压水试验和抽水试验测定。在水工建筑物建设、地下硐室建设、边坡治理中特别要注意岩体的渗透破坏。

2. 岩体的渗透破坏

岩体的渗透破坏主要是层状裂隙发育的软弱夹层在地下水的长期浸泡下，或在暴雨等外力作用下岩体的滑动崩解破坏。

3. 地下水浮力对岩体基础的影响

部分做在水下岩体上的建（构）筑物基础要考虑地下水浮力对其的影响，一般要采用岩石锚杆或桩基础来抗浮。

四、风化岩体性状

（一）风化作用

1. 风化作用的概念

地壳表层的岩石，在太阳辐射、大气、水和生物等营力作用下，发生物理和化学的变化，使岩石崩解破碎以致逐渐分解的作用，称为风化作用。风化作用使坚硬致密的岩石松散破坏，改变了岩石原有的矿物组成和化学成分，使岩石的强度和稳定性大为降低。在风化作用下，结构、成分和性质产生不同程度变异的岩石称为风化岩，已完全风化成土而未经搬运残留在原地的土则定名为残积土。风化岩和残积土会对工程建筑造成不良的影响。

2. 风化作用的类型

根据风化作用的因素和性质可将其分为三种类型：物理风化作用、化学风化作用、生物风化作用。

物理风化作用的方式主要有温差风化和冰冻风化。

化学风化作用的方式主要有溶解、水化、水解、碳酸化和氧化。

生物风化作用的方式主要有生物的物理风化（如植物根系对岩体的崩解）作用和生物化学风化（如微生物对岩体的腐蚀）。

（二）风化岩体的工程性状

1. 岩石风化后工程特性变化

岩石风化后，其成分、结构和构造都发生了不同程度的变化，从而改变了岩石的工程特性，主要表现在：① 破坏岩石颗粒间的联结，扩大岩体原有裂隙，产生新的风化裂隙，降低结构面的粗糙程度，使岩体分裂成碎块，破坏岩体的完整性。整体状、块状、层状结构岩体变为碎裂结构岩体，甚至散体结构的土体。坚硬岩石变为软弱岩石，甚至松散土。②岩石矿物成分发生变化，原生矿物经受水解、水化、氧化等作用后，逐渐转化生成新的次生矿物，特别是黏土矿物，从而改变了岩体的性质。③岩体性质也随之改变，工程特性恶化，如透水性增强，抗水性减弱，亲水性增高，强度和弹性模量降低，变形量增大。残积土和全风化形成的土体，比一般土的孔隙比要高，但有某些胶结或原岩结构残余强度，故抗剪强度较高，而压缩性中等或偏低。有些土体的抗水性弱，浸水后强度降低，有的土具有胀缩性。风化岩随着风化程度加强，其孔隙度、吸水率、泊松比逐渐增大，而密度、强度和弹性（变形）模量明显降低。

2. 岩石风化的处理对策

（1）挖除法

该法适用于风化层较薄的情况，当厚度较大时，通常只将严重影响建筑物稳定的部分剥除。在大型水坝工程或核电工程中，其地基一般要挖除风化岩再做基础。

（2）抹面法

该法用水和空气不能透过的材料，如沥青、水泥、黏土层等覆盖岩层。

（3）胶结灌浆法

该法用水泥、黏土等浆液灌入岩层或裂隙中，以加强岩层的强度，降低其透水性。

（4）排水法

为了减少具有侵蚀性的地表水和地下水对岩石中可溶性矿物的溶解，而适当采取某些排水措施。

（5）桩基础法

有覆盖层的风化岩上的房屋基础采用桩基础等方法。在高层建筑桩基工程中，桩基持力层一般要求选择到中风化岩。

（6）其他

风化边坡采用挡墙、锚杆注浆、抗滑桩等方法处理。

只有在进行详细调查研究以后，才能提出切合实际的防止岩石风化的处理措施，并要进行设计计算。

第二章 土地基和岩石地基工程

第一节 一般土质地基

岩石地基是我国建筑工程中最常见的地基之一，具有变形小、承载力高的特点。作为一般建筑物的地基，其承载力和变形都能满足，甚至许多情况下没有得到充分的发挥。由于现代建设规模的增大和西部大开发的推进，对岩石地基承载力的研究提出了新的要求。特别对岩溶区的下伏空洞地基，根据现有规范进行桩基础设计，在某些情况下，会出现承载力明显不足。

基于前人的研究，采用极限平衡法，继续研究剪切破坏模式下完整岩石地基和冲切破坏模式下伏空洞地基极限承载力的计算方法。

一、岩石地基的破坏模式

自然界中，岩体的成分、构造及所处环境千变万化。在外荷载的作用下，其破坏模式也是各种各样。学者通过研究得出完整基岩的承载力与其构造有密切关系，并将完整基岩因承载力不足引起的破坏模式，划分为压缩破坏模式、劈裂破坏模式、冲切破坏模式、弹性破坏模式和剪切破坏模式。其中，剪切破坏模式在完整基岩破坏模式中最常见，可以发生在各类岩体中。

我国学者利用上限有限元法对下伏空洞地基的破坏模式和极限承载力进行了研究，提出了3类典型的破坏模式：Prandtl破坏模式、冲切剪压破坏模式及冲切破坏模式。目前，进行空洞地基极限承载力计算，冲切破坏模式被广泛的认可，但其有一定的应用范围，其他学者通过室内模型试验得到了此范围。

二、剪切破坏模式地基极限承载力

（一）局部剪切破坏模式

在上部荷载作用下，岩石地基在 BC 面产生挤压破坏，见图 2-1，此时可将桩端岩层划分为主动区 M 和被动区 N 进行分析。

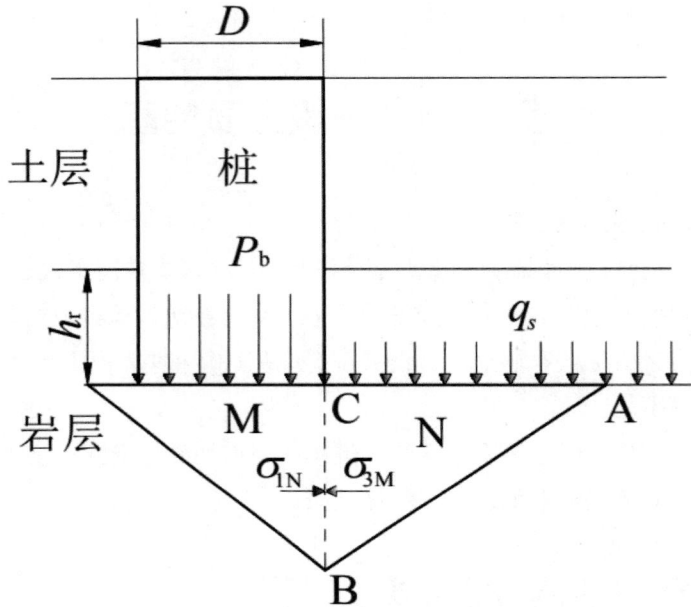

图 2-1 局部剪切破坏模式

当 2 个滑动面上的剪应力同时达到其抗剪强度时，岩石地基处于极限平衡状态，对应的荷载即为极限荷载，桩端基底压力即为极限承载力。对于区域 M，最大主应力 σ_{1M} 为桩端压力 q_{max}，最小主应力 σ_{3M} 为被动区 M 所提供的水平约束力；对于区域 N，最大主应力 σ_{1N} 为主动区 M 所提供的水平推力（σ_{3M} 与 σ_{1N} 为 1 对作用力与反作用力），最小主应力 σ_{3M} 为 q_s，q_s 为桩端岩层的平均约束力，表达式如下式所示：

$$q_s = \sum_{i=1}^{n} \gamma_i h_i + \gamma_0 h_0$$

式中：γ_i 为第 i 层土的重度；γ_0 为桩端岩层的重度。

单独考虑 N 区域，根据 Hoek-Brown 强度准则，岩体的强度可表示为

$$\sigma_{1N} = \sigma_{3N} + \sigma_c \left(m_b \frac{\sigma_{3N}}{\sigma_c} + s \right)^{0.5}$$

式中：σ_c 为完整岩块的单轴抗压强度；m_b、s 为 H-B 系数，其表达式如下式所示：

$$m_b = m_0 \exp \frac{GSI-100}{28-14D}$$

$$s = \exp \frac{GSI-100}{9-3D}$$

式中：m_0 为岩体类型参数；GSI 为岩体地质力学分类指标；D 为扰动参数，对于没有受到人为扰动的岩体，其值为 0，对于受到扰动的岩体，其值为 1。

将 $\sigma_{3N}=q_s$，$\sigma_{1N}=\sigma_{3M}$ 代入式 $\sigma_{1N}=\sigma_{3N}+\sigma_c\left(m_b\dfrac{\sigma_{3N}}{\sigma_c}+s\right)^{0.5}a$ 可得

$$\sigma_{3M} = \sigma_{1N} = q_s + \sigma_c \left(m_b \frac{q_s}{\sigma_c} + s \right)^{0..5}$$

当岩石地基达到极限状态时，由式 $\sigma_{1N}=\sigma_{3N}+\sigma_c\left(m_b\dfrac{\sigma_{3N}}{\sigma_c}+s\right)^{0.5}$ 和式 $s=\exp\dfrac{GSI-100}{9-3D}$ 得

$$q_{\max} = \sigma_{1N} + \sigma_c \left(m_b \frac{\sigma_{1N}}{\sigma_c} + s \right)^{0.5}$$

由上式得：

$$P_b = \frac{\pi D^2}{4} q_{\max}$$

式中：P_b 为桩端极限承载力。

（二）整体剪切破坏模式

当岩石地基发生整体剪切破坏时（见图 2-2）

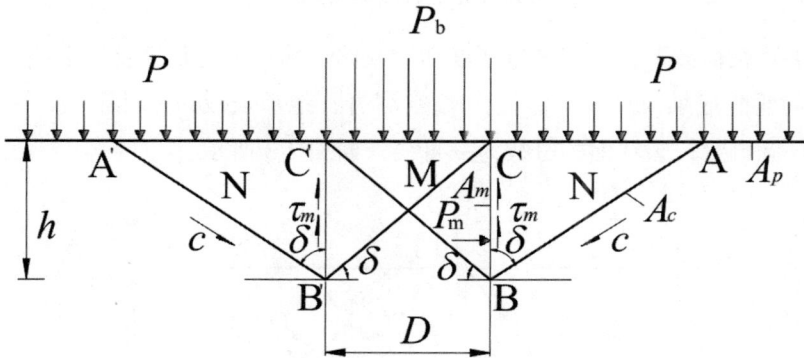

图 2-2 整体剪切破坏模式

在基底压力 P_b 作用下，基础底面以下的 BCC'B' 区域产生被动剪切破坏，依据岩土力学理论，破坏面与水平面夹角 $\delta = (45+\varphi/2)^\circ$，侧向滑动面 AB 与竖直方向的夹角 $\delta = (45+\varphi/2)^\circ$，$\varphi'$ 为岩体的内摩擦角。同时主动区 M 挤压被动区 N，楔形体 ABC 沿 AB 面发生剪切破坏。

图 2-2 中，P 为地基侧面附加荷载，kPa；A_p 为附加荷载 P 的作用面积，m²；c 为岩体的粘聚力，kPa；A_c 为粘聚力 c 的作用面积，m²；A_m 为 P_m 的作用面积，m²。

现作如下假设：① 极限平衡区位于桩基础顶部附近，滑动面成漏斗形，破坏高度 $h = D\tan\delta$，其中 r 代表桩基础的半径；② $\tau_m = 0, \sigma_\theta = 0$；③ 忽略桩底以下岩体的自重。

通过力多边形列出投影在 A_c 面上的平衡方程：

$$P_m \times A_m \times \sin\delta = P \times A_p \times \cos\delta + c \times A_c$$

为简化计算，设 AC 的长度为 x，AB 的长度为 y，则：

$$h = D\tan\delta$$
$$x = h\tan\delta = D\tan^2\delta$$
$$y = D\tan\delta / \cos\delta$$
$$A_m = \pi Dh = \pi D^2 \tan\delta$$
$$A_p = \left(\frac{D}{2}+x\right)^2 \pi - \left(\frac{D}{2}\right)^2 \pi = \pi D^2 \left(1 + \tan^2\delta\right)\tan^2\delta$$
$$A_c = \pi\left[\frac{D}{2} + \left(\frac{D}{2}+x\right)\right]y = \pi D^2 \left(1 + \tan^2\delta\right)\frac{\tan\delta}{\cos\delta}$$

此外，基础底面以下的 BCC'B' 区域在竖向荷载 P_b 的作用下产生被动剪切破坏，可得

$$P_b = P_w \tan^2\delta + 2c\tan\delta$$

三、冲切破坏模式地基极限承载力

在桩端垂直荷载下，一定顶板厚度和荷载偏移的空洞地基主要发生冲切破坏。本文基于前人的研究成果，作如下假设：① 空洞岩石地基顶板为刚性平板，两端固支；② 冲切体为一圆锥台，破坏面的母线为一直线，如图 2-3 所示。

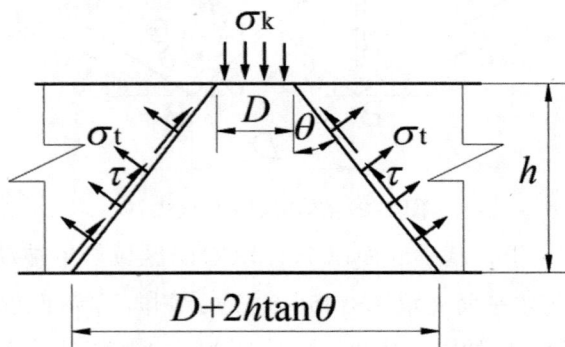

图 2-3 冲切锥台

图中，h 为空洞地基顶板的厚度，m；D 为桩径，m；θ 为冲切体的冲切角，即破坏

面的母线与铅垂线的夹角，根据研究，通常取 $\theta = 45° - \varphi/2$ 进行计算（φ 代表岩石的内摩擦角）。

（一）抗拉破坏模式

顶板达到极限平衡状态时，仅考虑冲切体破坏面的抗拉作用，忽略破坏面上的剪应力，如图 2-4 所示。通过破坏面上的平衡方程，可得到空洞岩石地基的极限承载力。

圆锥台的侧面积为：

$$S = \frac{\pi h}{\cos\theta}(D + h\tan\theta)$$

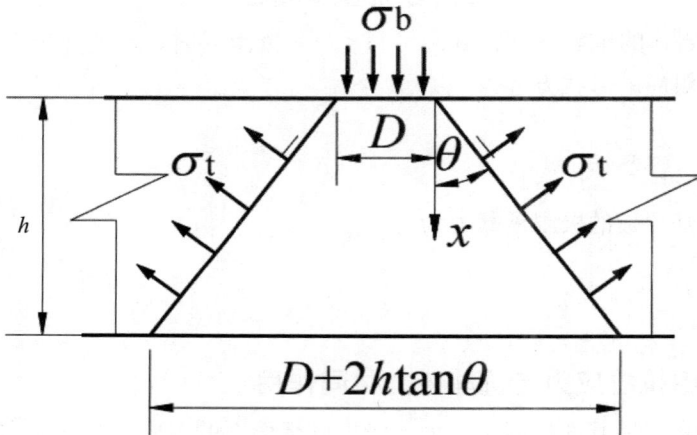

图 2-4 抗拉破坏模式

忽略岩体的自重，通过静力平衡条件可得

$$P_b = \sigma_t \cdot S \sin\theta$$

式中：P_b 为作用于岩石地基顶板的桩端荷载，kN；σ_t 为岩体的抗拉强度，kPa。

（二）抗剪破坏模式

忽略破坏面上的抗拉应力作用，顶板达到极限平衡状态时，破坏面上的抗剪能力得到充分发挥，如图 2-5 所示。通过分析破坏面上的静力平衡条件，可得到空洞岩石地基的极限承载力。

忽略岩体的自重，根据静力平衡条件可得

$$P_b = \tau \cdot S \cos\theta$$

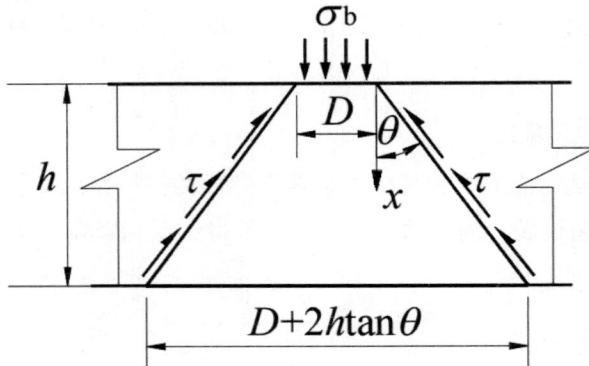

图 2-5 抗剪破坏模式

式中：τ 为岩体的抗剪强度，kPa，当 $1 < D + 2h\tan\theta$ 时，冲切体破坏面被限定为一固定面，此时相对应的母线方程为

$$r(x) = \frac{D}{2} + \frac{l-D}{2h}x$$

空洞岩石地基顶板的极限承载力为

$$P_b = \frac{1}{2}\pi(l+D) \cdot h \cdot \tau$$

（三）考虑抗拉应力与抗剪应力共同作用

为得到空洞岩石地基的极限承载力，考虑破坏面上的拉应力与剪应力，且两者都充分发挥作用，由此得到地基的极限承载力值为分开考虑抗拉应力与抗剪应力时极限承载力值之和，具体表达式为

$$P_b = \frac{\pi h}{\cos\theta}(D + h\tan\theta)\left(\sigma_t \sin\theta + \tau\cos\theta\right)$$

破坏面的母线方程为

$$r(x) = \frac{D}{2} + x\tan\theta$$

式中：$\theta = 45° - \varphi/2$。

当 $kD + 2h\tan\theta$ 时，冲切体破坏面被限定为一固定面，破坏模式与图 2-3 所示情况相同，此时相对应的母线方程为

$$r(x) = \frac{D}{2} + \frac{l-D}{2h}x$$

空洞岩石地基顶板的极限承载力为

$$P_b = \frac{\pi(l+D)}{4}\left[(l-D) \cdot \sigma_t + 2h \cdot \tau\right]$$

第二节　特殊土质地基

一、湿陷性黄土地基

（一）黄土的特征和分布

黄土是一种产生于第四纪地质历史时期干旱条件下的沉积物，它的内部物质成分和外部形态特征都不同于同时期的其他沉积物。一般认为不具层理的风成黄土为原生黄土，原生黄土经过流水冲刷、搬运和重新沉积而形成的黄土称为次生黄土，它常具有层理和砾石夹层。

黄土外观颜色较杂乱，主要呈黄色或褐黄色。颗粒组成以粉粒为主，同时含有砂粒和黏粒。黄土还含有大量的可溶性盐类，往往具有肉眼可见的大孔隙，孔隙比大多介于1.0~1.1。

在一定压力下受水浸湿，土结构迅速破坏，并发生显著附加下沉的黄土称为湿陷性黄土，它主要属于晚更新世（Q3）的马兰黄土以及属于全新世（Q4）的黄土状土。这类土为形成年代较晚的新黄土，土质均匀或较为均匀，结构疏松，孔隙发育，有较强烈的湿陷性。

在一定压力下受水浸湿，土结构不破坏，并无显著附加下沉的黄土称为非湿陷性黄土，一般属于中更新世（Q2）的离石黄土和属于早更新世（Q1）的午城黄土。这类形成年代久远的老黄土土质密实，颗粒均匀，无大孔或略具大孔结构，一般不具有湿陷性或仅具轻微湿陷性。

非湿陷性黄土地基的设计和施工与一般黏性土地基无较大差异。下面讨论的均指与工程建设关系密切的湿陷性黄土。

我国黄土分布非常广泛，面积约 64 万 km^2，其中湿陷性黄土约占 3/4，以黄河中游地区最为发育，多分布于甘肃、陕西、山西地区，青海、宁夏、河南也有部分分布，其他如河北、山东、辽宁、黑龙江、内蒙古和新疆等省（区）也有零星分布。我国西北的黄土高原是世界上规模最大的黄土高原，华北的黄土平原也是世界上规模最大的黄土平原。

我国黄土主要分布区域及其特点：① 陇西地区——湿陷性强烈。② 陇东陕北地区——湿陷性大。③ 关中地区，即陕西中部——湿陷性中等。④ 山西省——湿陷性中等。⑤ 河南省——湿陷性较弱。⑥ 冀鲁地区——湿陷性较弱或无。⑦ 北部边远地区——湿陷性中等或弱。

（二）黄土湿陷发生的原因及影响因素

1. 黄土湿陷发生的原因

黄土发生湿陷是由于渗漏或回水使地下水位上升而引起的。受水浸湿是湿陷发生所必需的外界条件。黄土的结构特征及其物质成分是产生湿陷的内在原因。

2. 黄土湿陷的影响因素

构成黄土的结构体系是骨架颗粒，它的形态和连接形式影响到结构体系的胶结程度，它的排列方式决定着结构体系的稳定性。湿陷性黄土一般都形成粒状架空点接触或半胶结形式，湿陷程度与骨架颗粒的强度、排列紧密情况、接触面积和胶结物的性质和分布情况有关。

黄土形成之初是极松散的，靠颗粒的摩擦和少量水分的作用略有连接，但水分逐渐蒸发后体积有所收缩，胶体、盐分、结合水集中在较细颗粒周围，形成一定的胶结连接。经过多次的反复湿润干燥过程，盐分积累增多，逐渐加强胶结而形成较松散的结构形式。季节性的短期降雨把松散的粉粒黏结起来，而长期的干旱气候又使土中水分不断蒸发，于是少量的水分连同溶于其中的盐分便集中在粗粉粒的接触点处，可溶盐类逐渐浓缩沉淀而形成胶结物。随着含水率的减少，土粒彼此靠近，颗粒间的分子引力以及结合水和毛细水的连接力也逐渐增大，这些因素都增强了土粒之间抵抗滑移的能力，阻止了土体的自重压密，形成了以粗粉粒为主体骨架的多孔隙结构。

当黄土受水浸湿时，结合水膜增厚楔入颗粒之间，于是结合水连接消失；盐类溶于水中，骨架强度随之降低，土体在上覆土层的自重压力或在自重压力与附加压力共同作用下，其结构迅速破坏，土粒向大孔隙滑移，粒间孔隙减小，从而导致大量的附加沉陷。这就是黄土湿陷现象的内在过程。

黄土中胶结物的成分和多少，以及颗粒的组成和分布，对于黄土的结构特点和湿陷性的强弱有着重要影响。胶结物含量大，可以把骨架颗粒包围起来，则结构致密。黏粒含量多，并且均匀分布在骨架之间也起胶结物的作用。这些情况都会使黄土湿陷性降低，并使力学性质得到改善。反之，粒径大于0.05mm的颗粒增多，胶结物多呈现薄膜状分布，骨架颗粒多数彼此直接接触，则结构疏松，强度降低而湿陷性增强。此外，黄土中的盐类，如比较难溶解的碳酸钙为主而具有胶结作用时，湿陷性减弱；但石膏等易溶盐的含量增大，湿陷性增强。

黄土的湿陷性还与孔隙比、含水率以及所受压力的大小有关。天然孔隙比越大，或天然含水率越小，湿陷性越强。天然含水率和孔隙比不变时，随着压力增大，黄土的湿陷性增加。

（三）黄土地基的湿陷性评价

正确评价黄土地基的湿陷性具有很重要的工程意义，便于针对性地采取措施，降低湿陷性的不利影响。评价黄土湿陷性，首先需要查明黄土在一定压力下浸水后是否具有湿陷性以及湿陷性大小；其次，判别场地的湿陷类型，属于自重湿陷性黄土还是非自重湿陷性黄土；若属于湿陷性黄土，还需判定湿陷性黄土地基的湿陷等级，即强弱程度。

1. 湿陷系数及黄土湿陷性的判别

黄土的湿陷量与所受的压力大小有关。黄土的湿陷性应利用现场采集的不扰动试样，按室内压缩试验测定一定压力下的湿陷系数（δ_s）来判定。

黄土的湿陷系数是指在一定压力下，土样浸水前后高度之差与土样原始高度之比。

工程中，主要利用湿陷系数机来判别黄土的湿陷性，当 $\delta_s < 0.015$ 时，为非湿陷性黄土；当 $\delta_s \geqslant 0.015$ 时，为湿陷性黄土。

2. 建筑场地的湿陷类型

建筑场地的湿陷类型按自重湿陷量大小来判定。自重湿陷量是指湿陷性黄土在上覆自重压力作用下，发生浸水后的沉降量。当自重湿陷量不超过 7cm 时，为非自重湿陷性黄土；当自重湿陷量超过 7cm 时，为自重湿陷性黄土。

湿陷性黄土地基的湿陷等级根据自重湿陷量和累计总湿陷量，划分为轻微、中等、严重、很严重 4 个等级。黄土的累计总湿陷量是场地内湿陷性黄土相应压力作用下，完全浸水后所发生的总沉降量。黄土上作用的压力是指地基土体内自重应力和附加应力之和，对于基底下 10m 深度以内近似取 200 kPa；基底下 10m 深度以下的黄土，则近似取 300 kPa。

（四）黄土地基的承载力

影响黄土地基承载力的因素主要包括黄土的堆积年代、土的含水率、密度和塑性等方面。不同时代堆积的黄土承载力相差很大。含水率对湿陷性黄土的承载力有强烈的影响，含水率增大，土的抗剪强度迅速降低，承载力也会大幅度降低。

对于湿陷性黄土地基，通常用以下 4 种方法确定其承载力：① 地基承载力特征值，应保证地基在稳定的条件下，使建筑物的沉降量不超过允许值。② 甲、乙类建筑的地基承载力特征值，可根据静载荷试验或其他原位测试、公式计算，并结合工程实践经验等方法综合确定。③ 当有充分依据时，对丙、丁类建筑，可根据当地经验确定。④ 对天然含水率小于塑限的土，可按塑限确定土的承载力。

基础底面积应按正常使用极限状态下荷载效应的标准组合，并按修正后的地基承载力特征值确定。当偏心荷载作用时，相应于荷载效应标准组合，基础底面边缘的最大压力值不应超过修正后地基承载力的 1.2 倍。

（五）湿陷性黄土地基的工程措施

在湿陷性黄土地区进行建设，地基应满足承载力、湿陷变形、压缩变形和稳定性的要求。针对黄土地基湿陷性特点和工程要求，采取以地基处理为主的综合措施，以防止地基湿陷，保证建筑物安全和正常使用。这些措施有地基处理措施、结构措施、防水措施，其中地基处理措施是治本之举。

1. 地基处理措施

湿陷性黄土地基处理的目的在于破坏湿陷性黄土的大孔结构，改善土的物理力学性质，使拟处理湿陷性黄土层的干密度增大、渗透性减小、压缩性降低、承载力提高，全部或部分消除地基的湿陷性。

2. 结构措施

建筑平面力求简单、加强上部结构的整体刚度、预留沉降净空等可减小建筑物不均匀沉降，或使结构物能适应地基的湿陷性变形。

3. 防水措施

防水措施的目的是消除黄土发生湿陷变形的外在条件。基本防水措施要求在建筑布置、场地排水、地面排水、散水等方面，防止雨水或生产生活用水渗入浸湿地基。严格防水措施要求对重要建筑物场地和高级别湿陷地基，在检漏防水措施基础上，对防水地面、排水沟、检漏管沟和水井等设施提高设计标准。

二、冻土地区的地基与基础

（一）冻土的特征及分布

温度不高于 0℃、含有冰且与土颗粒呈胶结状态的土或岩石，称为冻土。它是由土的颗粒、水、冰、气体等组成的多相成分复杂体系。冻土按其冻结时间长短可分为瞬时冻土、季节性冻土和多年冻土 3 类。

瞬时冻土的冻结时间短于一个月，一般为数天或几个小时（夜间冻结）。冻结深度为几毫米至几十毫米。这种冻土对建筑基础的影响很小，通常不予考虑。

季节性冻土的冻结时间超过或等于一个月，冬季冻结，夏季融化，冻结时间一般不超过一个季节，冻结深度从几十毫米至一二米，其下的边界线称为冻深线或冻结线。它是每年冬季发生的周期性冻土。季节性冻土在我国分布很广，占我国领土面积的一半以上。厚度在 0.5m 以上的季节性冻土主要分布在东北、华北、西北地区。

多年冻土是指冻结时间连续两年或两年以上的冻土。其表层受季节影响而发生周期性冻融变化的土层称为季节融化层。最大融化深度的界面线称为多年冻土的上限。当修筑建筑物后所形成的新上限称为人为上限。多年冻土在我国主要分布在青藏高原和东北大、小兴安岭，在东部和西部地区一些高山顶部也有分布。多年冻土占我国总面积的 20% 以上。我国多年冻土与季节冻土合计面积占全国总面积的 75% 以上，大约有 2/3 国土面积的地基基础设计和施工需要考虑冻土的影响。

冻土与未冻土的物理力学性质有着共性，但由于冻结时水由液态转变为固态，并对土体结构产生影响，使得冻土具有不同于一般土的特点，如冻结过程中水分的迁移、冰的析出、土的冻胀和融陷等。这些特点将导致冻土对建筑物产生不同程度的危害。所以，冻土地区基础工程除按一般地区的要求设计和施工外，还应该考虑其特殊要求。

（二）季节性冻土

1. 季节性冻土的特点

季节性冻土地区建筑物的破坏主要是由于地基土冻结膨胀造成的。含黏土和粉土颗粒较多的土在冻结过程中，由于负温作用使得土中的水分向冻结面迁移积聚，体积增加9%左右，造成冻土体积膨胀，对其上的基础产生不利影响。冻土周期性的冻结、融化，对地基的稳定性、上部结构的变形都有较大影响。

在冻结条件下，基础埋深若超过冻结深度，则冻胀力只作用在基础的侧面，称为切向冻胀力。在基础埋深比冻结深度小时，除基础侧面有切向冻胀力外，在基底上还作用着法向冻结力。

地基冻融对结构物产生的破坏现象有：① 因基础产生不均匀的上抬，致使结构物开裂或倾斜。② 桥墩、电塔等结构物逐年上拔。③ 路基土冻融后，在车辆的多次碾压下，路面变软，出现"弹簧"现象，甚至路面开裂，翻冒泥浆。

2. 地基土冻胀性分类

季节性冻土的冻胀力与融陷性是相互关联的，常以冻胀性加以概括。影响地基土冻胀性的首要因素是气温。除气温条件外，还受到土的类别、冻前含水率和地下水位等因素的影响。

（1）土的类别对冻胀性的影响

土的冻胀性与土颗粒的粒径、矿物成分等因素有关，不同类别的土对冻胀的敏感程度不一样，这是冻胀的内因。粗颗粒的土比细颗粒的土冻胀性低，土体中粉黏粒含量少的冻胀性低。易于形成冻胀机制的颗粒尺寸为0.005~0.050mm，在该范围内随着粒径的减小和分散性增大，土的冻胀性增大。另外，土中亲水性矿物含量较高时，土的冻胀性会显著增加，这是由于亲水性矿物吸水造成土的含水率增大而引起的。

（2）土的冻前含水率对冻胀性的影响

土中液态水可以分为结合水、重力水、毛细水。其中，重力水和毛细水也称为自由水，在0℃或稍低于0℃就冻结，而结合水一般要在-1℃或更低的温度下才冻结。因此，土的冻胀主要是由于冻结前土中的自由水冻融引起的，自由水影响土的冻胀性的物理性质指标为含水率，也就是说土的冻前含水率决定着土的冻胀性。

（3）地下水位对冻胀性的影响

地下水对土的冻胀性影响与各类土的毛细水高度有关。当地下水位低于某一临界深度时，可不考虑其对土的冻胀性的影响，仅考虑土中含水率的影响，此时为一个封闭系统。当地下水位高于某一临界深度时，由于毛细水的作用，地下水会随着土中水的冻结不断向土中补充水分，从而大大增强土的冻胀性，此时为一个开放系统，既要考虑土中含水率的影响，还要考虑地下水补给的影响。

对于各类土，影响地基土冻胀性的地下水临界深度取值为：黏土、粉质黏土为1.2~2.0m；粉土为1.0~1.5m；砂土为0.5m。

《公路桥涵地基基础设计规范》（JTG 3363–2019）根据土的类别、天然含水率大小、地下水位相对深度以及地面最大冻胀量的相对大小，将地基土划分为不冻胀、弱冻胀、冻胀、强冻胀和特强冻胀5类。

3. 季节性冻土的处理措施

在季节性冻土地区，冻害的治理应从分析地基土冻胀性的主要影响因素入手，找出控制冻害产生的主要因素，并根据实际情况采取不同的治理措施。常用的工程冻害处理措施如下：① 选择建筑物基础持力层时，尽可能选择在不冻胀土层上。② 要保证建筑物基础有相应的最小埋置深度，以消除基底的冻胀力。③ 当冻结深度与地基的冻胀性都较大时，可以采取减少或消除切向冻胀力的措施，如在基础侧面挖除冻胀土，回填中粗砂等不冻胀土。④ 选用抗冻性的基础断面，利用冻胀反力的自锚作用，将基础断面改变，增加基础的抗冻胀能力。⑤ 用较纯净的砂砾或中粗砂换填季节性冻土的路基。换土深度应至冻结深度以下，换土宽度应包括路肩在内的整个断面。⑥ 修建减少路基床含水量的排水设施。例如，修建具有抗冻防渗能力的地表排水设施，防止地表水入渗引起冻胀；修建渗沟、暗沟、截水沟等，截断、疏导地下水或降低地下水位，以防止因地下水补给而引起冻胀。

（三）多年冻土

1. 多年冻土的分布特点

多年冻土随纬度和垂直高度而变化。在北半球，其深度自北向南减小，厚度自北向南减薄以至于消失。例如，俄罗斯西伯利亚北部多年冻土的厚度为200m左右，最厚处可达620m，活动层小于0.5m；向南到中国黑龙江省，多年冻土南界厚度仅1~2m，活动层厚达1.5~3.0m。多年冻土的厚度由高海拔向低海拔变薄，活动层也相应增厚。例如，中国祁连山北坡海拔4 000m处多年冻土厚100m，海拔3 500m处仅22m；在中国青藏高原北部的昆仑山区，多年冻土厚180~200m，向南厚度变薄。

无论在南北方向或者垂直方向上，多年冻土都存在3个区：连续多年冻土区、连续多年冻土内出现岛状融区、岛状多年冻土区。这些区域的出现都与温度条件有关。年均气温低于–5℃，出现连续多年冻土区；岛状融区的多年冻土区，年均气温一般为–5~–1℃。

2. 多年冻土的工程危害

在多年冻土地区修建道路有许多特殊的工程地质问题，其中常遇到的问题是冻胀，不仅路基、路面有冻胀病害，房屋、桥涵也有冻胀病害。多年冻土的突出问题是热融沉陷，凡是接近地表有厚层地下冰的地段，包括路基、桥涵、房屋的地基，都容易因冻土热融而发生沉陷。在有厚层地下冰的斜坡上，道路挖方极易导致土体热融，沿融冻界面一块块向下滑移，形成热融滑坍。

在冬季，冻结层上水由于土层冻结而承压，可形成冰丘或冰锥。冰丘是承压的冻结层上水使地表产生隆起，并未突破上覆土层。冰锥是承压的冻结层上水突破上覆土层，冻结堆积于地表。路基修筑时，如不注意冻结层上水的排除，往往产生冰丘和冰锥危害。

此外，多年冻层构成广泛的隔水层，使表土层难以下渗而过湿，在低地、缓坡等处形成沼泽，道路通过冻土沼泽容易产生冻胀、翻浆、热融沉陷等病害。

（四）冻胀融沉防治措施

一般工程防止地基冻胀融沉，可以采用类似于季节性冻土的处理措施，还可以采用以下处理措施：① 在多年冻土地区修建道路，根据冻土温度、冻土类型、道路等级、路面要求以及施工期限等情况，可以采用保护冻土或破坏冻土的不同措施。② 一般说来，路基应有足够的填土高度，以避免冻胀、翻浆和热融沉陷等病害。③ 取土坑应远离路堤坡脚，并做好取土、排水的设计与施工工作，以避免路肩陷裂、热融滑坍和冰丘、冰锥等病害。④ 在白色路面下稳定的路基，铺筑黑色路面会因黑色路面吸热而产生新的热融沉陷，也应采取必要的措施。⑤ 在有厚层地下冰的地段，应尽量避免挖方、低填和不填不挖断面，否则应采取专门的隔热防融和基底换填等措施。

三、膨胀土的处理

（一）膨胀土的工程特性

膨胀土是指黏粒成分主要由强亲水性矿物组成，吸水时明显膨胀和失水时明显收缩的高塑性黏土。

膨胀土在我国分布范围较广，遍及我国广西、云南、四川、陕西、贵州、新疆、内蒙古、山西、湖北、河南、安徽、山东、河北、海南、广东、辽宁、浙江、江苏、黑龙江、湖南等20多个省（自治区）的180多个市、县，总面积在10万平方公里以上。

下面分别从膨胀土的物理力学指标、胀缩特性、工程危害等方面予以介绍。

1. 物理力学指标

膨胀土天然含水率通常为20%~30%，接近塑限，孔隙比一般为0.6~1.0，饱和度一般大于85%，塑性指数为17~35，液性指数较小。

2. 膨胀土的胀缩特性

膨胀土的膨胀是指在一定条件下其体积因不断吸水而增大的过程，是膨胀土中黏土矿物与水相互作用的结果。反映膨胀土膨胀性能的指标为自由膨胀率和不同压力下的膨胀率。自由膨胀率是一个与主要矿物成分有关的指标，如按不同主要矿物成分构成的膨胀土，该指标为 40%~80%。自由膨胀率用于膨胀土的初步判别，区分土类，不用于评价地基土的胀缩特性大小。不同压力下的膨胀率是一个反映土在某压力下单位土体的膨胀变形指标，该指标与土的含水率关系密切，通常土的含水率越低，其膨胀率越高。

膨胀土的收缩特性是由于大气环境或其他因素造成土中水分减少，引起土体收缩的现象。收缩变形是膨胀土变形的另一个重要组成部分。收缩变形可用收缩系数表示。收缩系数定义为含水率减少 1% 时土样的竖向收缩变形率（即竖向线缩率）。收缩系数大，其收缩变形就大。

膨胀土的膨胀与收缩是一个互为可逆的过程。吸水膨胀，失水收缩；再吸水，再膨胀；再失水，再收缩。这种互为可逆性是膨胀土的一个主要属性。膨胀与收缩的可逆变化幅度用膨胀总率来表示。

3. 膨胀土的工程危害

膨胀土的膨胀、收缩、再膨胀的往复变形特征非常明显。建造在膨胀土地基上的建筑物，随季节性变化会反复不断地产生不均匀的抬升和下沉，导致建筑物破坏。膨胀土地基导致的建筑物和构筑物的破坏具有下列规律：① 建筑物的开裂破坏具有地区性成群出现的特点，建筑物裂缝随气候变化不停地张开和闭合，而且以底层轻型、砖混结构损坏严重，因为这类房屋自重小、整体性较差，且基础埋置浅，地基土易受外界环境变化影响而产生胀缩变形。② 房屋的垂直和水平方向都受弯和受扭，故在房屋转角处首先开裂，墙上出现对称或不对称的"八字形""X 形裂缝"。外纵墙基础由于受到地基膨胀过程中产生的竖向切力和侧向水平推力的作用，造成基础移动而产生水平裂缝和位移，室内地坪和楼板发生纵向隆起开裂。③ 膨胀土边坡不稳定，地基会产生水平向和竖直向的变形，坡地土的建筑物损坏要比平地土更严重。④ 膨胀土的胀缩特性会使公路路基发生破坏，堤岸、路堑产生滑坡，涵洞、桥梁等刚性结构物产生不均匀沉降，导致开裂等。

（二）膨胀土的地基承载力

膨胀土浸水后强度降低，其膨胀量越大，强度降低越多。膨胀土地基承载力的影响因素包括基础的大小、埋置深度、荷载大小以及含水率等。膨胀土地基上基础底面设计压力宜大于土的膨胀力，但不得超过地基承载力。膨胀土地基的承载力，可按下列方法确定：

1. 载荷试验法

对荷载较大或没有建筑经验的地区，宜采用浸水载荷试验方法确定地基的承载力。先在压板周围打渗水井，井深大于基底以下 1.5 倍基宽。压板面积开挖试坑，坑深不小于 1m。先分级加荷至设计的基底压力，然后浸水，待膨胀稳定后加荷至破坏，取破坏荷载的一半作为地基承载力特征值。

2. 计算法

采用饱和三轴不排水快剪试验确定土的抗剪强度，再根据国家现行的《建筑地基基础设计规范》（GB 50007-2011）或《岩土工程勘察规范》（GB 50021-2001）的有关规定计算地基承载力。

3. 经验法

对已有建筑经验地区，可根据成功的建筑经验或地区的承载力经验值确定地基承载力。

（三）膨胀土地基的工程处理措施

膨胀土地区因为土层吸水膨胀、失水收缩的特性，导致其不利于作为建筑物或构筑物的基础，应尽量避开。如果难以避开，可以从设计、施工、管理维护等方面采取措施，避免和降低膨胀或收缩对建筑物、构筑物产生的不利影响。

1. 建筑工程处理措施

（1）设计措施

① 建筑场地的选择

根据工程地质和水文地质条件，建筑物应尽量避免布置在地质条件不良地段（如浅层滑坡和地裂发育区，以及地质条件不均匀的区域）。同时应利用和保护天然排水系统，并设置必要的排洪、截流和导流等排水措施，有组织地排除雨水、地表水、生活和生产废水，防止局部浸水和出现渗漏。

② 建筑措施

建筑物的体型力求简单，尽量避免平面凹凸曲折和立面高低不一。建筑物不宜过长，必要时可用沉降缝分段隔开。一般无特殊要求的地坪，可用混凝土预制块或其他块料，其下铺砂和炉渣等垫层。如用现浇混凝土地坪，其下铺块石或碎石等垫层，每 3m 左右设分隔缝。对于有特殊要求的工业地坪，应尽量使地坪与墙体脱离，并加填嵌缝材料。

③ 结构措施

建筑物应根据地基土胀缩等级采取下列结构措施：a. 较均匀的弱膨胀土地基，可采用条基；b. 基础埋深较深或条基基底压力较小时，宜采用墩基；c. 承重砌体结构可采用拉结较好的实心砖墙，不得采用空斗墙、砌块墙或无砂混凝土砌体；d. 不宜采用砖拱结构、无砂大孔混凝土和无筋中型砌块等对变形敏感的结构；e. Ⅱ级、Ⅲ级膨胀土地区，砂浆强度等级不宜低于 M2.5；f. 为了加强建筑物的整体刚度，可适当设置钢筋混凝土圈梁和构造柱。

单独排架结构的工业厂房包括山墙、外墙及内隔墙，均采用与柱基相同的基础承重，端部应适当加深，围护墙宜砌在基础梁上，基础梁底与地面应脱空 10~15cm。建筑物的角端和内外墙的连接处，必要时可增设水平钢筋。

基础埋置深度的选择应考虑膨胀土的胀缩性、膨胀土层埋藏深度和厚度以及大气影响深度等因素。基础不宜设置在季节性干湿变化剧烈的土层内。一般基础的埋深宜超过大气影响深度，当膨胀土位于地表以下 3m，或地下水位较高时，基础可以浅埋。若膨胀土层不厚，则尽可能将基础埋置在非膨胀土上。膨胀土地区的基础设计，应充分利用地基土的承载力，并采用缩小基底面积、合理选择基底形式等措施，以便增大基底压力，减少地基膨胀变形量。如果采用深基础，宜选用穿透膨胀土层的桩基等。

④ 地基处理

膨胀土地基处理可采用换土、砂石垫层、土性改良等方法。确定处理方法应根据土的胀缩等级、地方材料及施工工艺等，进行综合技术经济比较。

a. 换土：换土是最简易的解决方法，换土可采用非膨胀性土或灰土。换土深度要考虑受到地面降水影响而使土体含水率急剧变化的深度，基本在 1~2m，即强膨胀土为 2m，中、弱膨胀土为 1~1.5m。换土法处理膨胀土的优点是地基承载力稳定可靠，不需要特殊的施工设备，工期也比较短。b. 砂石垫层：平坦场地上Ⅰ、Ⅱ级膨胀土的地基处理，宜采用砂、碎石垫层。垫层厚度不应小于 300mm。垫层宽度应大于基底宽度，两侧宜采用与垫层相同的材料回填，并做好防水。c. 土性改良：主要包括石灰改良、水泥改良、化学剂改良。

石灰改良的传统工艺是将石灰和膨胀土混合，压实，或通过间距较密的钻孔，把石灰水浆高压注入土中。

近年来，有的以水泥取代石灰作为膨胀土改良剂。水泥的水化物包括硅酸钙水化物、铝酸钙水化物和水硬性石灰。在水泥水化过程中，产生的石灰与膨胀土混合，降低了土的膨胀性；同时，水泥与土混合生成水泥土，增强了土的强度。但是，采用水泥做改良剂比采用石灰的造价高，水泥均匀地渗入颗粒很细的土中的难度也比石灰大。

有机和无机的化学剂已经在膨胀土改良中得到应用，可以降低膨胀土的塑性指数和膨胀潜势。在应用过程中，应该采取的措施：在处理前和处理后取未扰动土样检验改良效果；注入化学剂的钻孔间距、化学剂的注入压力、施工过程中的控制等是设计重点和施工难点，需要根据工程现场土层、土质条件等分析确定。

（2）施工措施

① 膨胀土地区的建筑物应根据设计要求、场地条件和施工季节，做好施工组织设计。施工中应尽量减少地基中含水率的变化，以减少土的胀缩变形。② 建筑场地施工前，应该完成场地土方、挡土墙、护坡、防洪沟及排水沟等工程，使排水畅通、边坡稳定。③ 施工用水应该妥善管理，防治管网漏水。④ 临时水池、洗料场、搅拌站与建筑物的距离不少于 5m。⑤ 应做好排水设施，防止施工用水流入基槽内。基槽施工宜采取

分段快速作业，施工过程中，基槽不应该曝晒或浸泡。被水浸湿后的软弱层必须清除。⑥雨期施工应有防水措施。⑦基础施工完后应将基槽和室内回填土分层夯实。填土可用非膨胀土、弱膨胀土或掺有石灰的膨胀土。⑧地坪面层施工时应尽量减少地基浸水，并宜用覆盖物湿润养护。

（3）维护措施

使用单位应认真对膨胀土厂区内的建筑、管道、地面排水、环境绿化、边坡、挡土墙等进行维护管理。定期检查管线漏水、阻塞情况，检查挡土结构及建筑物的位移、变形、裂缝等；必要时应该监测变形、地温、含水率和岩土压力等变化情况；严禁破坏坡脚和墙基；严禁在坡肩大面积堆料；应经常观察有无出现水平位移的情况，如坡体表面出现通长水平裂缝，应及时采取措施预防坡体滑动。

2. 公路工程处理措施

在公路路基工程中，膨胀土处理主要有以下3个方面：对于填方路基、膨胀土填料处理及路堤边坡防护；对于挖方路基、路床稳定和路堑边坡防护；排水措施。

（1）路床处理

一般应挖除地表下或超挖30~60mm的膨胀土，用改性的膨胀土或者非膨胀土及时分层回填、压实。

（2）土料稳定与压实

膨胀土不应作为路基填料，若不得已，应尽量选择膨胀潜势较弱的土料，并加以改良。改良的方法有掺石灰、水泥、砂砾石等，常用的方法是掺石灰，掺灰比一般为6%~8%。胀土作为路基填料压实时，采用高含水率和较高密实度的控制标准。

（3）路基设计

路基填、挖高度不得过大，一般宜选择浅路堑、低路堤，其高度不宜高于3m。对于大于3m的路堤，必须考虑变形稳定问题，并考虑加宽路基。路堑高时，应考虑台阶式断面和坡脚稳定措施。路基面横坡应较一般土质路基宽些，以利于排水。路肩应较一般土质路肩适当加宽。路堤边坡可按普通黏土边坡适当放缓。边沟适当加宽，并尽可能采用深沟排水。路侧不宜种树。

（4）边坡防护

路堤边坡可采用改性土质处理或非膨胀土外包封闭；对路堑边坡应进行全封闭防护，可采用浆砌片石、浆砌混凝土预制护坡或浆砌挡土墙。高级公路的膨胀土边坡应考虑膨胀土的强度特点，分析滑坡稳定性。

（5）排水措施

所有路基均应设置排水设施，并形成排水网，使地表水及地下水能够畅通排泄，防止浸入路基。路肩、中央分隔带应设置与路面相同的不透水基层。边沟应加宽加深，并采取防渗措施，路堑边坡外侧必须设平台以保护坡脚免受浸湿，同时防止坡面剥落物堆积堵塞边沟。路堑顶部应设截水沟，防止水流冲蚀坡面与渗入坡体，截水沟的位置视上部坡面汇水情况而定，一般应距堑缘 1.0~1.5m 以外。对于台阶式高边坡，应在每一级平台内侧设排水沟。边沟、截水沟、排水沟、平台应全封闭，严防渗漏和冲刷。

第三节　软弱地基处理

一、概述

（一）地基处理的目的和作用

地基处理的目的是针对在软弱土地基上建造结构物时有可能产生的问题，采用人工的方法改善地基土的工程性质，以达到满足结构物对地基稳定和变形的要求。

地基处理的作用主要有：① 提高地基土的抗剪强度，增加地基土的稳定性。② 降低地基土的压缩性，减少沉降和不均匀沉降。③ 改善软弱土的渗透性，加速固结沉降过程。④ 改善土的动力特性，提高其抗震性能。⑤ 消除或减少特殊土的不良工程特性，如黄土的湿陷性、膨胀土的膨胀性等。

（二）需要处理的地基土

需要处理的地基土主要有软土、冲填土、杂填土、湿陷性黄土、振动易液化土等。下面简要介绍软土、冲填土、杂填土。

1. 软土

软土一般是指第四纪后期在滨海、湖泊、河滩、三角洲、沟谷等静水或缓流环境中以细颗粒为主的沉积土。软土地基是指主要由淤泥、淤泥质土、泥炭、泥炭质土或其他高压缩性土构成的地基。

软土属于一种特殊性土，它是在静水环境中沉积的高含水率、大孔隙比、高压缩性和低强度的细粒土。

软土具有以下特点：① 高含水率：其含水率一般大于35%，最大可达到300%以上。软土高含水性的基本特点，决定了软土具有高压缩性和低强度等工程性质。② 低透水性：软土渗透系数一般较低，排水性能差，导致其沉降缓慢。③ 高压缩性与固结速度缓慢：软土在应力增加时，土的体积减小幅度更大。④ 低强度：软土的强度低，承载能力低，所以通常不能直接作为地基或路基使用。⑤ 触变性：当软土的结构未被破坏时，具有一定的结构强度，但是一经扰动或振动，就破坏了原有的结构，强度明显降低，甚至发生流动；而当静置一段时间后，强度又随时间逐渐得到恢复。⑥ 有机质含量高：软土的有机质含量一般小于 10%，但泥炭和泥炭质土的有机质含量很大。所以，软土不宜作为回填土使用。

2. 冲填土

冲填土（吹填土）是指在水利建设或江河整治中，用挖泥船或泥浆泵将江河或港湾底部的泥沙用水力冲填（吹填）形成的沉积土。冲填土的物质成分比较复杂，若以粉土、黏土为主，则属于欠固结的软土；若以中砂以上的粗颗粒为主，则不属于软土范畴。

3. 杂填土

杂填土是指因人类活动而堆积形成的无规则堆积物，包括建筑垃圾、工业废料和生活垃圾等。其特性是强度低、压缩性高、均匀性差。

其他高压缩性土如松散饱和的粉（细）砂、松散的亚砂土、湿陷性黄土、膨胀土和振动液化土以及在基坑开挖时有可能产生流砂、管涌等不良工程地质现象的土，都需要进行地基处理。

软弱土地基处理的方法有很多，包括换土垫层法、预压法、振密法、化学加固法、加筋法等，各有其适用范围、局限性和优缺点。

二、换土垫层法

换土垫层法是比较常用且较为简单的软土地基处理方法。其做法是将基础下一定深度内的软弱或不良土层挖去，回填强度较高的砂、碎石或灰土等，并夯至密实的一种地基处理方法。当建筑物荷载不大、软弱或不良土层较薄时，采用换土垫层法能取得较好的效果。

（一）换土垫层法的作用

目前，常用的垫层有砂垫层、砂卵石垫层、碎石垫层、灰土或素土垫层、煤渣垫层等。对不同的地基和填料，垫层所起的作用是有差别的。其作用主要表现在以下几个方面：① 提高浅层地基承载力，减少沉降量。浅基础的地基如果发生破坏，一般是从基础底面开始，逐渐向深处和四周发展，破坏区主要在地基上部浅层范围内；在总沉降量中，浅层地基的沉降量占较大比例。例如，以密实砂或其他填筑材料代替上层软弱土层，就可以减少这部分的沉降量。所以，用抗剪强度较高、压缩性较低的垫层置换地基上部的软弱土，可以防止地基破坏并减小沉降量。② 加速软弱或不良土层的排水固结。如果渗透性低的软弱地基用砂、碎石等渗透性高的材料作部分换填处理，则垫层作为透水面可以起到加速下卧软弱层或不良土层固结的作用。但其固结效果常常限于下卧层的上部，对深处的影响不大。③ 防止冻胀。因为粗颗粒的垫层材料孔隙大，不易形成毛细管，产生毛细现象，因此可以防止寒冷地区土中水的冻结所造成的冻胀。④ 消除膨胀土的胀缩作用。基础土的膨胀土换填为砂、石、三合土等非膨胀土垫层，可以消除胀缩作用。

（二）垫层厚度和宽度的确定

为使换土垫层达到预期效果，应保证垫层本身的强度和变形满足设计要求，同时垫层下地基所受压力和地基变形应在容许范围内，且应符合经济合理的原则。因此，其设计主要是确定断面的合理厚度和宽度。

1. 垫层厚度的确定

垫层厚度一般根据垫层底面处土的自重应力与附加应力之和，不大于相应深度软弱土层的承载力容许值[σ]来确定。即：

$$\sigma_{ch} + \sigma_z \leqslant [\sigma]$$

式中：σ_{ch}——垫层底面处土的自重应力；

σ_z——垫层底面处土的附加应力；

[σ]——垫层底面处软弱土层的承载力容许值。

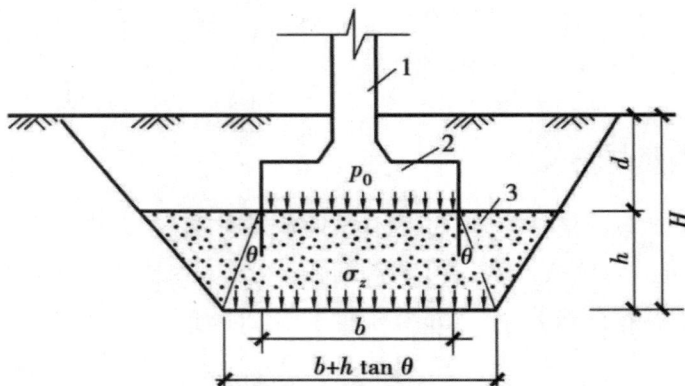

图 2-6 垫层的计算

1——上部结构；2——基础；3——换填层

垫层底面处的附加应力，按图 2-6 应力扩散图示计算，即：

条形基础：

$$\sigma_z = \left[(p - \sigma_c) b \right] / (b + 2h \tan \theta)$$

矩形基础：

$$\sigma_t = \left[(p - \sigma_c) lb \right] / [(l + 2h \tan \theta)(b + 2h \tan \theta)]$$

式中：p——基础底面平均压力设计值；

σ_c——基础底面处的自重应力；

l, b——基础底面的长度和宽度；

h——垫层的厚度；

θ ——垫层的应力扩散角。

计算时，一般先初步拟订一个垫层厚度，再用式 $\sigma_{ch}+\sigma_z \leqslant [\sigma]$ 验算。如不符合要求，则调整厚度，重新验算，直至满足要求为止。垫层的厚度一般不宜太薄。当垫层厚度小于 0.5m 时，则其作用效果不明显；但也不宜太厚，当垫层厚度大于 3m 时，施工较困难，且在经济、技术上不合理。故一般选择垫层厚度在 1~3m。

2. 垫层宽度的确定

垫层的宽度除要满足应力扩散的要求外，还应防止垫层向两边挤出。若垫层宽度不足，四周侧面土质又较软弱时，垫层就有可能部分挤入侧面软弱土中，使基础沉降增大。宽度计算通常可按扩散角法确定。例如，底宽为 b 的条形基础，其下的垫层底面宽度 b' 应为：

$$b' \geqslant b + 2h\tan\theta$$

3. 基础沉降量计算

垫层断面确定后，对于比较重要的建筑物，还要按分层总和法计算基础的沉降量，以使建筑物的最终沉降量小于相应的允许值。砂砾垫层上的基础沉降量 s 包括砂砾垫层的压缩量 s_1 和软弱下层压缩量 s_2 两部分，即：

$$s = s_1 + s_2$$

式中，砂砾垫层的压缩量 s_1 一般较小，且在施工阶段已基本完成，可以忽略不计。软弱下卧层压缩量 s_2 可按土力学知识或《公路桥涵地基与基础设计规范》（JTG 3363-2019）计算。

4. 施工要点

垫层施工应以级配良好、不均匀系数大于 5、质地较硬的中粗砂或砾砂为宜，也可采用砂和砾石的混合料，砾料粒径不大于 50mm，黏粒含量不大于 5%，粉粒含量不大于 25%，含泥量不超过 5%，以利于夯实。

垫层必须保证达到设计要求的压实度。常用的压实方法有振动法、碾压法和夯实法等。这些方法都要求控制含水率在最佳含水率附近，分层铺砂厚 200~300mm，分层振密或压实，并应将下层的密实度检查合格后，方可进行上层施工。

开挖基坑铺设垫层时，不要扰动垫层下的软弱土层，防止软弱土层践踏、受冻、浸泡或暴晒过久。

三、预压法

地下水位以下的软土地基含水率很高，渗透系数很低，压力作用下沉降历时长，短时间内难以沉降稳定，影响建于其上建筑物的安全，需要采取措施加快沉降，从而降低工后沉降。饱和黏土地基土体的沉降伴随着孔隙水的排出，也称为固结沉降，或简称固结。

预压法就是在饱和软土地基土中，采用各种排水技术措施（设置竖向排水体和水平排水体）并施加压力，以加速饱和软黏土固结沉降的一种地基处理方法。根据排水体系的不同构造，可分为不同的处理方法。如竖向排水体的设置，可分为普通砂井、袋装砂井和塑料排水板等。

排水预压法主要适用于处理淤泥、淤泥质土及其他饱和软黏土。对于砂类土和粉土，因透水性良好，无须用此法处理。对于含水平砂夹层的黏性土，因其具有较好的横向排水性能，所以不用竖向排水体处理，也能获得良好的固结效果。根据压力施加方式、土体排水方式的不同，预压法分为堆载预压法、砂井堆载预压法、真空预压法、降水预压法等。

（一）堆载预压法

天然地基堆载预压法是在建筑物建造前，在地基表面分级堆土或其他荷重，使地基土压密、沉降、固结，提高地基强度，减少建筑物建成后的沉降量。

天然地基堆载预压法使用的材料、机具和方法简单直接，施工操作方便。但堆载预压需要较长时间，对厚度大的饱和软黏土，排水固结所需的时间较长；同时需要大量堆载材料，工程应用受到一定限制。

堆载预压法适用于各类软弱土地基，包括天然沉积土层或人工冲填土层，如沼泽土、淤泥、淤泥质土以及水力冲填土；较广泛用于冷藏库、油罐、机场跑道、集装箱码头、桥台等对沉降要求比较高的地基。

堆载材料一般以散料为主，如采用施工场地附近的土、砂、石子、砖、石块等。对于堤坝、路基等工程的预压，常以堤坝、路基填土本身作为堆载；对于大型油罐、水池地基，常采用充水作为预压荷载对地基进行预压。

堆载预压法施工时，需要注意堆载的速度不可过快；速度太快，将在软土地基内产生超孔隙水压力，进一步降低抗剪强度，地基土体向周围滑动挤出，导致堆载预压失败。在堆载时，需要监测堆载土体以及附近地基的孔隙水压力和沉降，及时调整堆载速度。

（二）砂井堆载预压法

砂井堆载预压法是在软弱地基中，通过采用钢管打孔、灌砂、设置砂井作为竖向排水通道，并在砂井顶部设置砂垫层作为水平排水通道，形成排水系统；在砂垫层上部堆载，以增加软弱土中附加应力；使土体中孔隙水在较短的时间内通过竖向砂井和水平砂垫层排出，以加速土体固结，提高软弱地基土承载力。

1. 砂井堆载预压法的特点

① 提高软弱土地基的抗剪强度和地基承载力。② 加速饱和软黏土的排水固结速率（沉降速度可加快 2~2.5 倍）。③ 施工机具和方法简单，施工速度快、造价低。

2. 砂井堆载预压法的适用范围

该法适用于厚度较大、渗透系数很低的饱和软黏土。其主要用于路基、路堤、土坝、机场跑道、工业建筑油罐、码头、岸坡等工程的地基处理，对于泥炭等有机沉积地基则不适用。

3. 砂井的布置和尺寸

（1）砂井的直径和间距

砂井的直径和间距由黏性土层的固结特性和施工期限确定。砂井的直径不宜过大或过小，过大不经济，过小则在施工中易造成灌砂率不足、缩颈或砂井不连续等质量问题，常用直径为300~500mm。砂井的间距常为砂井直径的6~9倍，一般不小于1.5m。

（2）砂井深度

砂井深度主要取决于软土层的厚度及工程对地基的要求。当软土层不厚、底部有透水层时，砂井应尽可能穿透软土层；当软土层较厚，但间有砂层或透镜体时，砂井应尽可能打至砂房或透镜体；当软土层很厚，其中又无透水层时，可按地基的稳定性及建筑物变形要求处理的株度来决定。对于以地基沉降为控制条件的工程，砂井应穿过地基压缩层，使这部分土层通过预压得到良好的固结，有效减小建筑物的工后沉降。对于以地基的稳定性为控制条件的工程，如路堤、土坝、岸坡等，砂井应伸至最危险滑动面以下一定长度，使这部分土层通过预压得到良好的固结，提高抗剪强度。砂井长度一般为10~20m。

（3）砂井的平面布置

在平面上砂井常按梅花形和正方形布置，设每个砂井的有效影响范围为圆形区域。若砂井间距为L，则等效圆（有效影响范围）的直径d_e与L的关系为：

梅花形布置时：

$$d_e = \sqrt{\frac{2\sqrt{3}}{\pi}} L = 1.05L$$

方形布置时：

$$d_e = \sqrt{\frac{4}{\pi}} L = 1.13L$$

由于梅花形排列较正方形紧凑、有效，应用较多。砂井的布置范围应稍大于建筑物基础范围，以加固建筑物附加应力影响的周围地基土体，扩大的范围可由基础轮廓线向外增大2~4m。

（4）砂垫层的设置

为保证砂井排水畅通，在砂井顶部还应设置厚度为0.3~0.5m的砂垫层，以便将砂井中引出的渗透水排到场地以外。

4. 砂井堆载预压法施工要点

砂井分为普通砂井、袋装砂井、塑料排水板等。

普通砂井的施工方法有套管法、水冲成孔法和螺旋钻成孔法。套管法是将带有活瓣管尖或套有混凝土端靴的套管沉到预定深度，然后在管内灌砂，拔出套管，形成砂井。水冲成孔法是通过专用喷头，在水压力作用下冲孔，成孔后清孔，再向孔内灌砂，形成砂井。螺旋钻成孔法是以动力螺旋钻钻孔，提钻后灌砂，形成砂井。

袋装砂井，即采用土工编织布制成直径为 7~12 cm 的袋子，里面填满干砂；在设计砂井位置用桩机把导管沉入预定深度，导管内放入砂袋，灌水，拔出导管，砂袋留置于地基土内，就形成袋装砂井。

塑料排水板，即有凹槽的塑料芯板外面用滤膜覆盖，滤膜透水，芯板排水，形成厚度 10mm、宽度 100mm 左右的带状结构物，也称为塑料排水带。施工时，桩基导管内放入塑料排水板，导管连同塑料排水板一起沉入土体内，拔出导管，塑料排水板留置于土体内。打设塑料排水板时，严禁出现扭结断裂和撕破滤膜等现象。打入地基的塑料排水板宜为整板。

（三）真空预压法

真空预压法是先在需加固的软土地基表面铺设一层透水砂垫层或砂砾层，再在其上覆盖一层密封膜如塑料薄膜或橡胶布，将其周边埋入土中密封，使之与大气隔绝，并在砂垫层内埋设渗水管道，然后用真空泵通过埋设于砂垫层内的管道将密封膜下的空气抽出，达到一定的真空度，使排水系统中的气压维持在大气压以下 80 kPa 左右，在土与排水系统之间的压力差作用下，孔隙水向排水系统渗流，地基土发生固结。

在真空预压过程中，周围土体内孔隙水的渗流和土体的位移均朝向预压区，故无须像加载预压那样为防止地基失稳破坏而控制加载速率，可以在短时间内使薄膜下的真空度达到预定数值。真空预压有利于缩短预压工期，降低造价。但由于薄膜下能达到的真空度有限，其当量荷载一般不超过 80~90 kPa。如需更大荷载，可以与加载预压联合使用。

真空预压法的施工要点：① 待处理地基中打设塑料排水板等。② 地表铺设砂垫层作为水平排水通道。③ 砂垫层内预埋排水管。④ 在待处理地基四周打设水泥土搅拌桩作为止水帷幕，并开挖深度不少于 1m 的密封沟，待处理地基表面铺设密封膜，伸入密封沟内，不得扭曲、褶皱或重叠，在密封沟内填入黏土。⑤ 排水管同真空泵相连，开动真空泵，地基内形成真空，开始真空预压。

（四）降水预压法

降水预压法是借助井点抽水降低地下水位，以增加土的自重应力，达到预压目的。此法降低地下水位的原理、方法和需要的设备基本与井点法基坑排水相同。

本方法适用于渗透性较好的砂或砂质土，或在软黏土层中存在砂土层的情况。施工前,应探明土层分布及地下水情况等。降水预压结合堆载,可使地基固结压实的效果更好。

四、振密法和挤密法

振密法和挤密法是指在软弱土层中挤土成孔,从侧向将土挤密,然后再将碎石、砂、灰土、石灰或炉渣等填料充填密实形成柔性的桩体,并与原地基形成一种复合型地基,从而改善地基的工程性能。挤密法主要介绍砂桩挤密法,振密法主要介绍夯实法和振动压实法。

(一)砂桩挤密法

松散中细砂土、松散细粒砂、炉渣、杂填土,以及液性指数 $I_L < 1$、孔隙比 e 接近或大于 1 的含砂量较多的松软黏土等松散土地基,若其厚度较大,用砂垫层处理将使垫层过厚,施工困难,可考虑采用砂桩进行深层挤密,以提高地基强度,减少沉降。

1. 作用原理

砂桩挤密法是用振动、冲击或打入套管等方法在地基中成孔,孔径一般为 300~600mm,然后向孔中填入含泥量小于 5% 的中粗砂,再夯击密实形成桩体,从而加固地基。其作用是:① 对于松散的砂质土层,砂桩的主要作用是挤密地基土,减小孔隙比,增加容重,从而提高地基土的抗剪强度,减少沉降。② 对于松软黏性土,砂桩挤密效果不如在砂土中明显,但由于砂桩与土体组成复合地基,共同承担荷载,从而可以提高地基的承载力和稳定性。③ 对于砂质土与黏性土互层的地基及冲填土,砂桩也能起到一定的挤密加固作用。

2. 砂桩的计算

砂桩的计算主要应解决以下问题:一是砂桩的加固范围;二是加固范围内所需砂桩的总截面积;三是砂桩的桩数及桩的排列。

(1)砂桩加固范围的确定

砂桩加固的范围应比基底面积大,一般应自基础向外加大每边不少于 50 cm,如图 2-7 所示。

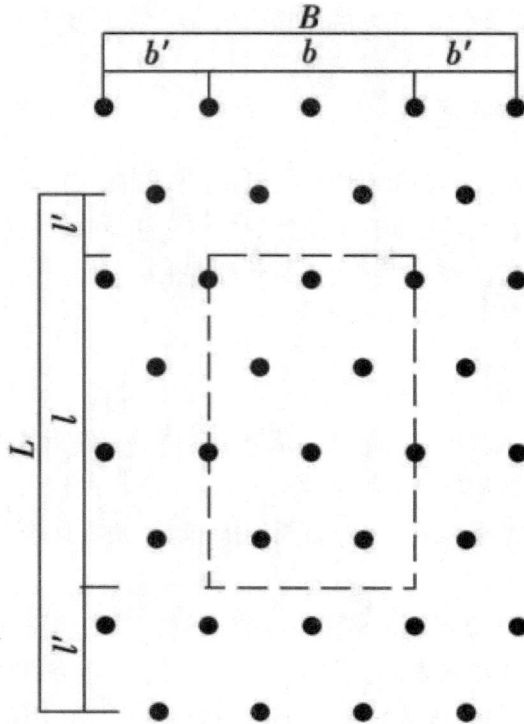

图 2-7 砂桩加固的平面布置

加固范围平面面积为：

$$A = B \times L = (b + 2b')(l + 2l')$$

图 2-7 中虚线框内为基础区域。

（2）加固范围内所需砂桩的总截面积

在加固范围内砂桩占有的面积称为挤密砂桩的总截面积 A_1。A_1 所需要的大小除与需要加固的面积 A 有关外，主要与土层加固后需要达到的地基容许承载力相对应的孔隙比有关。

设砂桩加固前地基上的孔隙比为 e_0，地基土的面积为 A，加固后土的孔隙比为 e，地基土面积为 A_2，由 $A = A_1 + A_2$。加固后砂土孔隙减小的体积等于加固所使用的砂桩的体积，由此可得挤密砂桩的总截面积为：

$$A_1 = \frac{e_0 - e}{1 + e_0} A$$

待处理地基的孔隙比 e 值可根据加固后地基的承载力要求，参照相关规范确定。

（3）砂桩的桩数及其排列

砂桩桩径不宜过小，桩径过小，则桩数增多，施工时机具移动频繁；但桩径也不宜过大，过大则需大型施工机具，故一般采用的砂桩直径为 300~600mm。

设砂桩直径为 d，则一根砂桩的截面积为：

$$A_0 = \frac{\pi d^2}{4}$$

所需砂桩数为：

$$n = \frac{A_1}{A_0} = \frac{4A_1}{\pi d^2}$$

由此可最后确定桩的间距和平面布置。

3.砂桩挤密法施工要点

砂桩加固地基所填的砂应为渗水率较高的中粗砂或砂与砾石的混合料，含泥量不超过 5%。成孔机具宜采用振动打桩机或柴油打桩机等机具。

根据成桩方法确定砂的最佳含水率，所填入孔内的砂料应分层填筑、分层夯实，并保证桩体在施工中的连续密实性。实际灌砂量未达到设计用量时，应在原处复打，或在旁边补桩。为增加挤密效果，砂桩可以从外圈向内圈施打。

（二）夯实法

夯实法又称为动力固结法，是 20 世纪 60 年代末期由法国梅纳（Menard）技术公司首先创立并应用的。这种方法是将重型锤（一般为 100~600kN，600 kN 相当于 1 节满载火车皮的重量）提升到 6~40m 高度后，自由下落，以强大的冲击能对地层强力夯实加固或置换形成密实墩体地基。此法可提高地基承载力，降低压缩性，减轻甚至消除砂土振动液化危险，消除湿陷性黄土的湿陷性等；同时，还能提高土层的均匀程度，减少地基的不均匀沉降。夯实法分为重锤夯实法和强夯法两种类型。其中，重锤夯实能量通常低于 1000kN•m，主要是处理和加固浅层地基；强夯法的夯击能量更大，通常大于 1000kN•m，既加固浅层地基又加固深层地基。

1.夯实法的加固机理

土的类型不同，其夯实加固机理亦不相同。一般认为，夯实时地基在极短的时间内受到夯锤的高能量冲击，激发压缩波、剪切波和瑞利波等应力波传向夯点周围和地基深处。在此过程中，土颗粒重新排列而趋于更加稳定、密实。

2.有效加固深度

夯实法的有效加固深度 H 主要取决于夯锤重量 W 与夯锤落距 h 的乘积即单击夯击能量，也与地基的性质及其在夯实过程中的变化有关。

3.夯实法的特点及适用范围

夯实法具有以下特点：①施工工艺、设备简单。②适用土质范围广。③加固效果显著，可取得较高的承载力，一般地基土强度可提高 2~5 倍，压缩性可降低 2~10 倍，加固深度可达 6~10m。④土粒结合紧密，有较高的结合强度。⑤工效高，施工速度快（一套设备每月可加固 5 000~10 000m² 地基）。⑥节省加固材料。⑦施工费用低，节省投资，同时耗用劳动力少等。

夯实法适用于处理碎石土、砂土、低饱和度的黏性土、湿陷性黄土、杂填土及素填土等地基。但是，对于周围建筑物和设备有振动影响限制要求的地基加固，不得使用夯实法，必要时应采取防振、隔振措施。

（三）振动压实法

振动压实法是通过在地基表面施加振动把浅层松散土振实的方法，可用于处理砂土和炉灰、炉渣、碎砖等组成的杂填土地基。

竖向振动力（50~100 kN）由机内设置的两个偏心块产生。振动压实的效果与振动力的大小、填土的成分和振动时间有关。当杂填土的颗粒或碎块较大时，应采用振动力较大的机械。一般来说，振动时间越长，效果越好。但振动超过一定时间后，振实效果将趋于稳定。因此，在施工前应进行试振，找出振实稳定所需要的时间。振实范围应从基础边缘放出 0.6m 左右，先振基槽两边，后振中间。经过振实的杂填土地基，其承载力基本值可达 100~120 kPa。

五、化学加固法

化学加固法是指利用化学溶液或胶结剂，采用压力灌注或搅拌混合等措施，使土粒胶结起来，以加固软土地基。此法又称为胶结法，其加固效果主要取决于土的性质、采用的化学剂，亦与其施工工艺有关。化学加固法包括深层搅拌法、高压喷射注浆法等。

（一）深层搅拌法

深层搅拌法是利用水泥（或石灰）等材料作为固化剂，通过深层搅拌机械在地基深部就地将软土和浆体或粉体等固化剂强制拌和，固化剂和软土发生物理化学反应，使其凝结成具有整体性、水稳性好和强度较高的水泥加固体，与天然地基联合形成复合地基。所形成的加固体常称为深层搅拌桩。

1. 加固机理

水泥加固土由于水泥用量很少，水泥水化反应完全是在土的围绕下产生的，凝结速度比混凝土缓慢。水泥与软土拌和后，水泥中的矿物和土中的水分发生水解和水化反应，生成水化物，有的自身继续硬结形成水泥石骨架，有的则因有活性的土进行离子交换、硬凝反应和碳酸化作用等，使土颗粒固结、结团，颗粒间形成坚固的联结，并具有一定的强度。

2. 特点

深层搅拌法的特点是：①在地基加固的过程中无振动、无噪声，对环境无污染。

② 对土壤无侧向挤压，对邻近建筑物影响很小。③ 可按照建筑物要求做成柱状、壁状、块状和格栅状等加固形状。④ 可有效提高地基强度。⑤ 施工的工期较短，造价低，效益显著。

3. 适用范围

深层搅拌法适用于加固较深较厚的淤泥、淤泥质土、粉土和含水率较高、地基承载力不大于 120 kPa 的黏性土地基，对超软土地基的加固效果更为显著。其多用于大面积堆料厂房地基、墙下条形基础，深基坑开挖时防止坑壁及边坡坍塌、坑底隆起等以及作地下防渗墙等工程的地基处理。

4. 施工要点

深层搅拌法加固软土的固化剂可选用水泥，掺入量一般为加固土重的 8%~16%，每加固 1m³ 土体掺入水泥 120~160kg；如用水泥砂浆作固化剂，其配合比为 1：1~1：2（水泥：砂）。搅拌施工时，搅拌机沿导向架搅拌下沉，到达设计深度后，开启灰浆泵，待浆液到达喷浆口时，原地搅拌并喷浆，确保浆体到达桩尖；再边喷浆、边提升深层搅拌机；深层搅拌机喷浆提升至设计顶面高程时，关闭灰浆泵，此时集料斗中的浆液应正好排空。为使软土和浆液搅拌均匀，重复搅拌一次，搅拌机自地面搅拌下沉到桩底，至搅拌机再次搅拌提升至地面，结束这根桩的施工。

灰浆泵输浆必须连续，因故停浆，宜将搅拌机下沉到停浆面以下 0.5m，待恢复供浆时，再喷浆提升。喷浆搅拌提升至距离地面还有 1m 时，搅拌机宜用慢速，当喷浆口即将出地面时，宜停止提升、搅拌 30 s 左右，以确保桩头施工质量。对于设计要求搭接成壁状的排桩，应连续施工，相邻桩施工间隔时间不得超过 24 h。

（二）高压喷射注浆法

高压喷射注浆法又称为旋喷法，是 20 世纪 70 年代发展起来的一种先进的土体深层加固方法。它是利用钻机把带有特殊喷嘴的注浆管钻进至土层的预定深度，再用高压脉冲泵（工作压力在 20MPa 以上）将水泥浆液通过钻杆下端的喷射装置向四周高速喷入土体，借助液体的冲击力切削土层，使喷流射程内的土体遭受破坏，与此同时钻杆以一定的速度（20 r/min）旋转，并低速（15~30 r/min）徐徐提升，使土体与水泥浆充分搅拌混合，胶结硬化后即在地基中形成直径比较均匀、具有一定强度（0.5~8.0MPa）的圆柱体，使地基得到加固。

1. 分类及形式

高压喷射注浆法根据使用机具设备的不同可分为：① 单管法。用一根单管喷射高压水泥浆液作为喷射流。由于高压浆液喷射流在土中衰减大，破碎土的射程较短，成桩直径较小，一般为 0.3~0.8m。② 二重管法。用同轴双通道二重注浆管进行复合喷射流，一般成桩直径为 1.0m 左右。③ 三重管法。用同轴三重注浆管复合喷射高压水流和压缩空气，并注入水泥浆液。高压水射流的作用，使地基中一部分土粒随着水、气排出地面，高压浆流随之填充空隙。成桩直径较大，一般为1.0~2.0m，但成桩的强度较低。

高压喷射注浆法按成桩形式可分为旋转注浆、定喷注浆和摆喷注浆3种类型，按加固形状可分为柱状、块状和壁状等。

2. 特点

高压喷射注浆法主要具有以下特点：① 提高地基的抗剪强度，改善土的变形特性，使被加固地基在上部结构荷载作用下，不会产生破坏和较大的沉降。② 用于已有建筑物地基加固而不扰动附近土体，施工噪声低，振动小。③ 利用小直径钻孔旋喷形成比钻孔大8~10倍的大直径固结体；可通过调节喷嘴的旋转速度、提升速度、喷射压力和喷射量形成各种形状桩体；可制成垂直桩、斜桩或连续墙，并获得需要的强度。④ 设备比较简单、轻便，机械化程度高，全套设备紧凑，体积小，机动性强，占地少，能在狭窄场地施工。⑤ 可用于任何软弱土层，便于控制加固范围。⑥ 施工简便，操作容易，管理方便，速度快，效率高，用途广泛，成本低。

3. 适用范围

高压喷射注浆法适用于淤泥、淤泥质土、砂土、黏性土、粉土、湿陷性黄土、人工填土及碎石土等地基加固，可以用于既有建筑和新建筑的地基处理、深基坑侧壁挡土或挡水、基坑底部加固防止管涌与隆起、堤坝的加固与防水帷幕等工程中。

但高压喷射注浆法对于含有较多的大粒块石、坚硬黏性土、植物根茎或含过多有机质的土，以及地下水流速较大、喷射浆液无法在注浆管周围凝聚等情况下，不宜采用。

4. 施工要点

高压喷射注浆最常用的材料为水泥浆，在防渗工程中使用黏土水泥浆。水泥浆液的水灰比应按工程要求确定，可取0.8~1.5，常用1.0。

高压喷射注浆施工时，先将喷管插入地层预定的深度，开始喷浆。在喷射注浆参数达到规定值后，随即分别按旋喷、定喷或摆喷的工艺要求，提升喷射管，由下而上喷射注浆。喷射管分段提升的搭接长度不得小于100mm。对需要局部扩大加固范围或提高强度的部位，可复喷。在喷射注浆过程中，应观察冒浆情况，及时了解土层情况、喷射注浆的大致效果和喷射参数是否合理。

六、加筋法

对软土地基采用加筋处理，即在土体中加入筋材，以提高土体的抗剪能力，通常采用土工合成材料作为加筋材料。土工合成材料是以渗透性强的聚合物为原料，是岩土工程领域一种新型建筑材料。我国于20世纪60年代在水利工程中使用土工膜。随后土工合成材料在我国的应用逐步得到推广，主要用于交通、岩土及环境工程领域。

土工合成材料加筋法是由填土和土工织物、土工格栅等按照设计要求形成复合地基，能够有效地改善土体的抗拉能力和抗剪切能力，可以承担较大竖向荷载和水平荷载。

（一）土工合成材料的类型和作用

1. 土工合成材料的类型

根据加工制造工艺的不同，土工合成材料可分为：

（1）土工织物

土工织物是用合成纤维经纺织或经胶结、热压、针刺等无纺工艺制成的土木工程用卷材，也称为土工纤维或土工薄膜。合成纤维的主要原料有聚丙烯、聚酯、聚酰胺等。土工织物又分为有纺型土工织物、编织型土工织物、无纺型土工织物。

（2）土工膜

土工膜是以聚氯乙烯、聚乙烯、聚化乙烯或异丁橡胶等为原料制成的透水性极低的膜或薄片。其可以工厂预制，或现场制作，可分为加筋和不加筋两类。

（3）土工塑料排水带

土工塑料排水带是由不同截面形状的连续塑料芯板外面包裹滤膜而形成的土工材料，也称为塑料排水板。芯板的原材料为聚丙烯、聚乙烯或聚氯乙烯等。芯板截面有多种形式，常见的有城垛式和乳头式等。芯板作为骨架，其内的沟槽用于通水，滤膜可滤土、透水。土工塑料排水带通常打入地基土体中，用于地基土中水的排出。

（4）土工网

土工网由两组平行的压制条带或细丝按一定角度交叉（一般为 60°~90°），并在交点处靠热黏结而成的平面制品。

（5）土工格栅

土工格栅由聚乙烯或聚丙烯通过打孔、单向或双向拉伸扩孔制成，孔格尺寸为 10~100mm 的圆形、椭圆形、方形或长方形格栅。

（6）组合材料

其由两种或两种以上的材料黏合而成，可以满足特定的要求。

2. 土工合成材料的作用

①用于加固土坡和堤坝。土工合成材料在路堤中可使边坡变陡，节省占地面积；防止滑动面通过路堤和地基土；防止路堤下面发生承载力不足而破坏；跨越可能的沉陷区等。②用于加固地基。土工合成材料铺设在软土地基表面，利用其承受拉力和土的摩擦作用而增大侧向限制，阻止土体侧向挤出，从而减小变形、增强地基的稳定性。③用于加筋垫层。在砂石垫层中增加一层或多层土工合成材料，可以提高垫层的抗拉能力、抗不均匀沉降能力和限制水平位移能力。④用于加筋土挡墙。挡土结构土体中，布置一定数量的土工合成材料，可充分利用材料性能及土与拉筋的共同作用，使挡墙轻型化，

节省占地面积，提高整体稳定性，降低工程造价。⑤制作塑料排水带，置于土体中，加速土体固结，提高土体强度，节约施工时间。⑥制作土工膜袋。土工膜袋是由上下两层土工织物制作而成的大面积连续袋状材料，袋内充填混凝土或水泥砂浆，凝固后形成整体混凝土板，适用于护坡。可加快施工进度，降低工程造价。

（二）土工合成材料的加筋机理

土体一般具有一定的抗压能力，但抗剪强度较低，几乎没有抗拉能力。在土体中铺设一层或几层土工合成材料，压实，土与土工合成材料密切结合形成复合土体。土与土工合成材料间的摩阻力，限制了土体的侧向位移。

20世纪60年代，法国工程师进行了三轴试验和现场试验，证明在砂土中加入少量纤维后，土体的抗剪强度可提高4倍多。国内外关于土工合成材料加筋作用的研究很多，到目前为止，国内外筋－土相互作用的基本理论可归为两类：一是摩擦加筋原理，二是准黏聚力原理。下面主要介绍摩擦加筋原理。

土工织物加筋处理软土地基上的堤坝，一般是将土工织物铺设在一层碎石或砂垫层中，然后填土。

当加筋堤坝发生局部滑动，主动区的土体受到加筋的拉力，破坏面上受到阻碍滑动的切向抗滑力，主动区的滑动企图把土工织物拔出，而稳定区的土与筋带间的摩阻力阻止筋带被拔出。如果稳定区的摩阻力足够大，并且加筋体具有一定的强度，则堤坝就能保持稳定。

第四节　岩石地基

一、岩石的工程性状及影响因素

（一）决定岩石工程性状的主要因素

岩石作为建筑物地基和建筑材料，在应用时，必须注意影响其物理性质变化的因素。影响因素是多方面的，主要的有两方面：一是岩石的矿物成分、结构与构造及成因等；二是风化和水等外部因素的影响。

1. 矿物成分

组成岩石的矿物是直接影响岩石基本性质的主要因素。对于岩浆岩来说，其由结晶良好、晶粒较粗的岩基和侵入体组成，具有较高的强度特性，而细粗晶或非晶质喷发岩类强度较低；由基性矿物组成的岩石比酸性矿物的相对密度大，其强度也比酸性矿物的高；含白云母、黑云母、角闪石等成分的岩石，容易风化，强度相对较低。沉积岩则与组成岩石的颗粒成分及其胶结物的强度有关，由石英和硅胶结的砂岩，远比细颗粒黏土矿物和泥质胶结的页岩的强度大。变质岩的强度则与原岩的成分有关。

2. 结构

岩石的结构特征大致可分为两类：一类是结晶联结的岩石，包括结晶联结的部分岩浆岩、沉积岩和变质岩；另一类是胶结联结的岩石，如沉积岩中的碎屑岩和部分喷发岩等。前者晶体间的联结力强，孔隙率小，结构致密，密度大，吸水率变化范围小，具有较高的强度，且细晶粒结构的岩石比粗晶粒结构的强度大。例如：粗晶粒花岗岩的抗压强度一般为 118~137MPa，而细晶粒花岗岩的抗压强度可达 196~245MPa。后者由矿物岩石碎屑和胶结物联结，岩石的强度相对较低，变化较大，其强度的大小主要决定于胶结物的成分和胶结的形式，同时也受碎屑成分的影响。硅质胶结的强度与稳定性较高，泥质胶结的较低，钙质和铁质胶结的介于两者之间。例如泥质砂岩的抗压强度一般只有59~79MPa，钙质和铁质胶结的可达 118MPa，而硅质胶结的可达 137~206MPa。

3. 构造

构造对岩石的物理力学性质的影响主要在于岩石本身的结构构造及岩石的裂隙发育程度。由于矿物成分在岩石中分布的不均匀性和结构的不连续性，使岩石强度具有各向异性性质。例如具有千枚状、板状、片状、片麻状构造的岩石，在片理面、层理面上往往强度较低，受剪切时，常沿该结构面剪切破坏，往往是垂直于层理面、片理面的抗压强度大于平行该层面的抗压强度。岩石（体）的节理越发育则岩石的强度越低。

4. 水

岩石饱水后强度降低，已为大量的试验资料所证实。当岩石受到水的作用时，水就沿着岩石中的孔隙、裂隙侵入，浸湿岩石自由表面上的矿物颗粒，并继续沿着矿物颗粒间的接触面向深部侵入，削弱矿物颗粒间的联结，使岩石的强度受到影响。其降低程度在很大程度上取决于岩石的孔隙率。当其他条件相同时，孔隙率大的岩石，被水饱和后岩石的强度降低的幅度也大。

5. 风化作用

自岩石形成后，地表岩石就受到风化作用的影响。经物理、化学和生物的风化作用后，可以使岩石强度逐渐降低，严重影响岩石的物理力学性质。

（二）影响岩浆岩工程性状的主要因素

由于不同的生成条件，各种岩浆岩的结构、构造和矿物成分亦不相同，因而岩石的工程地质及水文地质性质也各有差异。所以，具体是什么种类的岩浆岩及其力学性质是影响岩浆岩工程性状的最主要因素。

1. 岩浆岩的种类对工程性状的影响

深成岩具结晶联结，晶粒粗大均匀，力学强度高，裂隙率小，裂隙较不发育，一般透水性弱、抗水性强。深成岩岩体大、整体稳定性好，故一般是良好的建筑物地基和天然建筑石材。值得注意的是这类岩石往往由多种矿物结晶组成，抗风化能力较差，特别是含铁镁质较多的基性岩，则更易风化破碎，故应注意对其风化程度和深度的调查研究。

浅成岩中细晶质和隐晶质结构的岩石透水性小，力学强度高，抗风化性能较深成岩强，通常也是较好的建筑地基。但斑状结构岩石的透水性和力学强度变化较大，特别是脉岩类，岩体小，且穿插于不同的岩石中，易蚀变风化，使强度降低、透水性增大。

喷出岩多为隐晶质或玻璃质结构，其力学强度也高，一般可以作为建筑物的地基。应注意的是其中常常具有气孔构造、流纹构造及发育有原生裂隙，透水性较大。此外，喷出岩多呈岩流状产出，岩体厚度小，岩相变化大，对地基的均一性和整体稳定性影响较大。

2. 岩浆岩的结构构造对工程性状的影响

岩浆岩的结构越致密，工程性状越好，反之岩浆岩的构造裂隙越发育，工程性状越差。

3. 岩浆岩的风化程度对工程性状的影响

岩浆岩的风化程度越高，工程性状越差。一般来说，同一场地同种岩石，工程性状（岩石抗压强度）从好到坏的次序依次为：未风化岩石＞微风化岩石＞中风化岩石＞强风化岩石＞全风化岩石。

4. 岩浆岩饱水率对工程性状的影响

同一场地同种岩石裂隙和节理越发育，一般越富含水，其强度也就越低，对工程性状是不利的，但裂隙发育的玄武岩地区往往存在具有供水意义的地下水资源。

（三）影响沉积岩工程性状的主要因素

沉积岩按其结构特征可分为碎屑岩、泥质岩及生物化学岩等，不同的沉积岩的工程地质及水文地质性质也各有差异。所以，具体是什么种类的沉积岩及其力学性质是影响沉积岩工程性状的最主要因素。

1. 沉积岩的种类对工程性状的影响

火山碎屑岩的类型复杂，岩体结构变化较大，其中粗粒碎屑岩的工程地质性质较好，接近于岩浆岩。细粒的如凝灰岩，由细小火山灰组成，质软，水理性质甚差，为软弱岩层。

沉积碎屑岩的工程地质性质一般较好，但其胶结物成分和胶结类型的影响显著，如硅质基底式胶结的岩石比泥质接触式胶结的岩石强度高、裂隙率小、透水性低等。此外，碎屑的成分、粒度、级配对工程性质也有一定的影响，如石英质的砂岩和砾岩比长石质的砂岩为好。

黏土岩和页岩的性质相近，抗压强度和抗剪强度低，受力后变形量大，浸水后易软化和泥化。若含蒙脱石成分，还具有较大的膨胀性。这两种岩石对水工建筑物地基和建筑场地边坡的稳定都极为不利，但其透水性小，可作为隔水层和防渗层。

化学岩和生物化学岩抗水性弱，常具不同程度的可溶性。硅质成分化学岩的强度较高，但性脆易裂，整体性差。碳酸盐类岩石如石灰岩、白云岩等具中等强度，一般能满足结构设计要求，但存在于其中的各种不同形态的喀斯特，往往成为集中渗漏的通道，在坝址和水库的地质勘察中，应查清喀斯特的发育及分布规律。易溶的石膏、石盐等化学岩，往往以夹层或透镜体存在于其他沉积岩中，质软，浸水易溶解，常常导致地基和边坡的失稳。

2. 沉积岩的结构构造对工程性状的影响

沉积岩的结构越致密，工程性状越好，反之沉积岩的构造裂隙越发育，工程性状越差。

3. 风化程度对工程性状的影响

沉积岩的风化程度越高，工程性状越差。一般来说，同一场地同种岩石，工程性状（岩石抗压强度）从好到坏的次序依次为：未风化岩石＞微风化岩石＞中风化岩石＞强风化岩石＞全风化岩石。

4. 沉积岩饱水率对工程性状的影响

同一场地同种岩石裂隙和节理越发育，一般越富含水，其强度也就越低，对工程性状是不利的，但裂隙发育的砂岩、砾岩和石灰岩地区，往往储存有较丰富的地下水资源，一些水量较大的泉流，大多位于石灰岩分布区或其边缘部位，是重要的水源地。

（四）影响变质岩工程性状的主要因素

变质岩是由岩浆岩或沉积岩受温度、压力或化学性质活泼的溶液的作用，在固态下变质而成的，故其工程性质与原岩密切相关。所以，具体是什么种类的变质岩及其力学性质，是影响变质岩工程性状的最主要因素。

1. 变质岩的种类对工程性状的影响

原岩为岩浆岩的变质岩其性质与岩浆岩相似（如花岗片麻岩与花岗岩）；原岩为沉积岩的变质岩其性质与沉积岩相近（如各种片岩、千枚岩、板岩与页岩和黏土岩相近；石英岩、大理岩分别与石英砂岩和石灰岩相近）。一般情况下，由于原岩矿物成分在高温高压下重结晶的结果，岩石的力学强度较变质前相对增高。但是，如果在变质过程中形成某些变质矿物，如滑石、绿泥石、绢云母等，则其力学强度（特别是抗剪强度）会相对降低，抗风化能力变差。动力变质作用形成的变质岩（包括碎裂岩、断层角砾岩、糜棱岩等）的力学强度和抗水性均甚差。

变质岩的片理构造（包括板状、千枚状、片状及片麻状构造）会使岩石具有各向异性特征，工程建筑中应注意研究其在垂直及平行于片理构造方向上工程性质的变化。

2. 变质岩的结构构造对工程性状的影响

变质岩的结构越致密，工程性状越好，反之变质岩的构造裂隙越发育，工程性状相对越差。

3. 风化程度对工程性状的影响

变质岩的风化程度越高，工程性状越差，同一场地同种岩石，一般来说工程性状（岩石抗压强度）从好到坏的次序依次为：未风化岩石＞微风化岩石＞中风化岩石＞强风化岩石＞全风化岩石。

4. 变质岩饱水率对工程性状的影响

同一场地同种岩石裂隙和节理越发育，一般越富含水，其强度也就越低，对工程性状是不利的。变质岩中往往裂隙发育，在裂隙发育部位或较大断裂部位，常常形成裂隙含水带，这样的地区可作为小规模的地下水源地。

二、岩石地基设计施工中的工程地质问题

我国地域辽阔，但山区多，平原少，很多地区岩石地基完全出露于地面或浅埋于地面下，所以工程建设时要关注岩石地基的工程地质问题。

所谓岩石地基（简称岩基），是指建（构）筑物以岩体作为持力层的地基。相对于土体，完整岩体具有更高的抗压、抗剪强度，更大的变形模量，因此具有承载力高和压缩性低的特点，对于一般的工业和民用建筑，是一种极为良好的地基。岩石地基的总体处理方法为：岩石地基在地基基础设计前应进行岩土工程地质勘察，然后根据勘察资料进行地基抗压承载力验算、变形验算、稳定性验算、基础抗浮验算和抗渗流验算。

（一）岩石地基上浅基础的设计原则

岩石地基作为建筑物的浅基础地基一般是比较好的地基。设计时要考虑以下步骤：

第一，要详细阅读岩土工程勘察报告，了解岩石地基的工程地质条件，尤其要查明岩石地基垂直风化带的特性和是否存在溶洞土洞等不良地质条件。

第二，岩石地基的浅基础设计要掌握以下原则：① 岩石地基上的基础埋置深度要满足抗滑要求。② 当地下室底板置于地下水位以下时应进行抗浮验算。基础抗浮的加固可采用锚杆加固或桩基加固两种方式。③ 岩石地基的浅基础形式可以采用筏板基础、箱形基础或其他基础形式，要根据地质报告来确定基础承载力，对于普通多层建筑可以采用全风化岩、强风化岩作为基础持力层，对于高层超高层建筑一般应采用中等风化岩作为基础持力层。④ 建筑物应进行变形验算。对地基基础设计等级为甲、乙级的高层建筑物，在基础上及其附近有地面堆载或相邻基础荷载差异较大可能引起地基产生过大的不均匀沉降时，或相邻建筑距离过近，可能发生倾斜时，应进行地基变形验算。地基主要受力层深度内存在软弱下卧层时，还应考虑软弱下卧层的影响而进行地基稳定性验

算。⑤ 对于风化裂隙发育、破碎程度较高的不稳定岩体，可采用灌浆加固和清爆填塞等措施。对遇水易软化和膨胀，暴露后易崩解的煤层、泥质、炭质等岩石，应注意软化、膨胀和崩解作用对岩体承载力的影响。⑥ 基础位于地下水位以下时，应考虑施工排水措施，基坑施工抽排地下水时应考虑对相邻建（构）筑物及环境的不利影响。基坑边坡应加固处理。⑦ 基底和基坑边坡开挖时应采用控制爆破，到达持力层后，对软岩、极软岩表面应及时封闭保护。⑧ 位于斜坡和岸边的建筑物，应对斜坡场地和地基进行稳定性验算，浅基础应进入潜在滑动面以下的稳定岩体中。对于基础附近有临空面的，应验算向临空面倾覆和滑移的稳定性。⑨ 对于岩溶地区的岩石地基，要查明基础下方是否存在溶洞，并评价其对建筑物浅基础的影响程度。

（二）岩石地基上深基础的设计原则

岩石地基作为建筑物的深基础地基，一般也是比较好的地基。设计时要考虑以下步骤：

第一，详细阅读岩土工程勘察报告，了解岩石地基的工程地质条件。

第二，岩石地基的深基础设计要掌握以下原则：① 岩石地基上的基础埋置深度要满足抗滑要求。② 当地下室底板置于地下水位以下时应进行抗浮验算。基础抗浮的加固可采用锚杆加固或桩基加固两种方式。③ 岩石地基的深基础形式可以采用桩基础，要根据地质报告来确定桩长、桩径、桩持力层，并计算桩基础的竖向极限承载力。④ 根据上部结构的荷载来设计群桩数量、桩间距和基础底板的厚度等。⑤ 基础位于地下水位以下时，应考虑施工排水措施，基坑和桩基施工抽排地下水时应考虑对相邻建（构）筑物及环境的不利影响。基坑边坡应加固处理。⑥ 桩孔、基底和基坑边坡开挖时应采用控制爆破，到达持力层后，对软岩、极软岩表面应及时封闭保护。⑦ 位于斜坡和岸边的建筑物，应对斜坡场地和地基进行稳定性验算，深基础面或桩基应进入潜在滑动面以下的稳定岩体中。对于基础附近有临空面的，应验算向临空面倾覆和滑移的稳定性。⑧ 对于岩溶地区的岩石地基，要查明基础下方是否存在溶洞，并评价其对建筑物桩基础的影响程度。

（三）岩石地基上的坝基防渗处理原则

防渗处理的主要目的在于控制坝体的渗透流量和防止渗流破坏。防渗措施很多，必须根据地质条件和工程具体情况，因地制宜，选用合理有效的方法。松散层及裂隙岩层坝体的防渗措施见表 2-1。

表 2-1 松散层及裂隙岩层坝体的防渗措施

内容	防渗措施与适用条件		
松散层及裂隙岩层坝体的防渗措施	垂直截渗	咬合桩或地下连续墙等截水墙	适用于任何已建有渗漏坝体的防渗处理。通过在坝体中间打一排刚性的咬合钻孔灌注桩或混凝土地下连续墙来防渗，其造价较高
		帷幕灌浆	适用于已建和在建坝体的防渗处理，它通过在坝体打小孔高压灌浆形成帷幕防渗墙来防渗。即通过钻孔向透水的岩层中压入水泥浆、黏土浆等胶结材料的浆液，将岩层中的孔隙或裂隙填塞，并使之胶结起来
		TRD 或 SMW 水泥搅拌桩墙	适用于已建坝体的防渗处理。通过在坝体中间打一排柔性的高压水泥搅拌桩（还可以插型钢）来防渗
		黏土防渗墙	坝体施工过程中在坝体中间采用填筑一定厚度的不透水的黏土墙来防渗
		混凝土坡面防渗	对于土石坝通常在水库坝体的两个坡面浇筑一定厚度的混凝土面层来辅助防渗
		坝体基底防渗	水库的坝体基底必须开挖到不透水的坚硬的新鲜岩层中，并做好防渗处理

第三章　岩土边坡工程与岩土工程爆破

第一节　岩土边坡工程

一、岩土边坡工程的技术要点

（一）岩土边坡工程的勘查

1.勘查目的

岩土是岩石和土的统称，我们在工程实施前，必须对施工地点土质及稳定性进行调查，作为防护选择的参考依据，并且推测出在施工过程中引起坡面稳定性变化的因素。然后对人工边坡开挖坡率进行确定，采取相应的防护措施。

2.勘查任务

勘查过程中，我们应该怀着认真的态度进行工作。勘查任务可以分为以下几种：① 坡面施工地点的地貌及形态，如果发生坍塌、泥石流等，其破坏的范围；② 勘查坡面的岩体分布状况和种类；③ 清楚知道岩体内部结构面的具体情况，以及岩体与结构面产状之间的关系；④ 地下水的水量情况及渗透情况；⑤ 施工地点恶劣天气对坡面产生的各种影响。

（二）在开挖过程中对岩土边坡工程稳定性作分析

我们可以将边坡稳定性分析方法分为定性分析和定量分析这两种。定性分析是通过收集大量的边坡地质资料作为基础，结合坡面稳定性等因素，利用工程质地的类比方法和图解对边坡的稳定性和走向进行分析和预测。类比法是通过将现有的边坡开挖和防护的各种经验，运用到新的边坡开挖工程中来，进行稳定性的分析，比如：根据坡度、坡角，选用边坡处理方式等。

工程地质类比法根据地区地质和施工经验将不同的边坡进行类比。在使用的过程中，必须对现有的和新开挖的边坡进行各方面的比较，观察两者之间地质地貌、结构环境各方面因素的相同点和不同点，并且要考虑到施工规模和技术类型对边坡的施工会不会产生影响。根据以往的经验，以下各方面因素会对边坡的稳定性会产生一些影响：① 在即将开挖的边坡周围已经发生滑坡、塌陷情况；② 在岩土边坡中混有容易风化和质地软弱的岩层；③ 在土质边坡里面存在网状裂隙发育及比较软弱的夹层，边坡周围有膨胀岩土；④ 软弱结构面过小或与坡面重叠，基岩表面向外倾斜，倾角较大；⑤ 地层渗透率变化很大，地下水进入软弱透水层和基岩面积聚流断层、承压水裂隙；⑥ 在边坡上面有水体漏水，水力的作用很大；⑦ 在边坡周围存在强爆破的大型施工或边坡处于强震的地区都会对稳定性产生影响。

图解分析法主要有极射赤平投影、实体比例投影与摩擦圆这几种方法，图解法可应用于岩石边坡的稳定分析，能够对边坡的主、次要结构面快速作出直观的分析，确定边坡的稳定型结构、形状、大小等和不稳定因素的滑动方向、大小等。如果在图解法中判断出不稳定边坡，应该进行深入的计算来验证。

（三）岩土边坡的稳固措施

如今，我们最为常见和使用的岩石加固法就是锚固法。岩体强度与结构面、抗滑能力密切相关。预应力锚杆（锚索）能够发挥岩体自身强度的主要工具，以此来增加岩体本身的正应力，让岩体能够长期保持稳固。

1. 挡土墙结构

随着我国社会经济建设的快速发展，我国建筑行业的发展也在不断加快。目前，我国需要进行大量的土木工程建设，为了能够有效保证施工各方面的安全，挡土墙结构就在各项土木工程建筑中被广泛使用。按照挡土墙断面的形状和受力的特点，可以分为：重力、悬臂式、锚杆、土钉等多种挡土墙结构。这些挡土墙结构都有自己本身的特点和使用的范围，在工程项目的实施过程中，岩土工程师可以根据工程的实际情况，对所有的挡土墙结构进行可行性分析，以此来选择最为合适挡土墙结构，做到既经济又安全。

2. 浆砌片石和干砌片石的防护

在社会上，有着各种各样的工程需要进行相应的防护，高速公路的路堤、河岸、桥台、铁路坡面等，这些自然或人工建造的坡面，在雨水和风的侵蚀下，生物的破坏下，必须采用人工的边坡防护技术进行防护，而边坡防护技术可以分为很多种，目前，我们最常见的就是生态防护、混凝土防护、片石防护和土工织物等。其中，最原始的防护方法就是片石防护，它有施工方便、取材简单、技术含量低等多种优点。而片石防护可以分为浆砌片石和干砌片石两种防护形式。浆砌片石通过使用泥砂浆进行铺缝砌筑，适合在坡面有特殊要求和土质比较差的防护工程中使用；干砌片石边坡防护是将成块的岩石整齐地摆放在边坡外面，并且不用砂浆填补缝隙的方式。这样的方式因为没有进行缝隙填补，所以雨水可以渗透。我们可以选择土质较好的坡面进行使用。

二、岩土边坡稳定性与施工工艺

我国是一个滑坡、崩塌灾害发生较为频繁的国家，为防范此类灾害涉及边坡治理工程，边坡稳定性分析是边坡设计中的重点。现行工程领域中采用的分析方法仍以极限平衡条分法为主，其可归纳为三大类（九小类）：力矩平衡法（瑞典条分法、毕肖甫法），力平衡法（简布法、军团法、罗厄法、萨尔码法），力矩＋力平衡法（斯宾塞法、摩根斯坦－普莱斯法、通用条分法）。随着计算机技术与有限元的发展，基于有限元的稳定性分析受到重视，各种非连续计算法在边坡工程中的应用也推动了相关研究的发展。此次研究以徐州某项目为案例，采用极限平衡法进行分析（其机理是引入简化假定，使计算方便）。

（一）案例边坡概况

案例：坡底海拔高约38m，垄起顶部高约63m，坡角均值约13°，地下水位在坡底以下6~7m。地质构成从上到下为填土、黏土、泥灰岩、石灰岩，呈规律分布岩质边坡相对土质与混合边坡较为稳定，但顺向岩层的情况则更危险，需对其进行判断与防范。测得承载力如下：黏土240 kPa、泥灰岩800 kPa、石灰岩2 800 kPa。结构主体具有岩面碎片化、岩体开裂的特征，其结构由不规则节理性的裂隙切割，大岩块间镶嵌着小碎块，方向零乱，岩体可视为松散结构体，稳定性相对较差。

（二）边坡稳定性的影响因素

岩质边坡呈现出崩塌、滑动、倾倒等多种类型。其原因在于影响因素繁多且杂乱，可分为内生性和外生性。其中内生性是决定因素，主要包括岩土体的性质、岩土体结构、地质构造及地应力等因素。外生性通过内生性起作用，从而引起失稳，而失稳是多因素作用的结果，因而在分析时需找出主导性因素。

1. 岩土性质

此为决定边坡抗滑力的根本因素，具体指岩土的物理、化学、力学等性质。失稳主要表现为剪切破坏，因而岩土体的抗剪强度是衡量稳定的重要参数。

2. 岩土结构

此为影响边坡稳定性的主要因素之一，具体包括结构面的类型、产状、形态、连续性、密集程度、结合状态、填充状态及数量等。特别是多个结构面组合边界的剪切滑移、张拉破坏及变形是造成岩质边坡失稳的重要原因。结构面的强度比岩石本身强度低很多，其存在会大幅度降低岩体的整体强度，并增大岩体的整体变形，从而引起失稳。

3. 地质构造

其形态、产状及规模等对边坡尤其是岩质边坡稳定性的影响十分显著。如断层、褶皱、节理、劈理等各种面状和线状构造的土岩体，被视为不连续体，不连续面对岩体稳定性有重要影响。

4. 地应力

在地应力状态复杂的区域，构造活动比较强烈，构造应力场复杂多变，岩体中裂隙高度发育，其直接导致岩体完整性差、强度低、渗透性强，边坡失稳。

（三）边坡施工工艺与流程

1. 施工工艺

（1）土石方开挖

涉及泥灰岩与石灰岩可采用炸药爆破式结合镐头机器震碎式，特别是泥灰岩体因富有弹性，更需要采取组合方式。

（2）向下开挖与加固

分层开挖与锚杆施工结合，首先布设第一道锚杆，完成后开挖岩石。分层开挖厚度规定为一个级别锚杆的高度。

（3）结构支护形式

采用多排预应力锚杆结合钢筋网片加肋梁式的喷射锚固，形成系统性受力结构（外部钢筋网片组合深入岩层中的锚杆），通过锚杆与深层岩体的抗拔来抵消边坡岩石产生的剪应力。

2. 施工流程

（1）钻孔

该环节是施工中的重点部分，常规用 70 mm 型号钻头锚杆钻机成形。锚杆钻孔垂直边坡岩面，按设计倾角和孔深进行。

（2）清理

钻孔结束后将 PVC 管插进孔底，用压缩机产生的高压气体将残渣从孔洞底部吹出，再用水清洗干净。

（3）制作

锚杆的制作加工共分为"自由段、锚固段"，按实际钻孔深度进行下料。

（4）安装

安装时将 PVC 注浆管的一端用铁丝捆扎在锚杆的底端，将锚杆体的底端放入孔内，并向孔内缓慢均匀推进。

（5）注浆

将制备好的浆料在 2 h 内注入孔内，以浆料溢出视为注浆完成。采用二次注浆，压力为 0.30~0.60MPa。

（6）张拉

具体流程为安装锚固垫板→锚螺母→就位千斤顶嵌套工具锚→拧工具锚螺母→张拉。

（7）固定

混凝土达到强度后，进行预应力张拉锚固，张拉锚固后宜立即对锚固端使用混凝土进行封锚保护。

（8）锁定

通过压力表测定值以及伸长的数量，计算预应力损失的损失值，并进行补偿张拉，其后卸荷载进行锁定，形成一个整体式的结构体系。

（9）封固

预应力锚杆的外露长度不宜小于其直径的 1.5 倍且不小于 30 mm，用环氧树脂涂封闭锚具及外露预应力筋。

（10）喷射

注浆后焊接螺栓，连接锚杆与钢筋网片，再从底部到顶部喷射混凝土，完成混凝土的护壁结构。

（四）边坡治理的排水性措施

水患具有很强的破坏性，大多数边坡失稳都与水的作用有关，在增强边坡稳定性方面，排水降压比力学加固措施具有更加明确、正向与经济节省的优点，体现在地表水与地下水两个方面。水对边坡的力学作用主要包括静水压力、浮托力、动水压力，它们共同影响边坡的稳定性。

1. 坡面防、截、排体系

阻断或减少雨水等水源渗入边坡中，从源头防范水患的损害。具体可采用平面硬化或防水处理收集积水，并以管道或明沟排水，达到防、截、排的目的，即防水形成体系，该案例正是采用此体系。

2. 水平钻孔排水

具体分为短排水孔与深排水孔，前者应用于较小规模边坡，并与边坡挡墙联合使用，为了防止支撑结构受到土壤岩体中水压力的影响，通过设计短水平孔（在反面铺设反滤层），将水排出坡体，从而减少水压；后者应用于较大规模边坡，深度可达 200 m 左右，该案例采用此措施。

3. 排水管网

为防范寒冷地区排水孔结冰堵死与河道护岸高水位时倒流，需要在墙后设置排水管网，地下水通过排水管网集中到合适的部位排走。我国北方地区常采用此种排水措施。该案例所涉及的水源较小，未采取此措施。

4.专业用排水隧道

采用排水隧道用于改变坡体内的渗流场，减小渗流荷载。如我国三峡工程的船闸部分，在闸室两侧各布置7层水平排水隧道。此类型在民用建筑中应用较少，往往用于大型水利与水电工程的高边坡。该案例中未采用此措施。

5.排水孔幕

排水隧道中以一定方向和间距向岩石中钻孔，形成排水孔幕，主要作用是扩大排水的影响范围，通过钻孔将原本不流向隧道内的水引入排水隧道。此方法大多用于水利水电工程中，该案例未采用。

（五）边坡治理的生态景观性措施

该案例将结构与绿化组合，与时俱进，匹配"绿水青山就是金山银山"的生态理念，即兼顾结构的稳定安全与景观的优美。

绿化池。在坡脚底部设计绿化挡土墙，土壤厚度可以达到800 mm，种植小型灌木、花卉、爬藤等植物，形成坡底处绿化的景观。

硬化图形点缀。对混凝土坡面的中间部分采用"化硬为软"的方式，即用浮雕式图形，结合当地彭祖文化、楚汉文化，将人文与景观相结合，并突出历史与文化的地方特色。

彩绘式图形美化。用彩色的绘画图形装饰边坡顶端部分，将呆板的混凝土护坡变为多姿多彩的景观。

其他理念。一是化高为低，将直立的边坡设计为缓坡式。二是化整为零，将一面边坡设计为多级边坡。三是化陡为缓，将直立的挡土墙改为倾斜式，使得空间视觉开敞，环境显得明快。

第二节　岩土工程爆破

一、地下工程爆破

（一）炮孔爆破

炮孔爆破又称浅孔爆破，所用炮孔直径小于50mm，孔深在5m以内，用浅孔进行爆破的方法叫作浅孔爆破法，是目前工程爆破的主要方法之一。

在矿山巷道掘进爆破中，将横断面积尺寸大于35m²的称为大断面巷道，面积在10~35m²的称为中等断面巷道，面积小于10m²的称为小断面巷道。在各类矿山、水电、水利部门的各类巷道中，中小断面巷道的掘进占有很大的比例。

1. 巷道掘进爆破

炮孔爆破法是巷道掘进中使用的最基本的爆破方法。爆破效果的好坏直接影响巷道掘进施工的质量、速度和成本，合理地布置工作面上的炮孔和正确确定爆破参数是取得良好爆破效果和加快掘进速度的重要保证。

巷道掘进工作面上的炮孔，按其作用的不同，可分为掏槽孔、辅助孔和周边孔。炮孔的爆破顺序一般是掏槽孔先爆，辅助孔、崩落孔次之，周边孔最后起爆。周边孔的爆破次序一般为顶孔、帮孔、底孔。有时为避免拉底现象，底孔间距应适当减小，药量要适当加大，可同时起到"翻渣"作用。

掘进爆破与一般的台阶爆破不同，它只有一个可供岩石移动的自由面，所以爆破岩石所受的夹制作用更大，这就要求必须开创一个可供岩石破碎并能使它从岩体中抛出的移动空间，即第二自由面，这通常通过掏槽爆破来获取。掏槽孔爆破时，由于只有一个自由面，破碎岩石的条件非常困难，而掏槽的好坏又直接影响其他炮孔的爆破效果，所以它是掘进爆破的关键。因此，必须合理选择掏槽形式和装药量，使岩石完全破碎形成槽腔和达到较高的掏槽孔利用率。

为了提高其他炮孔的爆破效果，掏槽孔应比其他炮孔加深150~200mm，装药量增加15%~20%。

掏槽孔应根据掘进岩体的条件和断面大小进行布置，通常布置在断面中央偏下，并尽量选择有弱面的地方。掏槽爆破炮孔布置有许多不同的形式，归纳起来可分为斜孔掏槽、直孔掏槽和混合掏槽。

（1）掏槽形式

掏槽爆破是井巷掘进爆破工程中的重要技术内容，是决定爆破进尺和炮孔利用率的主要因素。它的作用是形成槽腔，为后爆孔创造自由面和岩石破碎补偿空间。掏槽一般分为直孔和斜孔两种，各有不同的适用范围和优缺点。从爆破技术的难易程度来看，直孔掏槽较为复杂，要求严格。为了提高掘进速度，隧道或井巷爆破中炮孔深度有不断增加的发展趋势，因此，直孔掏槽爆破理论与技术成为研究重点。

① 直孔掏槽

直孔掏槽钻孔深度不受巷道断面宽度的限制，可以实现较大的单循环进尺。

在直孔掏槽中，一种含有空孔，另一种不含空孔。空孔为槽腔的形成提供自由面和岩石破碎补偿空间。含空孔的直孔掏槽一般要求重型钻孔设备，要求掘进面无积水。因立井掘进工作面一般有水，因此，这种掏槽不适用。它常常应用于隧道平巷掘进中。

直孔掏槽分为两大类：一是无空孔直孔掏槽，20世纪90年代中国矿业大学北京研究生部首次将无空孔分阶、分段直孔掏槽爆破成功应用于平巷掘进。宗琦、付菊根、唐建华等学者先后对无空孔直孔掏槽进行过研究。无空孔直孔掏槽虽然对钻孔设备没有特殊要求，但装药结构的复杂性和各部分装药起爆时差对爆破器材的苛刻要求，在一定程度上影响了该方法的广泛应用。另一类是空孔直孔掏槽，利用空孔作为槽孔起爆时的初始自由面和岩石破碎的补偿空间，为辅助孔大量崩落岩石创造条件。空孔直孔掏槽对钻孔精度要求高，如钻孔精度不能达到要求，可能降低炮孔利用率，甚至导致掏槽失败。但由于该方法装药结构简单，操作方便而在许多巷道掘进工程中得以应用。实践表明：空孔的个数、空孔的尺寸、空孔与槽孔的距离等参数对掏槽效率有重要影响。

平行空孔直线掏槽亦称直孔掏槽，直孔掏槽的特点是所有炮孔都垂直于工作面，炮孔之间距离较近且保持相互平行。其中有一个或数个不装药的空孔，空孔的作用是给装药孔创造自由面和作为破碎岩石的膨胀空间。直孔掏槽主要有以下几种形式：

角柱状掏槽。掏槽孔按各种几何形状布置，使形成的槽腔呈角柱体或圆柱体，所以又称为桶形掏槽，常用的形式有菱形掏槽、五星掏槽、三角柱掏槽等。装药孔和空孔数目及其相互位置与间距是根据岩石性质和掘进断面来确定的。空孔直径可以等于或大于装药孔的直径。大直径空孔可以形成较大的人工自由面和碎胀空间，炮孔间距可以扩大。

螺旋掏槽。所有装药孔围绕中心空孔呈螺旋状布置，并从距空孔最近的炮孔开始顺序起爆，使槽腔逐步扩大。此种掏槽方法在实践中取得了较好的效果，其优点是可以用较少的炮孔和炸药获得较大体积的槽腔，各后续起爆的装药孔易于将碎石从腔内抛出，但是，若延期雷管段数不够，就会限制这种掏槽的应用。

直孔掏槽的深度虽然不受掘进断面限制，但如果破碎岩石的碎胀空间不够或炮孔过深，槽腔深部的岩石不能被抛出，就会降低掏槽效果和炮孔利用率。

直孔掏槽的优点是：炮孔垂直于工作面布置，易于实现多台钻机同时作业和钻孔机械化；炮孔深度不受掘进断面限制，可以实现中深孔爆破；当炮孔深度改变时，掏槽布置可不变，只需调整装药量即可；有较高的炮孔利用率；岩石的抛掷距离较近，不易损坏设备和支护。

直孔掏槽的缺点是：需要较多的炮孔数目和较多的炸药；炮孔间距和平行度的误差对掏槽效果影响较大，必须具备熟练的钻孔操作技术。

② 混合掏槽

混合掏槽是指两种以上的掏槽方式混合使用。混合掏槽的炮孔布置形式很多，一般为直孔与斜孔的混合形式，以弥补斜孔掏槽深度不够与直孔掏槽槽腔体积较小的不足。

一般直孔布置在槽腔内部，斜孔作垂直楔形布置，与工作面的夹角以75°～85°为宜；斜孔孔底与直孔孔底距离大约0.2m，斜孔装药系数为0.5~0.7；直孔装药系数为0.7左右。

在遇到岩石坚硬或掘进断面较大时，可采用复式楔形掏槽。复式楔形掏槽也称为V形掏槽，是在浅孔楔形掏槽的基础上发展起来的。只要钻孔精确达到深度和角度要求，按设计装药，一般均能取得良好的效果，适用于单线铁路隧道全断面爆破开挖，以及中硬岩以上的中深孔隧道爆破。二级复式楔形掏槽，炮孔深度为2.5~3.0m；三级复式楔形掏槽，炮孔深度为3.0~3.5m。上下排距为50~90cm，硬岩取小值，软岩取大值；在硬岩中爆破时，最好采用高威力炸药（如乳化炸药等）；排数通常只用上下两排即可，岩石十分坚硬时可用三排或四排。在设计中应注意以下几个技术问题：楔形掏槽在断面较宽时，应当尽量缩小掏槽角，要尽量加大第一级掏槽孔的水平间距；楔形掏槽在炮孔较深时（大于2.5m），其底部加强装药应保持炮孔全长的1/3长度，前部装药集中度可以减为底部的40%~50%或换成威力较低的炸药，炮泥装填长不少于40cm；楔形掏槽孔每级均应尽量同时起爆，级间间隔时差以25~50ms较合适，以保证前段爆破的岩石破碎与抛掷。

在地下工程的爆破施工过程中，选择合理的掏槽形式应考虑以下几方面的因素：地质条件的适应性、施工技术的可行性、爆破效果的可靠性和经济合理性等，要根据具体情况进行具体分析，并结合爆破实践不断进行调整，选择最优的掏槽形式和掏槽孔爆破参数，从而获得最好的掏槽效果。

（2）爆破参数

爆破参数的选取对掘进爆破的效果和质量起着决定性的影响作用。爆破参数主要有：掏槽方式及其参数、单位炸药消耗量、炮孔深度、炮孔直径、装药直径、炮孔间距、炮孔数目等。在选取这些爆破参数时，不仅要考虑岩石性质、地质状况和断面尺寸等因素，而且还要考虑这些参数间的相互关系及其对爆破效果和爆破质量的影响。

① 炮孔直径

炮孔直径的大小直接影响钻孔速度、炮孔数目、单位炸药消耗量、爆落岩石的块度和井巷轮廓的平整性。一般根据药卷直径和标准钻头直径来确定炮孔直径。当采用耦合装药时，装药直径即为炮孔直径；不耦合装药时，装药直径一般指药卷直径。工业炸药的最小直径不应小于25mm，否则爆炸不稳定或发生拒爆。在矿山平巷和隧道掘进爆破中，一般都采用药卷装药，标准药卷直径为32mm或35mm，为确保装药顺利，炮孔直径一般为38~42mm。在小断面巷道掘进中，采用25~30mm小直径炮孔，配合使用轻型高频凿岩机、压气装药和高威力炸药，也可获得良好的爆破效果。

② 炮孔深度

炮孔深度是指炮孔底到工作面的垂直距离，而沿炮孔方向的实际深度称为炮孔长度。

炮孔深度的大小，不仅影响着每个掘进工序的工作量和完成各工序的时间，而且影响爆破效果和掘进速度。它是决定每班中掘进循环次数的主要因素。为了实现快速掘进，在提高机械化程度、改进掘进技术和改善工作组织的前提下，应力求加大孔深并增多循环次数。根据我国快速掘进的经验，采用深孔多循环，能使工时得到充分利用，增加凿岩和装岩时间，减少装药、爆破、通风和准备工作的时间。目前，在我国巷道掘进中孔深以1.5~2.5m用得最多。随着新型高效率凿岩机和先进的装运设备的运用，以及爆破器材质量的提高，在中等断面以上的巷道掘进中，采用凿岩台车凿岩，将孔深增至3~3.5m，这在技术经济上是合理的。

③ 单位炸药消耗量

爆破 1m³ 原岩所需的炸药质量称为单位炸药消耗量，通常以 g（kg/m³）表示。

该值的大小对爆破效果、凿岩和装岩工作量、炮孔利用率、巷道轮廓的平整性和围岩的稳定性都有较大的影响。单位炸药消耗量偏低时，则可能使巷道断面达不到设计要求，岩石破碎不均匀，甚至崩落不下来。当单位炸药消耗量偏高时，不仅会增加炸药的用量，而且可能造成巷道超挖、降低围岩的稳定性，甚至还会损坏支架和设备。

单位炸药消耗量取决于岩石的性质、巷道断面、炮孔直径和炮孔深度等多种因素，关系复杂，尚无完善的理论计算方法。在掘进爆破工作中，常根据国家定额选取或用经验公式计算。

④ 炮孔数目

根据岩石性质、断面尺寸和炸药性质等，按炮孔的不同作用对炮孔进行合理布置，最终排列出的炮孔数即为一次爆破的总炮孔数。炮孔数目的多少，直接影响着凿岩工作量和爆破效果。合理的炮孔数目应当保证有较高的爆破效率，即炮孔利用率在 90% 以上，爆下的岩块和爆破后的轮廓，均能符合施工和设计要求。

炮孔数目的选定主要取决于掘进断面、岩石性质及炸药性能等因素，确定炮孔数目的基本原则是在保证爆破效果的前提下，尽可能地减少炮孔数目。通常可以按下式估算：

$$N = 3.3\sqrt[3]{fS^2}$$

式中：N—炮孔数目。

⑤ 炮孔间距

炮孔间距的确定一般是根据一个掘进循环所需要的总装药量计算出总炮孔数目后，再按巷道断面的大小及形状均匀地布置炮孔。平巷掘进中，掏槽孔有多种不同的形式，炮孔间距也有所不同。周边孔的孔口至轮廓线的距离一般为 100~250mm，在坚硬岩石中取小值；周边孔的孔口间距则为 500~800mm，底孔的间距取小值。辅助孔的间距为 400~600mm。

⑥ 炮孔利用率

炮孔利用率是合理选择爆破参数的一个重要准则。炮孔利用率定义为每掘进循环的工作面进度与炮孔长度之比。炮孔利用率一般为 0.85~0.95。

（3）炮孔布置

除选择合理的掏槽方式和爆破参数外，为保证安全，提高爆破效率和爆破质量，还需要合理布置工作面上的炮孔。

炮孔布置的方法和原则如下：① 工作面上各类炮孔布置的原则是"抓两头、带中间"。即首先选择适当的掏槽方式和掏槽位置，其次是布置好周边孔，最后根据断面大小布置崩落孔。② 掏槽孔碗位置会影响岩石的抛掷距离和破碎块度，通常布置在断面的中下部，并考虑较均匀地布置崩落孔。在岩层层理明显时，炮孔方向应尽量垂直于岩层的层理面，掏槽孔深度应比其他炮孔深10%。③周边孔布置在断面轮廓线上，按光面爆破要求，各炮孔要相互平行，孔底落在同一平面上。但为了打孔方便，通常向外（或向上）偏斜一定角度，一般为3°~5°。底孔孔口一般在底板线上150~200mm，孔底低于底板线100~200mm；底孔向下倾斜，以利于钻孔，保证爆破后不留"硬坎"。周边孔的深度不应大于崩落孔。④崩落孔以掏槽孔形成的槽腔为中心，分层均匀布置在掏槽孔和周边孔之间。布置时应根据断面大小和形状调整抵抗线和炮孔间距，以求炮孔数目少且能均匀。有时可适当调整掏槽孔位置或在掏槽孔旁增加辅助孔，以使崩落孔布置合理。并根据断面大小和形状调整好最小抵抗线和邻近系数。崩落孔的抵抗线和孔间距应根据装药直径、岩层可爆性和块度要求确定。

（4）装药结构

装药结构是指炸药在炮孔内的装填情况。装药结构形式根据装药连续与否可分为连续装药和间隔装药；根据药卷和炮孔的耦合情况可分为耦合装药和不耦合装药；根据起爆方向不同可以分为正向起爆装药、反向起爆装药；另外，还有堵塞装药结构和无堵塞装药结构等多种形式。一般掘进炮孔较浅，多采用连续、不耦合、反向起爆装药结构。

深孔爆破时，为提高炮孔利用率和块度均匀性，可采用间隔装药结构。试验表明，在较深的炮孔中采用间隔装药可以使炸药在炮孔全长上更均匀地分布，从而使岩石破碎块度均匀。采用空气柱间隔装药，可以增加用于破碎和抛掷岩石的爆炸能量，提高炸药有效能量的利用率，降低炸药消耗量。采用间隔装药时，一般可分为2~3段，若空气柱较长，不能保证各段炸药的正常殉爆，要采用导爆索连接起爆。在光面爆破中，若没有专用的光面爆破炸药时，可以在装药与炮泥之间设置空气柱，以取得良好的爆破效果。

大量试验结果表明，对于混合炸药，特别是硝铵类混合炸药，在细长连续装药时，如果不耦合系数选取不当，就会发生爆轰中断，在炮孔内的装药会有一部分不爆炸，这种现象称为间隙效应或管道效应。间隙效应不仅降低了爆破效果，而且在瓦斯工作面进行爆破作业时，若炸药发生燃烧，还会有引起瓦斯爆炸的危险。

2.竖井掘进爆破

（1）竖井工作面和炮孔布置

在圆形断面竖井内，炮孔多呈同心圆排列，布置圈数取决于井筒直径和岩石坚固程度，一般为3圈、4圈或5圈。炮孔布置应尽量做到布置最少的炮孔达到最佳的爆破效果。根据爆破作用不同，井筒炮孔种类有掏槽孔、周边孔和崩落孔三类。靠近开挖中心的1~2圈为掏槽孔，最外一圈为周边孔，其余为辅助孔。

掏槽孔的作用在于向深部掘进岩石，并为其他炮孔的爆破提供第二个自由面，是决定爆破有效进尺的关键。掏槽孔多布置在井筒工作面的中心，掏槽孔圈径当采用直孔掏槽时可取1.2~1.6m，孔数为5~7个；当采用机械化钻架钻孔时可取1.6~2.0m；当采用锥形掏槽时可取 1.8~2.0m。掏槽孔应较崩落孔和周边孔加深 200mm。

立井工作面炮孔参数选择和布置基本上与平巷相同。在圆形井筒中，最常采用的是圆锥掏槽和筒形掏槽。前者的炮孔利用率高，但岩石的抛掷高度也高，容易损坏井内设备，而且对打孔要求较高，要求各炮孔的倾斜角度相同且对称；后者是应用最广泛的掏槽形式。采用筒形掏槽形式有利于多台凿岩机同时操作且便于操作，爆破效率高，岩石块度均匀，岩石抛掷高度小，不易崩坏吊盘和井下凿井设备。当炮孔深度较大时，可采用二级或三级筒形掏槽，每级逐渐加深，通常后级深度为前级深度的 1.5~1.6 倍。

辅助孔介于掏槽孔和周边孔之间，可布置多圈，其最大一圈与周边孔的距离应满足光爆层要求，以 0.5~0.7m 为宜。其余辅助孔的圈距取 0.6~1.0m，按同心圆布置，孔距 0.8~1.2m 左右。

周边孔布置有两种形式：① 采用深孔光面爆破时，将周边孔布置在井筒轮廓线上，孔距取 0.4~0.6m。为便于打孔，炮孔略向外倾斜，孔底超出轮廓线 0.05~0.1m。② 采用非光面爆破时，将炮孔布置在距井帮 0.15~0.3m 的圆周上，孔距 0.6~0.8m。炮孔向外倾斜，使孔底落在掘进轮廓线上。

（2）竖井掘进爆破参数设计

爆破参数主要包括：炮孔深度、药包直径、炮孔直径、抵抗线（或圈距）、孔距、装药系数、炮孔数目和炸药消耗量等，应根据井筒施工的地质条件、岩石性质、施工机具和爆破材料等因素综合考虑、合理确定。

① 炮孔深度

目前，竖井掘进的炮孔深度，当采用人工手持钻机钻孔时，以 1.5~2.0m 为宜；当采用伞钻钻孔时，以 3.2~4.2m 为宜。发展趋势是采用中深孔爆破，钻孔设备可采用伞形钻架及其配套的导轨式独立回转风动凿岩机或液压凿岩机，孔深可达 4m 左右。

② 药包直径和炮孔直径

药包直径。一般硝铵炸药药卷直径为 25mm、35mm，乳化炸药为 32mm、35mm 和 45mm。竖井掘进在中硬以下岩石时，宜选取 35mm 的药包直径；在中硬以上岩石时，宜选取 45mm 的药包直径。竖井周边孔采用光面爆破时，宜选取 25mm、32mm 的药包直径，采用不耦合或间隔装药结构，以缓冲作用于孔壁上的爆轰压力。

炮孔直径。在深孔爆破中采用直径 $\varphi55mm$ 的炮孔直径，对掏槽孔和崩落孔选用 $\varphi45mm$ 的药卷直径周边孔根据光面爆破的要求选用 $\varphi35mm$ 的药卷直径。对手持式风钻，可采用直径 $\varphi2mm$ 的常规钻头，对掏槽孔和崩落孔选用 $\varphi35mm$ 的药卷直径，周边孔根据光面爆破的要求选用 $\varphi5\sim32mm$ 的药卷直径。

炮孔间距。立井工作面上的炮孔，包括掏槽孔、崩落孔和周边孔，均布置在以井筒中心为圆心的圆周上，周边孔爆破参数应按光面爆破设计。崩落孔的圈数和各圈内炮孔间距，根据崩落孔最小抵抗线和邻近系数的关系来调整。一般崩落孔的圈距为

700~900mm，紧邻周边孔的一圈崩落孔应保证周边孔的圈距满足光面爆破要求的最小抵抗线值。周边孔孔距与周边孔的抵抗线中之比称为密集系数。坚硬岩石的周边孔密集系数一般取 1.0~0.8，在软岩和层理发育的岩层中取 0.8~0.6。周边孔的孔距一般在 400~600mm 之间。

③ 井筒炮孔数目

分别计算崩落孔和周边孔的炮孔数，加上掏槽孔数目就是每个循环的炮孔总数目。

④ 炸药消耗量

由于掏槽孔、崩落孔和周边孔的爆破条件以及爆破作用各不相同，因此应分别计算各类炮孔的装药量，然后将各类炮孔的装药量相加即可求得一循环的总装药量和爆破单位岩石体积的炸药消耗量。

（3）竖井掘进爆破网路

竖井掘进爆破过去主要采用电雷管起爆网路。常用的爆破网路主要有并联、串并联、闭合正向并联和闭合反向并联爆破网路。

由于闭合反向并联网路电流分布最均匀，起爆可靠，竖井爆破大多采用此种方式；闭合正向并联网路电流分布较均匀，竖井爆破常采用；反向并联网路电流分布较差，但布线简单，有时也有采用；串并联网路现场采用较少。

竖井爆破通常采用非电导爆管雷管的起爆系统。用一发或两发电雷管引爆若干发捆绑非电导爆管雷管，再由捆绑非电导爆管雷管引爆炮孔中的雷管。炮孔中导爆管每12~15 根一簇，用瞬发电雷管引爆或导爆管雷管引爆，整个工作面的电雷管最多不超过10 个，用普通起爆器即可爆破。

3. 隧道掘进爆破

隧道的开挖方法有钻爆法、盾构法和掘进机法等，由于钻爆法对于地质条件适应性强，开挖成本低，特别适用于坚硬岩石隧道，破碎地层及短隧道的施工，因此钻爆法仍是当前国内外常用的隧道开挖方法。

钻爆法又称矿山法，它是以钻孔、爆破工序为主，配以机械装渣、出渣，完成隧道断面开挖的施工方法。

（1）隧道开挖方法

隧道开挖方法和隧道爆破方案密切相关，隧道开挖方法主要根据地质条件、机械设备、隧道断面积、埋深、环境条件和工期决定。目前经常采用的矿山法中大致有全断面法、台阶法和分部开挖法。

（2）隧道掏槽爆破技术

掏槽爆破是隧道开挖的重要环节，成功与否直接决定隧道爆破效果，掏槽的深度决定隧道循环进尺。和巷道掘进一样，隧道掘进掏槽分为斜孔掏槽和直孔掏槽。

直孔掏槽种类很多，有龟裂掏槽、小直径中空掏槽、螺旋掏槽、菱形掏槽、大直径中空孔掏槽等。下面介绍常用的中空孔直孔掏槽：①小直径中空直孔掏槽。在软岩、中硬、节理裂隙较发育的岩层中，大多采用小直径中空直孔掏槽。小直径中空直孔掏槽，中间留一个不装药的空孔，周围4个孔同时起爆，掏槽孔间距一般软岩时取大值，硬岩时取小值。装药系数一般取炮孔深度的60%~80%。②五梅花小直径中空直孔掏槽。这是一种常用的掏槽方式，适用于中硬岩石的爆破开挖。一般掏槽深度比小直径中空直孔掏槽深。③大直径中空直孔掏槽，作业中要控制好掏槽孔的间距，控制钻孔精度，爆破时使用毫秒雷管，按设计起爆顺序起爆，才能达到好的掏槽效果。

（3）隧道掘进爆破设计

隧道爆破设计内容包括炮孔布置图及装药参数表、综合技术指标和编制说明等。

炮孔布置图：应有开挖断面的炮孔正面布置图，内容包括炮孔间距、抵抗线、断面尺寸、起爆顺序、装药量。炮孔一般对称布置，图中应标出起爆顺序和单孔装药量，掏槽孔一般应单独画出施工大样图。炮孔布置复杂时，应增加掏槽部位炮孔布置的水平剖面图，并应标明炮孔方向、角度与深度。

装药参数表包括炮孔名称与编号、炮孔参数、单孔装药量、雷管段号与装药结构、必要的说明。

技术经济指标包括周边孔钻爆参数、工程量、材料消耗、其他技术指标。

设计说明包括设计依据、设计的适用条件、施工要求与注意事项、机具材料的有关说明、安全注意事项、其他必要的补充附图，如装药结构图、爆破网路连接图、钻孔分工顺序图等。

（二）地下硐室开挖爆破

1. 概述

随着国家基础设施建设的发展，地下工程越来越多，大型地下矿井、地铁站、储油库、机库及大型水电站地下厂房、大型水工隧洞等应运而生。在上述工程中以大型水电站地下厂房的建设最为复杂，与其伴生的是一个大型地下洞库群。

在水电站地下厂房系统中，除地下厂房外，还包含有主变硐、交通硐、调压井、尾水硐等大型硐室。随着一些干流水力资源的相继开发，水电工程中地下厂房及相关硐室等在向大型化或超大型的方向发展，特别是伴随着装机容量的增大，地下厂房规模越来越大，以大跨度、高边墙、多交叉以及结构复杂为特征。在很多地下厂房系统中，大大小小的隧洞和地下空间交织在一块，形成庞大、复杂的地下雨室群。

2. 开挖方法

当前，水电站地下厂房一般采用"平面多工序，立体多层次"的开挖方法。对于属于超大断面的地下厂房，一般采用台阶法分层开挖，分层的高度一般为8~10m。首先在充分利用施工通道的基础上，考虑厂房的结构特点、施工机械性能以及相邻硐室的施工需要，确定合理的分层方案，然后大体上遵循自上而下的顺序逐级开挖，也可考虑在厂房上层开挖的同时由下部施工通道进入厂房施工，实现立体交叉施工。厂房上部顶拱的开挖利用凿岩台车钻孔，周边光面爆破，因为厂房跨度大，所以施工中采用导硐（中导硐或者两侧导硐）超前的方式；厂房中部开挖则利用液压钻或潜孔钻凿大孔径竖直孔，梯段爆破开挖，这样可以大大提高爆破效率，同时为了减轻爆破震动对岩锚梁及边墙的影响，一般会采取边墙预裂或者预留保护层等措施；厂房下部则主要利用引水隧洞和尾水洞作为施工通道，开挖仍以台阶爆破为主，但由于厂房下部基坑结构复杂，所以可能会采用不同的钻爆方式。

可供使用的施工通道有排风洞、交通洞、引水隧洞下平段及尾水支洞，根据施工通道控制范围可将厂房从上至下分为三大部分：上部，主要利用排风洞作为施工通道；中部，以交通洞为施工通道；下部，以引水隧洞下平段和尾水支洞作为施工通道。

首先确定上部顶拱开挖高度，顶拱层从排风洞进入施工，其下部高程必须与排风洞持平，并且考虑凿岩台车的控制范围，高度上不能太大，分层高度不宜大于10m。在顶拱开挖时，下部要留有适当的厚度，以保证岩锚部分岩体不受扰动，一般顶拱层开挖下部轮廓线距岩锚梁顶部2~3m。

3. 岩锚梁开挖爆破技术

（1）岩锚梁施工主要技术要求

对岩锚梁部分的开挖，不仅要保证岩壁成形好，而且要求尽量减少爆破对锚固区围岩的震动影响。岩锚梁岩台开挖质量要求高，对岩台开挖的主要技术要求为：① 爆破开挖的超挖小于20cm，岩面无爆破裂隙；围岩松动范围，Ⅱ类围岩小于40cm，Ⅲ、Ⅳ类围岩小于60cm；炮孔留痕率大于80%，岩面起伏差不大于15cm。② 岩台斜面角度偏差不大于5°，岩锚梁范围内不允许欠挖；岩锚梁以下应严格控制超挖，宁欠勿超，局部欠挖应小于10cm。

（2）开挖方法

岩锚梁部位的开挖，国内工程一般采用预留保护层的开挖方式，保护层与中部槽挖加一排预裂爆破孔分开，中心拉槽超前，两侧保护层开挖跟进；中槽边线采用潜孔钻进行预裂，上下游边墙下直墙外预留保护层厚度一般为4~5m，中槽开挖采用深孔梯段爆破。

（三）微差爆破

利用毫秒量级间隔，实现按顺序起爆的方法称为微差爆破。微差爆破是一种毫秒级的延期爆破，既不同于瞬发起爆，又异于秒延期爆破，相邻药包以极短的毫秒级时间间隔顺序起爆时，使各药包造成的能量场相互影响而产生一系列良好的爆破效果。微差爆破也叫毫秒爆破，是一种巧妙地安排各炮孔起爆次序与合理时差的爆破技术，是使用最广泛的一种爆破方法，常见于地下掘进爆破和露天台阶深孔爆破之中。微差爆破具有以下优点：① 增加了破碎作用，能够减小岩石爆破块度，降低单位炸药消耗量。② 能够降低爆破产生的地震效应，防止对围岩或地面建筑物造物破坏。③ 减小了抛掷作用，爆堆集中，既能提高装岩效率，又能防止崩坏支架或损坏其他设备。④ 在有瓦斯或煤尘爆炸危险的工作面采用总延期时间不得超过 130ms 的微差爆破，可实现全断面一次爆破，缩短爆破和通风时间，提高掘进速度。

在有瓦斯爆炸危险的工作面内进行爆破工作，以瞬发爆破最安全，但在这种情况下，全断面只能分次放炮。爆破次数越多对隧道开挖进度影响越大，爆破次数越少对爆破效果和振动作用影响越小。秒延期爆破，因其延期时间较长，在爆破过程中从岩体内泄出的瓦斯有可能达到爆炸极限，因而不能在有瓦斯爆炸危险工作面内使用。

微差爆破除能克服瞬发爆破的上述缺点外，只要总延期时间（即最后一段雷管的延期时间）不超过安全规程的规定限度，就不会引起瓦斯爆炸事故。

《爆破安全规程》规定：在有瓦斯与煤尘爆炸危险的煤层中，采掘工作面都必须使用煤矿炸药和瞬发电雷管。若使用毫秒延期电雷管时，最后一段的延期时间不得超过 130ms。因此，在有瓦斯与煤尘爆炸危险的工作面采用微差爆破是防止瓦斯引爆的重要安全措施，爆破前必须严格检查工作面内的瓦斯含量，瓦斯浓度不得超过 1%，并按安全规程规定进行装药、放炮。

二、露天台阶爆破

（一）微差爆破技术

随着工程控制爆破技术的发展，微差爆破技术成为主流技术。微差爆破也叫微差控制爆破，是指在爆破施工中采用延期雷管，以毫秒级时差顺序起爆各个（组）药包的爆破技术。其原理是把普通齐发爆破的总炸药能量分割为多个较小的能量，采取合理的装药结构，最佳的微差间隔时间和起爆顺序，为每个药包创造多面临空条件，将齐发大量药包产生的地震波变成一长串小幅值的地震波，同时各药包产生的地震波相互干涉，从而降低地震效应，把爆破震动控制在给定水平之下。

1. 微差爆破作用原理

微差爆破虽然在国内外应用多年，但因其作用时间较短，因而至今尚未总结出一个能准确指导生产实践的微差爆破理论。综合目前国内外的研究资料，微差爆破的基本原理有以下几点：

（1）应力增强作用

炸药在岩体中爆炸后，周围的岩石产生变形、位移，处于应力集中状态中。微差爆破时，先起爆的药包在岩体中形成的应力状态还未消失，后起爆的药包又在岩体中形成新的应力状态，两个应力的叠加可使合应力增强，因而改善了固体介质的破碎效果。

（2）增加自由面作用

先起爆的炮孔爆破使其附近的岩石产生径向裂隙。径向裂隙发展到一定程度时，后起爆的炮孔再起爆，则这些径向裂隙就成为新的自由面。自由面的增加，有利于后起爆炮孔的破碎作用，爆破的破碎范围就可增大，因此可扩大孔间距，增大破碎体积，从而减少了炸药消耗量。

（3）岩体介质相互挤压碰撞作用

先起爆炮孔爆破的岩石碎块尚未落下，便与后起爆的碎块发生相互挤压碰撞，利用其动能产生补充破碎，并使爆堆不散且比较集中。这样，不仅充分利用了炸药的能量，而且使介质进一步破碎，因而提高了爆破质量，易于控制爆堆，减小了岩块抛散距离和范围。

（4）地震波相互干扰作用

由于两个相邻炮孔的起爆顺序是异步的，相邻炮孔间先后以毫秒时间差起爆，因此爆破产生的地震波能量在时间上和空间上都是分散的。只要选择恰当的微差时间间隔，使先后起爆的地震波相互作用，产生干扰，可以使地震波效应减弱。这样就可减轻爆破震动对周围环境和岩体稳定性的影响。

2. 爆破网路设计

为了提高爆破效果和爆破安全，台阶爆破主要采用微差爆破技术。深孔微差爆破技术包括孔内微差爆破技术和孔外微差爆破技术两种。

孔内微差爆破技术就是在爆破孔外采用同段雷管起爆（或使用导爆索），孔内延期雷管按不同时差顺序起爆，实现各个炮孔爆炸的爆破技术。该爆破技术优点是完成装药后连线简单、炮孔准爆程度高；缺点是装药过程复杂，必须认真核对每个炮孔的雷管段别。孔外微差爆破技术就是在爆破孔内采用同段雷管起爆（或使用导爆索），孔外延期雷管按不同时差顺序起爆，实现各个炮孔爆炸的爆破技术。该爆破技术优点是装药过程简单，无须核对每个炮孔内的雷管段别；缺点是完成装药后连线复杂，必须认真核对每个炮孔的段别。由于在大量多排的爆破工程中，前排起爆后，存在飞石后翻现象和前排爆破产生的冲击波的影响，此时如果后排炮孔尚未激发，容易砸断后排爆破网路，导致瞎炮。

深孔台阶微差爆破技术的核心就在于毫秒间隔时间的确定。关于毫秒间隔时间目前多采用半理论、半经验公式计算。

爆破网路设计就是利用爆破器材对整个爆破工作面炮孔进行起爆先后顺序的安排与计划。

（1）深孔爆破网路分类

常采用的起爆器材包括电雷管、非电导爆管雷管、继爆管和导爆索等。深孔爆破网路可分为电爆网路、非电起爆网路和导爆管与导爆索联合起爆网路。

① 电爆网路

电爆网路是以瞬发电雷管和延期电雷管为主要起爆元件，起爆器、照明电、动力电源、干电池、蓄电池和移动发电机为外部能源，由端线、连接线、区域线和母线连通形成的爆破网路。

电爆网路可采用串联电爆网路、并联电爆网路和混联电爆网路。电爆网路的核心是如何合理设计保证每个电雷管通过足够的电流值，并获得足够的起爆能量。

② 非电起爆网路

非电起爆网路是以非电起爆器材导爆管雷管、导爆索和继爆管等组成的，完成单排或多排炮孔顺序爆破的爆破网路。导爆索网路是由导爆索和继爆管组成，由于导爆索爆速达 6 500m/s，所以由继爆管来控制起爆时差，但由于其爆破时的噪声太大，一般在台阶爆破中不采用。因此，非电起爆网路多采用以导爆管和导爆管雷管为主要起爆元件的起爆网路。

导爆管起爆网路中激发元件是用来激发导爆管的，有击发枪、电容击发器、普通雷管和导爆索等，在现场多使用后两种。实验证明，在保证绑扎质量的前提下，一根导爆管雷管可以激发 50 根导爆管，且导爆管长度可以根据现场情况定制，具有很大优越性。常用的导爆管的连接方式有簇联和四通联结两种。簇联就是俗称的"大把抓"，是用一枚或多枚雷管将更多根导爆管用绑扎绳和工业胶布紧紧缠裹在一起，以实现爆炸能的连续传递。四通联结是一种形似梨形的塑料薄壳结构，外口部可以插入 4 根导爆管。在四通里面的 4 根导爆管 1 根为传入导爆管，3 根为传出导爆管，传出导爆管可以直接引爆炸药或向下一个四通传递。

③ 导爆管与导爆索联合起爆网路

在炮孔内外分别采用导爆管雷管和导爆索连接形成的爆破网路，可以采用炮孔外传爆元件由导爆索负担，炮孔内微差由导爆管雷管来实现的孔内微差方式，也可以采用炮孔外传爆元件由导爆管雷管来实现微差，炮孔内由导爆索引爆炸药的孔外微差方式。在实践中，孔内微差时，导爆索与导爆管尽量垂直联结，并用软土编织袋加以保护，避免导爆索爆炸产生的冲击波对导爆管雷管的影响；孔外微差时，为安全准爆，需要对后排炮孔的导爆管雷管用软土编织袋加以防护。

（2）起爆顺序

尽管深孔台阶爆破布孔方式只有方形、矩形和三角形等几种，但是起爆顺序因爆破器材选择、地形地势变化和爆破技术的不同而不同，归纳起来其基本形式有以下几种：

① 逐排起爆顺序

逐排起爆就是依照炮孔布置以一个临空自由面为首排，依次按照爆破网路设计的起爆时差各排顺序爆破。主要优点是设计、施工简便，爆堆比较均匀、整齐，是最基本的一种起爆顺序形式。

②V 形起爆顺序

在多排炮孔中，以台阶临空面中部为首段起爆，然后按照 V 形顺序设计起爆时差顺序起爆的方式，称为 V 形起爆。该种起爆方式，先从爆区中部爆出一个空间，改变后面起爆炮孔的最小抵抗线，为后段炮孔的爆破创造自由面。该起爆顺序的优点是岩石向中间崩落，加强了碰撞和挤压，有利于改善破碎质量，也是最基本的一种起爆顺序。由于碎块向自由面抛掷作用小，多用于挤压爆破和掘沟爆破。

③ 梯形起爆顺序

该种起爆顺序实质是 V 形起爆顺序的变化，只是在首段起爆的炮孔数由一个变成多个而已。该起爆顺序具备 V 形起爆顺序的优点，适用于路堑拉槽爆破。

④ 波浪式起爆顺序

波浪式起爆顺序实质是逐排起爆顺序与 V 形起爆顺序的结合，是在临空面有多个小 V 形按照逐排起爆的顺序向后延伸，其爆破顺序犹如波浪。其中相邻两排孔对角相连，称为小波浪式；多排孔对角相连，称为大波浪式。

⑤ 对角线起爆顺序

亦称斜线起爆，是逐排起爆顺序的变化，该种起爆顺序首排起爆不是从台阶推进方向临空面开始，而是从爆区侧翼开始，起爆的各排炮孔均与台阶坡顶线相斜交，为后爆炮孔相继创造了新的自由面。其主要优点是减少了后冲，有利于下一爆区的钻爆工作，适用于开沟和横向挤压爆破。

虽然起爆顺序方式多样，但起爆顺序的确定应依据爆破地形、地质条件和爆破器材的种类、数量以及施工人员技术水平等因素综合考虑确定。

（二）宽孔距小抵抗线爆破技术

宽孔距小抵抗线爆破技术是以加大孔间距、减少排间距（即最小抵抗线）、增大炮孔密集系数、利用爆破漏斗理论改善爆破效果的一种爆破技术。该项技术早期由瑞典学者提出，20 世纪 80 年代开始，我国也进行了研究和推广，至今已取得明显的效果。该项爆破技术无论在改善爆破质量，还是降低单耗、增大延米爆破量方面都具有明显的优点。

1. 宽孔距小抵抗线爆破机理

增大爆破漏斗角，形成弧形自由面，为岩石受拉伸破坏创造有利条件。增大孔间距，减小最小抵抗线，则爆破漏斗角随之增大。由于每个爆破漏斗增大，就为后排孔爆破创造了一个弧形且含有微裂隙的自由面。实验表明，弧形自由面比平面自由面的反射拉伸应力作用范围大，应力叠加效果明显，有利于促进爆破漏斗边缘径向裂隙的扩展，破碎效果好。

防止爆炸气体过早泄出，提高炸药能量利用率。由于孔距增大，爆炸气体不会造成相邻炮孔之间的裂隙过早贯通而出现爆生气体的逸散，从而增加爆生气体作用时间，提高了炸药能量利用率。

增强辅助破碎作用。由于抵抗线减小，弧形自由面的存在，既可使拉伸碎片获得较大的抛掷速度，又可延缓爆炸气体过早逸散的时间，使其有较大的能量推移破碎的岩体，有利于岩块的相互碰撞，增强了辅助破碎作用。

2. 炮孔密集系数的选取

宽孔距小抵抗线爆破技术主要以炮孔密集系数的变化来实现，而关于炮孔密集系数 m 值的选取，目前尚无统一的计算公式，可以依照工程类比经验取值或根据工程的实际试验值选取。一般认为 $m=2\sim6$ 都可取得良好的爆破效果，个别情况也可以取 $6\sim8$。但是，在工程实施上为保证取得良好爆破效果，需要注意两点：① 保证钻孔质量（孔位、孔深）。② 临空面排孔的 m 值选取至关重要，必须保证第一排炮孔能够取得良好的爆破效果。通常，要确保首排爆破不留根底。之后再依次布置 m 值增大的第二排、第三排等炮孔。

宽孔距小抵抗线爆破技术的其他参数可以参照深孔台阶爆破选取。

第四章　灌注桩综合施工新技术

第一节　灌注桩水磨钻缺陷桩处理技术

一、概述

灌注桩施工过程中，由于地层条件复杂、工序操作不当或混凝土材料异常等，会出现桩身混凝土离散（析）、断桩等缺陷问题，当桩基检测判定为不合格桩时，普遍采用采取注浆法加固补强、原桩位上重新施工、设计补桩等方法进行处理。当桩身缺陷位置埋藏较深或缺陷断面较大，注浆法难以有效保证处理质量，且存在二次检验养护时间长等问题。如在原桩位上重新返工成孔，由于桩身混凝土强度高、钢筋含量大，成孔耗时长、费用高，且成孔为带泥浆作业，施工场地往往受到限制。而采取重新补桩的方案，则需用对称两根桩或多根替代原桩，施工进度慢、成本高。为此，对于处理灌注桩缺陷桩，经过综合分析各种场地条件和施工工艺，提出一种采用传统水磨钻咬合钻凿技术，通过逐节开挖并钻凿取出桩身混凝土，并对缺陷部位清理后重新接长钢筋笼、灌注桩身混凝土，形成了一种新型的缺陷桩处理施工方法。

二、工艺原理

（一）工艺原理

本工艺用于灌注桩缺陷部位桩身钢筋混凝土凿除及清运，其主要方法是先通过人工挖孔、逐节浇筑护壁，再采用传统水磨钻咬合钻孔取芯技术，将桩身钢筋混凝土分节逐段取出，直至缺陷桩部位，将缺陷部位清理后再采取接桩的方法完成缺陷桩的处理。

（二）缺陷桩桩身混凝土处理工序或部位划分

本工艺方法的关键点在于将缺陷桩分节（分段）钻凿取出，本方法将缺陷桩桩身混凝土分为两道工序、两个部分进行先后凿除外运。第一部分为钢筋笼主筋以内的桩身中部混凝土，先进行钻凿取芯处理；第二部分为钢筋笼主筋以外的桩身钢筋笼保护层混凝土，包括约 7cm 厚的混凝土和钢筋笼结构。

（三）工艺处理方法

① 以人工挖孔桩的方式，按桩径大小逐节开挖护壁，直至桩顶标高混凝土位置；如桩顶标高位于地面，则略过该步骤。② 采用水磨钻对桩身第一部分混凝土进行四周环绕和中心十字交叉咬合钻孔取芯，使中部混凝土形成临空四等分块，分别挤断凿除外运，并将孔内余渣清理干净。③ 对桩身第二部分混凝土凿出六条竖向分割缝，露出钢筋笼结构，使用氧气乙炔割断外露的水平向加强筋及箍筋，然后于底部沿桩周环向凿出一条水平分割缝，割断分割缝中外露的竖直向主筋，最后分块凿除外运，则第一层桩身的两部分钢筋混凝土完成全部破除清理，浇灌混凝土进行护壁。④ 重复以上 ②~③ 操作，逐节开挖至桩身缺陷位置处，并清理缺陷部位。⑤ 缺陷部位处理完成并确认后，在孔底接长钢筋笼并灌注桩身混凝土，完成缺陷桩的处理。

三、施工工序流程

水磨钻缺陷桩处理施工工序流程见下页图 4-1。

四、施工操作要点

（一）人工挖孔逐节浇筑护壁至桩顶位置

① 采用人工挖孔的方法沿桩位向下开挖，开挖施工按人工挖孔桩的规定进行。② 开挖直径按原桩设计桩径，每节开挖约 70cm 左右。③ 如桩顶标高位置在地面，则将桩身混凝土凿除后再进行护壁施工。

（二）水磨钻沿钢筋笼内侧四周环绕咬合取芯

使用水磨钻机沿钢筋笼主筋侧面进行环状咬合钻孔取芯，钻筒直径 150mm、钻筒长度 70cm，水磨钻电机功率 5.5kW，整机重量 80kg。

取芯作业前，先进行钻孔定位，对作业面凹凸不平处整平，孔底平面高差在 ±50mm 之内。

```
┌─────────────────────────────────────┐
│      人工挖孔逐层浇筑护壁至桩顶位置      │
└─────────────────────────────────────┘
                  │
┌─────────────────────────────────────┐
│      水磨钻沿钢筋笼内侧四周环绕咬合取芯    │◀──┐
└─────────────────────────────────────┘   │
                  │                        │
┌─────────────────────────────────────┐   │
│       水磨钻经桩中心十字交叉咬合取芯      │   │
└─────────────────────────────────────┘   │
                  │                        │
┌─────────────────────────────────────┐   │
│  使用钢楔子和铅锤施压将混凝土块与桩身混凝土  │   │
│            本体挤断分离                 │   │
└─────────────────────────────────────┘   │
                  │                        │
┌─────────────────────────────────────┐   │
│      第一部分桩身混凝土块吊运出桩孔       │   │
└─────────────────────────────────────┘   │
                  │                        │
┌─────────────────────────────────────┐   │ 否
│   第二部分混凝土竖向六等分及底下环向凿出   │   │
│             分割缝                    │   │
└─────────────────────────────────────┘   │
                  │                        │
┌─────────────────────────────────────┐   │
│  使用氧气乙炔烧焊隔断分割缝中外露的钢筋     │   │
│             笼结构                    │   │
└─────────────────────────────────────┘   │
                  │                        │
┌─────────────────────────────────────┐   │
│  第二部分混凝土桩身钢筋混凝土块吊运出桩孔    │   │
└─────────────────────────────────────┘   │
                  │                        │
┌─────────────────────────────────────┐   │
│            浇筑混凝土护壁              │   │
└─────────────────────────────────────┘   │
                  │                        │
            ◇─────────────◇               │
           ╱   是否挖至桩身   ╲──────────────┘
           ╲     缺陷处      ╱
            ◇─────────────◇
                  │ 是
┌─────────────────────────────────────┐
│       缺陷部位清理完毕，检查验收         │
└─────────────────────────────────────┘
                  │
┌─────────────────────────────────────┐
│    钢筋笼人工接长，桩身混凝土浇灌         │
└─────────────────────────────────────┘
```

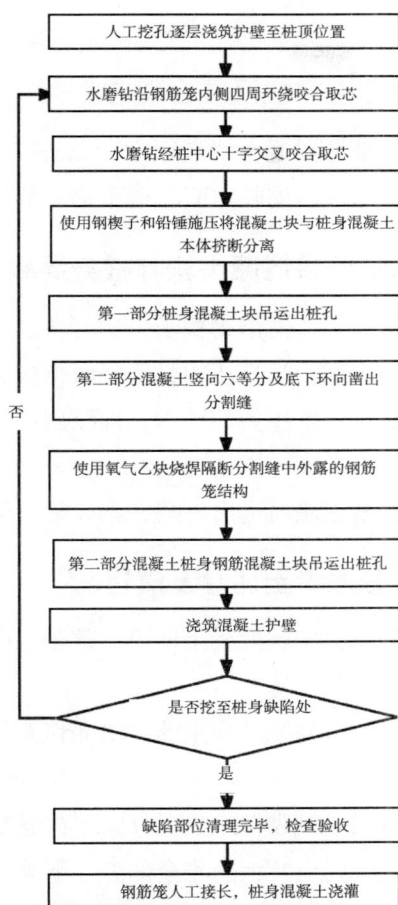

图 4-1 水磨钻缺陷桩处理施工工序流程图

将水磨钻机吊放至孔底后，用两根钢管和木方固定，移动钻机到待钻孔位置，将钻机底座顶紧在孔底混凝土面上，一端顶在支撑架木方上，然后通过钻机顶部的可调顶托将钻机上下顶紧固定，开始沿圆周钻孔。

水磨钻开钻前，先旋转调节杆给钻筒一定压力，随后打开电源，通水开始钻进；钻进过程中，通过手动调位器控制钻进深度和钻筒对岩面的压力，钻入过程可按照顺时针或逆时针方向进行。

钻凿时，水磨钻钻筒缓慢接触混凝土面，待钻筒钻入深度 1cm 左右时，往下按操作杆；随着钻筒钻进，当钻筒顶部距离混凝土上表面 1.5cm 左右时关闭电源，往上摇操作杆，使钻机摇至顶部，锁牢刹车螺丝，插上固定插销，转动并用榔头敲击钻筒，直到钻筒内钻取的混凝土钻芯掉落，取芯后移机至下一个位置继续进行类似操作。

水磨钻以跳钻方式钻进，先钻一序孔，再钻二序孔，这样有利于钻机均匀钻进、受力平均。

（三）水磨钻经桩中心十字交叉咬合取芯

使用水磨钻机对桩身第一部分混凝土块进行十字交叉咬合钻孔取芯，使桩身钢筋笼内部混凝土分割为四等分块，形成内周临空面，便于第一部分桩身混凝土的分块取出。

（四）使用钢楔子和铅锤将混凝土块与桩身混凝土挤断分离

在钻取芯样的孔内置入钢楔子，锤击钢楔子挤压岩块，使混凝土块同时受到铅锤面上的拉力和水平面上的剪切力作用；当挤压力大于极限抗拉力和极限抗剪切力之和时，混凝土块沿铅锤面被拉裂并从底部发生剪切破裂，即该层各四分之一混凝土块与底部桩身混凝土脱离。

使用孔口提升机将单个混凝土块吊运出桩孔，则该第一部分混凝土破除完毕。

（五）缺陷桩第二部分混凝土凿除及清运

使用人工风镐对缺陷桩桩身保护层混凝土即第二部分混凝土凿出六条竖直分割缝，露出内部钢筋笼结构。

使用氧气乙炔将竖向外露的钢筋笼结构主筋、箍筋切割焊断，使其呈分块状，以便于单个取出。

在这里钻凿的混凝土底部沿桩周凿除一圈约 15cm 宽混凝土，使用氧气乙炔切割焊断外露主筋，使桩身第二部分混凝土及钢筋笼全部破除下来。

采用孔口提升机吊运出桩孔，至此完成一层混凝土及钢筋笼的全部破除清运后进行该层桩身的浇筑护壁。

（六）分节咬合钻孔取芯、破裂、吊运取块的循环工序

① 依次按以上工序分层分节咬合钻孔取芯、破裂、吊运取块的循环工序作业，直到完成至桩身缺陷位置处。② 将缺陷部位清除干净，并报相关监理、业主、设计等单位进行验收。

（七）接桩

① 缺陷部位处理验收合格后，即进行钢筋笼人工接长及桩身混凝土浇灌。② 钢筋笼接长时，可采取植筋或焊接接长钢筋，接长时断面主筋接缝错开 50%。③ 桩身混凝土采用比原设计桩身混凝土强度提高一个强度等级。④ 浇灌桩身混凝土时，采用串筒浇筑，用振动棒分层振捣。⑤ 浇灌混凝土时，留取混凝土试块作验收用；桩径较大时，可预埋声测管，至养护龄期后进行桩身混凝土质量检测。

五、质量控制措施

（一）人工挖孔及浇筑护壁质量控制措施

① 与混凝土直接接触的模板护壁应清除干净淤泥和杂物，用水湿润，模板中的缝隙和孔隙应堵严。② 护壁混凝土采用振捣器捣实，应将混凝土捣实至表面呈现浮浆和不再沉落为止。③ 为使上、下层护壁混凝土结合成整体，振捣器应插入混凝土 60mm。

（二）水磨钻咬合钻孔取芯质量控制措施

① 水磨钻施工时将钻机固定牢靠，防止钻进过程中因松动而产生钻孔偏位现象。② 水磨钻施工应严格贴合主筋内侧咬合钻孔出芯，保证第一部分混凝土块清理干净，便于后续工序作业。

（三）钢筋人工接长及桩身混凝土浇灌质量控制措施

① 桩身缺陷处离散混凝土保证清除完全，通过检查验收后方可进行钢筋接长及混凝土浇灌。② 孔内绑扎钢筋操作平台必须牢固固定于护壁凸缘，不得设在已绑扎好的钢筋笼箍筋上。③ 钢筋人工接长保证断面主筋错开 50%，浇灌混凝土强度比原桩身混凝土强度提高一个等级，以保证桩身整体强度。

六、安全操作要点

（一）桩孔下挖及孔内水磨钻机咬合取芯

（1）孔口护壁应高于地面 30cm，用于挡住地面上杂物、明水等进入桩孔，且于孔口处设置 1.2m 高安全护栏，护栏上留一个 1m 左右宽的活动作业口，架立警示标志。

（2）为防止作业人员上下孔时发生高坠事故，应配置安全可靠的升降设备，并由培训合格的人员操作。运送工人上下孔使用专用乘人吊笼，严禁使用运泥土吊桶和工人自行手扶、脚踩护壁凸缘上下孔。工人上下孔不得携带任何器具或材料，孔内设置应急软梯和安全软绳。

（3）孔下所需器具、设备均使用提升设备递送，严禁向桩孔内抛掷。

（4）下孔施工前、施工中设专人观察护壁有无裂缝，如有裂缝立即报告，待查明情况并采取安全防护措施确保安全后方可继续施工。

（5）孔内作业时，孔口处必须设专人监护，并要求随时与孔内人员保持联系，不得擅自离开工作岗位。

（6）当孔内有作业人员时，3m 以内不得有机动车辆行驶或停放。

（7）配备风量足够的鼓风机和长度能伸至孔底的风管，防止地下有毒有害气体影响工人身体健康。当挖孔深度超过 8m 时，风量不宜少于 25L/s，孔底水磨钻钻凿取芯时应加大送风量。

（8）操作工必须头戴安全帽、身系安全带，必要时孔内搭设半圆防护板掩体，吊桶出渣时用于孔内作业人员遮避，防止渣土坠落伤人。

（9）打钻工人在施工作业时必须严格做到水、电分离，配备绝缘防护用品，如绝缘手套、胶鞋等。

（10）水磨钻须安装牢固，更换钻头及换位时必须切断电源。

（二）氧气乙炔烧焊

（1）氧气乙炔操作工人必须提前进行技术培训，持证上岗，并在操作时佩戴防护眼镜及面罩。

（2）氧气瓶、乙炔瓶（液化石油气瓶）不得放置在电线正下方，乙炔瓶或液化石油气瓶与氧气瓶不得放置于同一处，气瓶存放和使用间距必须大于 5m，距易燃、易爆物品和明火的距离不得少于 10m。检验是否漏气要用肥皂水，严禁用明火。

（3）氧气瓶、乙炔瓶应有防振胶圈和防护帽，并旋紧防护帽，避免碰撞和剧烈振动；并防止暴晒。

（4）氧气瓶严防沾染油脂，沾有油脂的衣服、手套等禁止与氧气瓶、减压阀、氧气软管等接触。

（5）乙炔瓶、氧气瓶均应设有安全回火防止器，橡皮管连接处需用扎头固定。

（6）点火时焊枪口不准对人，正在燃烧的焊枪不得放置在工件或地面上；带有乙炔和氧气时不准放置于金属容器内，以防气体逸出，发生燃烧事故。

（7）开启氧气瓶阀门时操作人员不得面对减压器，应用专用工具。开启动作要缓慢，压力表指针应灵敏、正常。氧气瓶中的氧气不得全部用尽。严禁使用无减压器的氧气瓶作业。

（8）作业中发现气路或气阀漏气时必须立即停止作业。

（9）作业中若氧气管着火应立即关闭氧气阀门，不得折弯胶管断气；若乙炔管着火，应先关熄炬火，可采取弯折前面一段软管的办法止火。

（10）作业中如发现氧气瓶阀门失灵或损坏不能关闭时，应待瓶内的氧气自动逸尽后再进行拆卸修理。

（11）工作完毕后将氧气瓶、乙炔瓶气阀关好，拧上防护罩，检查作业地点，确认无着火危险后方可离开。

（12）经常检查氧气瓶与磅表头处的螺纹是否滑牙、橡皮管是否漏气、焊枪嘴和枪身有无阻塞现象，压力表及安全阀亦应定期校验。

（三）吊运出渣

（1）出渣吊运过程中，渣土不能装载过满。升降桶时应先挂好吊钩，使之居孔中心匀速升降。提升大块混凝土时应确保绑扎完好并要求孔内人员回到地面后再提升，以防吊桶超重，绳索拉断。

（2）现场卸料（主要指破裂的大块混凝土）前，检查卸料方向是否有人，以免将人员砸伤。

（3）严禁将挖出的渣土、圆柱混凝土芯、混凝土块等在孔边堆高，应及时运离孔口，保证孔口周边整洁，减少物品掉入孔内的可能，对于暂时无法运走的应堆放在孔口四周1m 范围以外，且堆放高度不得超过 1m。

第二节　海上平台嵌岩灌注斜桩成桩综合施工技术

一、概述

随着我国海域经济的高速发展，大量沿海城市正兴建众多高桩多功能泊位码头，码头及其构筑物多采用海上桩基础。为满足桩基础承压、抗拔、抗剪和垂直要求，提高桩基稳定性和泊位码头安全性，桩基础部分设计为嵌岩灌注斜桩，且桩端持力层进入中、微风化基岩中。海上斜桩在搭设的简易钢平台上施工，一般的普通回转钻机难以倾斜安装，斜桩成孔困难大；采用可调节大角度成孔的旋挖钻机施工，受旋挖钻机自重太大的影响，普通钢结构平台难以满足施工要求；而选择采用冲击钻机成孔，普通的十字冲击钻头频繁上下会挂钢管底口，另外在平台上泥浆循环及孔底清孔，以及灌注混凝土时导管固定就位等等，都给斜桩成孔、清孔、灌注成桩带来较大困难，难以满足进度、质量要求。

为了寻求海上平台嵌岩灌注斜桩成桩工艺，加快施工进度，保证桩基施工质量，降低综合施工成本，结合工程实践，开展了"海上平台嵌岩灌注斜桩成桩综合施工技术研究"，并取得满意成效。

二、工艺特点

（一）成桩质量有保证

采用可调节筒式冲击钻头成孔，有效保证了斜桩成孔方向的一致性，避免了钻孔成孔过程中出现卡钻、桩孔偏斜的情况。

二次清孔采用"潜水电泵＋泥浆旋流器"反循环清孔工艺，该技术采用孔口潜水电泵连接灌注导管直接抽吸孔底沉渣，孔底沉渣经过泥浆分离处理，减少泥浆循环过程的重复排渣量，有效提高泥浆技术指标，清孔时间短、效果佳，孔底沉渣厚度完全满足设计和规范要求。

采用在普通灌注导管上设变截面凸出灌注导管，解决倾斜状态下灌注导管的定位，以及灌注混凝土过程中导管起拔时易挂碰钢筋笼，引起钢筋笼上浮的质量通病。

（二）综合施工成本低

泊位施工前需搭建海上施工平台，冲孔桩机质量轻，可优化平台搭设，大大降低了平台搭建成本。

成孔采用了可调节筒式冲击钻头，钻头自重大，冲击破岩效果好，钻进效率高；且不易发生卡钻、挂底的现象，减少了后期事故处理成本。

清孔采用"潜水电泵＋泥浆旋流器"反循环清孔工艺，大大缩短清渣清孔时间，提高了施工工效，降低施工综合成本。

（三）工艺操作简单、安全

冲孔桩机设备简单，施工工艺成熟，入岩深度可控，整体操作安全可靠。

三、适用范围

① 适用于在钢管桩内或钢护筒内施工。② 适用于海上预先搭设的简易平台上施工。③ 适用于桩身直径 φ800~1500mm、桩长 W50m、桩身倾斜度 3 : 1 以内（20° 以内）斜桩施工。

四、工艺原理

海上平台嵌岩灌注斜桩成桩综合关键技术主要分为四部分，即：可调节筒式冲击钻头成孔技术，潜水电泵反循环二次清孔技术，泥浆旋流器辅助清渣技术、变截面灌注导管水下灌注桩身混凝土成桩技术等。其工艺原理主要包括：

（一）可调节筒式冲击钻头成孔工艺原理

为确保斜桩的成孔质量，一般斜桩冲击钻筒长度至少为入岩成孔深度的1.5倍，钻进过程中至少保持冲击钻筒0.5倍长钻进深度始终处于钢管桩内，以避免桩孔偏斜的情况发生。为此，专门设计一种可调节筒式冲击钻头。冲击钻头由三部分组成，即：筒钻底部钻头、中间可调节式钻筒、顶部提引装置。

1. 筒钻底部钻头

筒钻底部直接承受冲击力，为保证其冲击效果，在其底部加焊合金块来实现。筒钻底部钻头长约 0.6m，并在钻头外侧加焊保护垫块，与钻头顶部加焊的保护垫块共同作用，保证钻筒在钢管中居中钻进。

2. 顶部提引装置

一端与中间可调节式钻筒焊接，另一端通过钢丝绳与钻机机架相连。施工期间，机架通过卷扬机拉伸钢丝绳来控制整个钻头的冲击作业。

3. 中间可调节式钻筒

根据钻孔的入岩深度来确定，其长度根据不同的成孔深度来调节，以保证冲击钻头始终有部分处于钢护筒中，与顶部提引装置连接段上间隔焊接斜向钢块凸出保护层，以保证顶部钻头居中成孔；钻筒通过焊接与底部钻头和顶部提引装置连接。

（二）潜水电泵反循环清孔原理

潜水电泵为污水污物潜水电泵，潜水电泵与电机同轴一体，工作时通过电机轴带动水泵叶轮旋转，将能量传递给浆体介质，使之产生一定的流速，带动固体流动，实现浆体的输送，把孔底泥浆、沉渣经过灌注导管直接抽排出孔口，并形成泥浆反循环。潜水电泵与灌注导管相连，其放置于孔口液面附近，灌注导管底部离孔底 30~50cm；潜水电泵工作时，抽排出的泥浆经过潜水电泵管口、通过胶管与泥浆旋流器相连，在泥浆旋流器内进行分离处理，保持泥浆良好性能，达到清渣效果。

（三）泥浆旋流器清渣原理

泥浆旋流器是由上部筒体和下部锥体两大部分组成的非运动型分离设备，其分离原理是离心沉降。当泥浆由泥浆泵以一定压力和流速经进浆管沿切线方向进入旋流器液腔后，泥浆便以很快的速度沿筒壁旋转，产生强烈的三维椭圆强旋转剪切湍流运动，由于粗颗粒与细颗粒之间存在粒度差（或密度差），其受到的离心力、向心浮力、液体曳力等大小不同，在离心力和重力的作用下，粗颗粒克服水力阻力向器壁运动，并在自身重力的共同作用下，沿器壁螺旋向下运动，细而小的颗粒及大部分浆则因所受的离心力小，未及靠近器壁即随泥浆做回转运动。在后续泥浆的推动下，颗粒粒径由中心向器壁越来越大，形成分层排列。随着泥浆从旋流器的柱体部分流向锥体部分，流动断面越来越小，在外层泥浆收缩压迫之下，含有大量细小颗粒的内层泥浆不得不改变方向，转而向上运动，形成内旋流，自溢流管排出，成为溢流进入桩孔底；而粗大颗粒则继续沿器壁螺旋向下运动，形成外旋流，最终由底流口排出，成为沉砂，从而达到泥浆浆渣分离的目的和效果。

（四）变截面灌注导管水下灌注混凝土成桩技术

通常在灌注斜桩桩身混凝土时，直筒式导管受重力作用灌注导管会惯性垂直下入，下放时会直接插至已下入孔内的钢筋笼上，使得灌注导管无法顺利安放；即使反复提拉下入后，在灌注过程中，灌注导管的接头会被钢筋笼卡住，影响灌注导管正常提拉。另外，如果导管紧贴桩侧壁，在桩身灌注混凝土时混凝土的扩散效果差，直接影响桩身灌注质量。为此，我们专门设计出变截面的灌注导管，由于变截面导管的突出设计，使得导管与钢筋笼之间形成有效的保护间距，使得灌注导管口可轻松避开钢筋笼而自由下放，避免卡管情况的发生，以确保灌注导管安放到位。

五、施工工艺流程

海上平台嵌岩灌注斜桩成桩综合施工工艺流程，具体见图4-2。

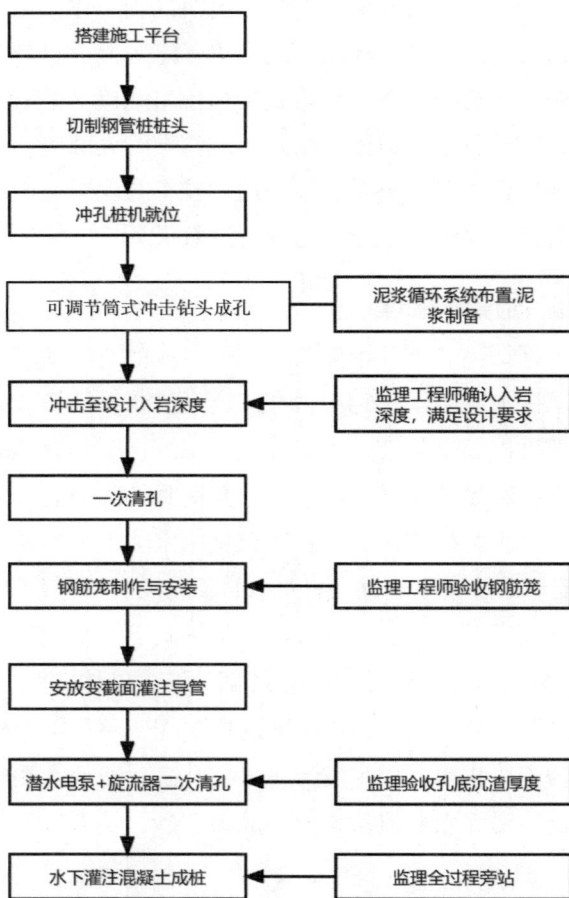

图4-2 海上平台嵌岩灌注斜桩成桩综合施工工艺流程图

六、操作要点

（一）搭建施工平台

施工平台利用已施工好的钢管桩作为支撑，上加焊钢牛腿做支撑，平台主要由槽钢和钢板组成，施工作业平台主要放置施工用的钻机、吊车，提供堆场和加工场地等。施工平台搭建前根据施工计划计算平台荷载，根据荷载设计平台结构，对吊车通行的位置，平台进行增加贝雷片加固处理。

（二）切割钢管桩桩头

平台搭建完成后，将预先打入的钢管桩的桩头切割至合适高程，切割后的废桩头通过摆渡船运至桩头堆放点。

切割形成的桩孔在未进行施工前采用钢筋网掩口处理。

（三）桩机就位

这里所用的工程斜桩直径为 1.2m，钻头重量为 4.5t，冲孔桩机选用型号为 JK-6。

桩机到达指定位置后，铺垫枕木，并将钻机固定，并采用十字交叉法对中孔位。

筒式钻头采用吊车先部分下放到桩孔内，将桩机钢丝绳与钻头连接牢固，检查合格后撤走吊车。针对斜桩的特殊性，为避免桩机倾覆，钢丝绳一般与桩机水平线成锐角，通常采用反打施工。

（四）泥浆循环系统布置

泥浆循环系统包括泥浆池、泥浆泵、泥浆旋流器、泥浆输送管等。

考虑到嵌岩段施工长度一般较短，以及平面上位置受到限制，每一台机配一个简易约 2.5m³ 泥浆循环系统，可满足施工要求。

海水泥浆制备采用普通硅酸盐水泥＋膨润土制浆＋海水，泥浆配备比为 1：1.5：10，黏度可以控制在 17~19s，含砂率 3% 左右，成孔时泥浆比重控制在 1.20~1.25，以提高其悬浮携带钻渣的能力。

泥浆循环过程中的钻渣通过双层滤网筛选过滤，滤后泥浆循环使用，滤渣集中清运处理。

（五）冲击成孔

开始冲孔时低锤密击，开孔 2m 内，冲程高度控制在 1.0~1.5m，钻进过程中派专人观察渣样的变化，及时判别是否进入持力层。

冲击至中风化岩层后反复小冲程冲击，冲程高度可以取 0.5~0.8m，待桩孔全断面进入基岩后，再进行正常冲击，以防因基岩面倾斜导致孔斜。

泥浆循环与冲孔过程同步进行，在冲击钻头底部穿越钢管桩时及时添加膨润土加大泥浆浓度增强护壁效果，并随时测定和调节泥浆相对密度。

进入基岩面后经常测量孔深，任何情况下整个钻头不得穿过钢管桩底，否则会造成嵌岩段桩孔偏斜，使得钻头滑脱并在提升时卡在钢管桩下沿造成埋钻事故。

终孔采用孔底标高和持力层"双控"，即：孔底标高和持力层岩性均需满足设计要求。

（六）一次清孔

终孔验收完成后，进行第一次清孔，清孔采用泥浆正循环工艺，采用简易泥浆循环系统，清孔时可利用冲击钻头小冲程在孔底位置反复冲击，防止孔底沉渣沉淀，以最大限度清除孔底沉渣。

清孔过程中，将调制性能好的泥浆替换孔内稠泥浆与钻屑，把孔底沉渣清除干净。

（七）钢筋笼制作与安装

钢筋笼按设计图纸制作，制作偏差符合规程规范及设计要求，钢筋笼在平台上制作，制作完成并检查合格后，利用吊车进行安放。

钢筋笼外侧每隔 2m 设置一道滚动式混凝土保护层垫块，垫块能顺着钢管桩桩壁上下滚动，达到顺利下放钢筋笼的目的。

钢筋笼分节吊装，孔口焊接，焊接完成后由监理工程师验收后入孔内。

钢筋笼全部入孔后，在孔口采用笼体限位装置固定，以防止混凝土灌注时钢筋笼上浮。

钢筋笼安装完毕后，会同业主、监理单位进行隐蔽工程验收，合格后及时灌注水下混凝土。

（八）安放灌注导管

导管进场后进行试拼试压，保证接缝紧密。

为保证灌注导管顺利下放，采用特制灌注保护导管，在加工制作导管时对普通使用的直筒灌注导管进行保护层凸出设计，可有效避免导管卡管现象发生。

导管在安放时，底部设置一节变截面导管，再下入直筒导管，每隔 6m 左右再下入一节变截面导管，以确保灌注导管安放到位。

（九）二次清孔

二次清孔采用潜水电泵反循环清孔工艺，采用潜水电泵清孔＋泥浆旋流器清渣技术，清孔时间短，清孔效果佳，可保证孔底沉渣厚度完全满足设计和规范要求。

为了确保潜水电泵的密封性，安放时将潜水电泵沉到泥浆液面下，防止漏气。

潜水电泵底口直接与灌注导管连接，采用密封垫片密封，保持导管接口的良好密封性。

利用胶管潜水电泵与泥浆旋流器进浆口相连，溢流口与导管接口胶管相连，形成旋流器泥浆循环系统。

为达到快速清除泥浆中沉渣的效果，经潜水电泵抽吸上返的泥浆经过旋流器分离后，再经过简易的过滤筛网再次分离，以最大限度提高泥浆性能，缩短清孔时间。

清孔过程中，派专人测量孔底沉渣和泥浆性能，当孔底沉渣厚度和泥浆指标满足要求后，报监理验收，并下达灌注令。

（十）灌注桩身混凝土

按设计要求采购商品混凝土，混凝土利用运输船从码头卸料口装船，采用特制的混凝土灌注储料箱，将商品混凝土运输至船吊处，通过船吊调至孔口进行灌注。

在灌注前、清孔结束后将隔水塞放入导管内，隔水塞采用橡胶皮球，安装 $2.5m^3$ 初灌料斗，盖好密封挡板，然后进行混凝土料灌注。为确保初灌质量，保证混凝土初灌埋深在 0.8m 以上。

设专人测量导管埋深及管内外混凝土面的高差，填写水下混凝土浇注记录，随时掌握每根桩混凝土的浇注量。

考虑桩顶有一定的浮浆，桩顶混凝土超灌高度 80~100cm，以保证桩顶混凝土强度，同时又要避免超灌太多而造成浪费。

七、质量控制

（一）材料管理

施工现场所用材料（钢筋、混凝土）提供出厂合格证、质量保证书，材料进场前需按规定向监理工程师申报。

钢筋进场后，进行有见证送检，合格后投入现场使用；混凝土进场前，提供混凝土配合比和材料检测资料，现场使用前检验坍落度指标；灌注混凝土时，按规定留取混凝土试块。

（二）桩身斜度控制

根据桩位和打入方式布置桩机，确保桩机水平稳固，与原钢管桩在一个平面，且保证钻头拉绳与孔径方向一致，定期检查，如拉绳与孔径方向有偏斜，则及时进行调整。

换层冲击时根据地层变化合理调整冲击参数。

冲击过程中，如发现孔斜、塌孔现象等情况，立即停止冲击，并采取措施后方可继续冲击成孔。

成孔过程中至少保证钻头有 0.5 倍钻进深度在钢管桩内。

顶部提引装置段钻筒上斜向焊接钢块可有效避免筒钻对钢管的损害。

（三）孔深控制

根据基准点引测高程，由测量员提供孔口标高，并由当班施工员记录在桩机成孔报表上。

冲击成孔至中风化岩时，准确记录其顶板埋深，终孔采用"双控"方式进行，即对孔底标高和持力层土质均进行测量验证，孔底标高通过测绳下装加重块来测量孔底标高，通过持力层土质以确定是否达到设计要求。

（四）钢筋笼制作

钢筋笼按照设计要求制作，分节施工，焊接时接头错开设置。

主筋外加定位垫块，保证保护层厚度满足要求，下放前检查垫块是否缺少或损坏。

现场安排专人指挥，下放速度不宜过快，同时注意避免保护垫块被压碎、变形。

（五）灌注导管安放

导管进场后试压试拼，确保拼接好的导管密封性良好。

导管在安放时，底部设置一节凸出保护导管，再下入普通的直筒导管，每隔 6m 左右再下入一节凸出保护导管，以确保灌注导管顺利安放到位。

（六）清孔

采用二次清孔，终孔结束时采用正循环进行第一次清孔，第二次清孔在下放好钢筋笼和导管后进行。

清孔时利用潜水电泵反循环清渣，采用泥浆旋流器进行辅助清渣，调整好泥浆性能指标。

清孔过程中，派专人监测，测量孔底深度，确保清孔沉渣厚度＜5cm，清孔满足设计及规范要求后进行混凝土灌注。

（七）灌注桩身混凝土

桩身灌注采用商品混凝土，商品混凝土由岸上专门设置的搅拌站生产，采用船运输至平台边，再采用吊车起吊混凝土储料斗进行灌注。

初灌时，导管底距孔底在 30cm 左右，初灌量保证导管埋管达到 0.8m 以上。

灌注过程中由专人负责探测混凝土面指导拆管，导管埋深控制在 2~6m 之间。

对每罐车混凝土在使用前进行坍落度检测。

为保证桩顶混凝土质量，所有桩需超灌，超灌按 0.8m 控制。

每根桩留1组混凝土试块（每组3块），并养护至28d龄期后及时送指定试验室测试。

八、安全保证措施

①施工平台面铺设的钢板要求平顺，防止人员绊倒受伤；平面四周设安全扶栏，并设警示标志。②桩机就位后，机底枕木垫实，保证施工时机械稳固。所有桩机设备安装完成后，报监理工程师验收；所有机械设备使用前均认真检修，并进行试运转，确保桩机不会发生倾覆情况。③冲孔前，检查各传动箱润滑油是否足量，各连接处是否牢固，泥浆循环系统（离心泵）是否正常，确认各部件性能良好后开始作业。④冲孔前检查钢丝绳有无断丝、腐蚀、生锈等，断丝超过10%应报废；检查钢丝绳锁扣是否牢固，螺帽是否松动。⑤冲孔施工过程中，非施工人员不得进入施工现场。⑥操作期间，操作人员不得擅自离开工作岗位。冲孔过程中，如遇机架摇晃、移动、偏斜，立即停机，查明原因并处理后方可继续作业。⑦成孔后暂未进行下一道工序的桩位以及灌注后的桩位，孔口必须用钢筋网加盖保护，以防人员坠入。⑧制作完成的节段钢筋笼滚动前检查滚动方向是否有人，防止人员被砸伤。氧气瓶与乙炔瓶在室外的安全距离不小于5m，并有防晒措施。⑨起吊钢筋骨架时，做到稳起稳落，安装牢靠后方可脱钩，严格按吊装作业安全技术规程施工。⑩吊车作业时，在吊臂转动范围内，人员严禁随意走动或进行其他无关作业。⑪灌注混凝土时，吊具稳固可靠，混凝土罐装箱缓慢下放，专人控制下放位置。⑫护筒口周围不宜站人，防止不慎跌入孔中。⑬导管对接时，注意手的位置，防止手被导管夹伤。⑭吊车提升拆除导管过程中，各现场人员必须注意吊钩位置，以免砸伤。⑮施工现场人员必须佩戴安全帽、救生衣，施工操作人员应穿戴好必要的防护用品。⑯六级及以上台风或暴雨，停止现场作业。

第三节　大直径旋挖灌注桩硬岩分级扩孔钻进技术

一、概述

目前，旋挖钻机施工面临施工难题之一，即是大直径旋挖桩硬岩钻进难题，实际施工过程中造成硬岩钻进速度慢、综合费用高。近年来，在旋挖桩硬岩钻进实践中，致力于旋挖钻入岩施工技术的研究及应用，充分总结过往施工经验，采取岩层中先用小直径截齿筒钻取芯，再根据岩石硬度分级扩孔、捞渣斗捞渣，钻进扩孔每级级差递增，直至扩至设计桩径和入岩深度，大大提高了旋挖钻机入岩钻进效率，在高质高效的前提下，降低劳动强度，提高了施工效率，又有利于实现绿色施工，取得了显著成效。

二、工艺特点

（一）施工进度快

传统冲击入硬岩工效非常缓慢且泥浆损耗量大、环境易污染、冲击施工噪声大，回转钻机入硬岩费时费力且有埋钻、卡钻风险，人工挖孔入岩爆破成孔对地下水位较高地层成孔使用具有局限性，传统旋挖硬岩大断面一次性钻进对机械损耗大且施工效率低，而本工艺采用入岩后分多级扩孔钻进，省时增效。

（二）成桩质量保证

由于本工艺施工过程机械化程度高，人为因素少，成孔过程中拥有设备自身的纠偏、测斜、回转定位、孔深显示等功能应用，保证施工过程时时可控，时时反映所遇到的问题并及时处理。同时，由于采用小直径截齿筒钻取芯，对入岩面及岩性能够清楚做出鉴定，避免冲击和回转成孔打捞岩屑对岩面及岩性判断不准确，保证了桩身质量。

（三）施工成本相对较低

本工艺采用硬岩分级扩孔工艺，单机综合效率高，以一根直径2 600mm、孔深40m、入微风化花岗岩深2m桩为例，从护筒埋设到混凝土灌注，仅需要1天时间左右，减少了清孔机械设备配置，施工成本与冲击引孔、回转钻孔相比，综合成本大大压缩。

三、适用范围

① 适于入中风化岩、微风化岩层，岩层饱和单轴抗压强度120MPa以内。② 钻孔最大深度60m，最大直径3 000mm。

四、工艺原理

旋挖灌注桩硬岩分级扩孔施工关键技术，即：在岩层中先采用小直径截齿筒钻取芯，再根据岩石硬度的大小，进行逐级分级扩孔、捞渣斗捞渣，直至扩至设计桩径和入岩深度，以大大提高旋挖钻机入岩钻进效率。

（一）分级钻进施工工序

旋挖钻孔施工是利用钻杆和钻斗的旋转，以钻斗自重并加液压作为钻进压力，使土屑装满钻斗后提升钻斗出土，岩层中根据桩径大小及岩层岩性先用小桩径截齿筒钻取芯创造自由面，减少岩石应力，确定岩面标高及岩性，再根据岩石硬度用不同尺寸截齿筒式钻头分级钻岩扩孔、双底捞渣斗捞渣、高性能泥浆配制护壁、悬浮沉渣终孔。

通过对分级钻进的现场资料收集及理论计算，确定分级钻进钻具使用及操作流程：

第一步：先使用小孔径岩石筒钻钻进，并配合小孔径捞砂斗清渣，反复配合钻进到设计终孔位置。

第二步：使用大孔径岩石筒钻进行扩孔，钻进到一定深度后，扩孔切削下来的碎石，会将小孔径空间填满。

第三步：当小孔空间被填满后，使用小孔径捞砂斗进行清渣，然后再使用大孔径岩石筒钻继续扩孔；如此反复，最后扩孔、清孔到设计孔深位置。

（二）硬岩分级级差控制

根据岩石自由面破碎理论，当旋转钻头附近存在有自由面时，钻头侵入时岩石会产生侧旁的破碎，有利于提高钻头离自由面槽的距离在10cm之内时的钻进效率。为保证扩孔钻进时，小孔径破碎所形成的自由面对扩孔钻进的有效影响，需保证筒钻内齿距小孔外在10cm左右，加上筒钻破碎时自身所形成的约12cm的圆环槽，便可确定分级方法。

由以上理论确定的每相邻钻孔直径差控制在44cm左右，由于上述理论是建立在岩石完整的基础上，在实际工况中需根据岩层地质资料而定。根据我们的施工经验，分级次数、级差（孔径分级）与岩层岩性密切相关。

岩石强度越小，分级次数越少，分级极差越大，最大级差可达70cm；岩石强度越大，分级次数越多，分级极差越小，分级极差应控制在20~40cm之间。对于裂隙发育少、较完整的微风化硬质岩石，首次采用的钻孔直径尽可能小，可采用直径φ600mm或φ800mm钻具开孔，用小断面钻取硬质岩芯，形成完整基岩内临空面后，再采取正常分级扩孔钻进。

五、施工工艺流程

旋挖桩硬岩分级扩孔施工工艺流程见图4-3。

```
┌─────────────────────────────┐
│      桩孔定位、护筒埋设       │
└─────────────────────────────┘
              ↓
┌─────────────────────────────┐
│   土层截齿钻斗钻进、清渣      │
└─────────────────────────────┘
              ↓
┌─────────────────────────────┐
│      硬岩钻筒钻进取芯         │
└─────────────────────────────┘
              ↓
┌─────────────────────────────┐
│  硬岩钻筒分级扩孔、钻斗捞渣   │
└─────────────────────────────┘
              ↓
┌─────────────────────────────┐
│      钻进终孔验收             │
└─────────────────────────────┘
              ↓
┌─────────────────────────────┐
│      清孔及配浆处理           │
└─────────────────────────────┘
              ↓
┌─────────────────────────────┐
│   安放钢筋笼、灌注导管        │
└─────────────────────────────┘
              ↓
┌─────────────────────────────┐
│    灌注桩身混凝土成桩         │
└─────────────────────────────┘
```

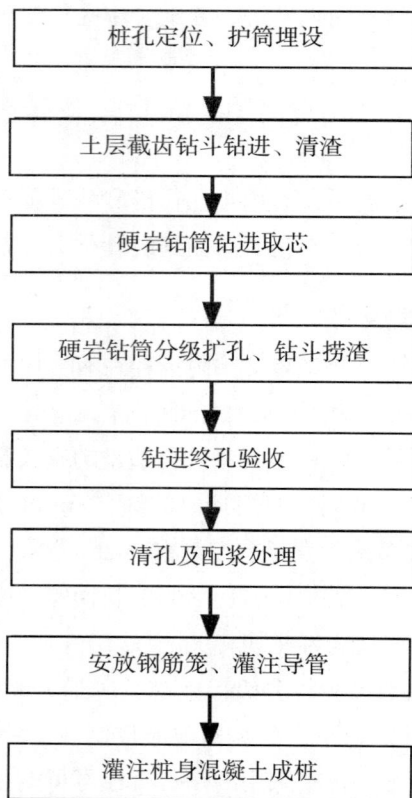

图 4-3 旋挖桩硬岩分级扩孔施工工艺流程图

六、施工操作要点

以旋挖钻桩径 $\varphi 2\,600mm$、入微风化花岗岩 2m，孔深 35m 桩孔施工为例。

（一）桩位放点、埋设护筒

桩位放点后，在护筒外 1 000mm 范围内设桩位中心十字交叉线，用作护筒埋设完毕后的校核。钢护筒采用钻埋法，钢护筒直径 3 000mm，长度 3m。埋设时，先用 $\varphi 2\,600mm$ 截齿钻斗对准桩位先钻 3m 深孔，再用扩孔器在上部 2m 范围内扩孔直径至 $\varphi 3\,000mm$，最后安放钢护筒，下部预留 1m 土层起固定调节护筒作用。

桩位校核。钢护筒顶端比地面高出 200~300mm，并通过临时十字交叉点校核护筒位置，护筒位置偏差不大于 50mm，护筒周边用黏土回填密实，针对护筒下部较软弱土层，还应将护筒顶部与临时搁置工字钢焊接连接，避免施工过程中护筒下沉。

（二）土层钻进、清渣

土层包括强风化岩及以上的地层，由于桩孔直径大，土层可按设计桩径一径到底，或按二次分级扩孔成形，直至强风化岩。按二级扩孔时，首先用直径 $\varphi2\,000mm$ 截齿单底钻斗钻进取至强风化底、中风化岩面，再起钻换 $\varphi2\,600mm$ 截齿单底钻斗扩孔。分级扩孔钻进，增加了土层段旋挖机起钻的次数，但大大缩短了起钻间隔时间。经对比测算，分级扩孔比一次性采用 $\varphi2\,600mm$ 钻斗一径成孔，其钻进施工时间要节省 4h 以上。

土层钻进完成后，及时采用清渣平底钻斗反复捞取渣土。

（三）硬岩钻筒钻进取芯

硬岩钻进分级主要根据岩石硬度、钻具配备情况决定。如岩石坚硬，可采用第一级 $\varphi800mm$ 小直径取芯，形成临空面后再分级扩孔。

取芯钻具采用截齿钻筒，钻进时控制钻压，保持钻机平稳。

当钻进至设计入岩深度后，采取微调钻具位置，将岩芯取出。

对于岩面倾斜状态下的硬岩取芯钻进，可采取订制的加长取芯钻具，用加长的钻筒入孔，采用慢速回转钻进，并加强观测钻孔垂直度，以防止发生孔斜。

（四）硬岩钻筒分级扩孔、钻斗捞渣

硬岩分级扩孔根据场地岩性综合判断，如岩质坚硬，第二级可采用 $\varphi300mm$ 直径扩孔，随着扩孔直径加大，分级级差越小，一般控制在 200~300mm。实践证明，这种分级有效克服了硬质岩石的钻进，提升了钻进效率。

钻进捞渣。截齿钻筒分级钻进完成后，破碎的岩块配置与钻筒直径稍小尺寸的带截齿钻具的双开门旋挖捞渣斗入孔底旋转捞渣，可采取较小压力加压旋转捞渣，避免由于捞渣斗的闭合空隙及底板厚度差等原因的漏渣，第一次捞渣后待孔内沉淀进行第二次捞渣，第二次捞渣钻杆缓慢轻放至孔底。经反复二至三个回次将岩块钻渣基本捞除干净。捞出的钻渣成块状，且呈明显的环块状。

（五）钻进终孔验收

桩端持力层岩性：岩性判断标准在钻进过程中，参考每个桩孔的超前钻探资料；钻进至持力层时，根据钻进取芯岩样、捞取出的岩块，由勘察单位派驻工地的岩土工程师确定。

终孔后，用测绳对四个方向孔深进行测量，确定终孔深度，作为浇筑混凝土前两次验孔依据。验收完毕及时进行钢筋笼安放及混凝土导管安装作业，安排联系混凝土供应商供货。

（六）清孔及泥浆处理

在大直径桩的施工过程中，根据土层钻进、硬岩钻进、终孔清渣三阶段不同情况来调制优质泥浆护壁。

第四节 灌注桩钢筋笼箍筋自动弯箍施工技术

一、概述

灌注桩是建筑基础中最常见的工程桩类型，灌注桩施工的主要工序包括成孔、钢筋笼制作与安装、清孔、灌注水下混凝土成桩，其中灌注桩钢筋笼的制作水平与工效，直接影响灌注桩的成桩质量和进度。灌注桩桩身钢筋笼主要由主筋、加强筋、箍筋三部分组成，钢筋笼的制作过程一般先将钢筋笼主筋和若干个加强筋焊接，然后在主筋上逐段人工缠绕箍筋，并将箍筋主筋焊接固定。在钢筋笼制作过程中，人工缠绕钢筋笼箍筋时，尤其是超长桩钢筋笼的箍筋缠绕操作，存在工作效率低、箍筋间距不均匀等缺点，而目前灌注桩普遍采用旋挖钻机，其成孔速度快，现场钢筋笼需求量大，人工制作很难保证钢筋笼的现场供应。

为此，开展了"灌注桩钢筋笼箍筋自动弯箍施工技术"研究，经过收集、了解对比分析，创新探索出一种钢筋笼箍筋自动弯箍技术，经过一系列现场试验、工艺完善、现场总结、工艺优化，最终形成了完整的自动加工设备，制定了加工制作工艺流程、质量标准、操作规程，取得了显著成效。

二、工艺原理

（一）工艺原理图

本技术工艺原理为先将钢筋笼主筋与加强筋焊接形成钢筋笼架构，并将其置于可以旋转的固定滚筒上；然后将调直处理后的箍筋，经过行车设备与钢筋笼架构龙头连接；启动行车上的控制电箱调速按钮，开调直机将箍筋输入，再开钢滚筒电机带动钢筋笼架构旋转，保持箍筋持续向前缠绕；当箍筋自动弯箍至钢筋笼龙尾时，停机、完成箍筋自动弯箍。

（二）加工工艺设备系统

本钢筋笼自动弯箍设备主要分为三部分：箍筋调直设备、自动弯箍设备、主筋自动旋转设备。

1. 箍筋调直设备

箍筋调直设备部分包括一台全自动调直机,主要作用是将圆盘钢筋在进行弯箍前进行拉直处理。

2. 自动弯箍行车设备

自动弯箍设备由一套行车系统组成,系统主要包括:控制电箱、行车电机、行车轨道、箍筋进料口、箍筋出料口、电缆线架等组成。

控制电箱:主要控制整套自动弯箍行车设备的动力,包括行车电机、主筋自动旋转电机、箍筋拉直机等。

行车电机:行车电机为一台380V、6.8A 的三相异步电机,主要提供行车设备的行走动力,电动机经过电磁调速器来调整转速从而控制行车的速度,以通过控制行车运行速度来调节箍筋的间距。

行车轨道:为在行车底座下设置的滚轮和走轨。箍筋进料口、出料口:箍筋经调直后进入行车设备的箍筋进料口、出料口,再与钢筋笼主筋连接。

电缆线架:当自动弯箍行车工作时,行车沿行车轨道行走,整套设备的电缆沿架设在钢滚筒两端的线架随行车同步延伸。

(三)主筋自动旋转设备

主筋自动旋转设备由钢滚筒、底座、旋转电机等组成。

钢滚筒:钢滚筒由外径为30cm、单节长度 6~12m 的钢筒经机械连接制成,施工现场可根据现场钢筋笼长度需求来调节钢滚筒的长度和节数。钢滚筒间的距离根据钢筋笼的直径大小调节。

底座:钢滚筒安装于底座上,底座上设有钢滚筒定位调节装置,可保持两根钢滚筒中心之间的距离最小 40cm、最大间距 120cm,可制作直径 800~2 000mm 的不同大小的钢筋笼。

旋转电机:钢滚筒一侧配备一台380V、42A 三相异步电机,以提供动力保持钢滚筒在底座上在行车行走方向上做顺时针旋转,这样带动放置在钢滚筒上的钢筋笼架构随滚筒在行车行走方向上做逆时针旋转,以完成箍筋自动弯箍。

三、工艺特点

(一)钢筋笼制作加工效率高

本技术将钢筋笼制作流程分解,针对钢筋笼箍筋通过成套机械设备完成箍筋弯箍自动加工制作,实现电控操作、自动化作业;人工制作钢筋笼箍筋,一般情况下一节 20m

的钢筋笼需要 4~6 人半个小时才能完成，工作效率低；钢筋笼自动弯箍系统设备运行只需 1 名操作手和一名辅助工就可以完成，正常情况下一节 30m 的钢筋笼在 10~15 分钟弯箍完成，是人工加工钢筋笼的 4 倍以上，大大提高了工作效率。

（二）加工质量稳定

人工作业时存在较大的人为因素，箍筋的间距不均匀。本钢筋笼自动弯箍系统由于采用的是机械化自动作业，箍筋的间距均匀、接触紧密，钢筋笼加工制作质量完全达到设计及规范要求。

（三）节省材料

人工作业使需要把箍筋截成若干段来加工，这样箍筋就按照规范要求进行搭接；钢筋笼自动弯箍系统箍筋加工不需搭接，节省箍筋搭接材料，降低了施工成本。

（四）综合成本低

本工艺所用机械、材料和设备目前市场上生产和销售的都比较多，而且价格比较低廉。

所使用设备机械只要求场地平整即可，安装组装调试简单，加工钢筋笼最长可达 36m，利于转场运输，适合短期、小型和桩长超长的桩基础工程。

整套设备仅 1 名操作工和 1 名辅助工就可操作使用，施工效率高，综合成本低。

四、适用范围

① 适用于各种灌注钢筋笼箍筋制作，尤其适用于灌注桩单节钢筋笼超过 30m 及以上钢筋笼制作；② 当灌注桩成桩速度快，钢筋笼需求量大时采用。

五、施工工艺流程

灌注桩钢筋笼箍筋自动弯箍施工工艺流程见图 4-4。

```
┌─────────────────────────┐
│         施工准备          │
└─────────────────────────┘
            │
            ▼
┌─────────────────────────┐
│  自动弯箍成套设备安装、试运行  │
└─────────────────────────┘
            │
            ▼
┌─────────────────────────┐
│        钢筋笼骨架加工       │
└─────────────────────────┘
            │
            ▼
┌─────────────────────────┐
│   箍筋和钢筋笼骨架龙头连接    │
└─────────────────────────┘
            │
            ▼
┌─────────────────────────┐
│       设备运行自动弯箍      │
└─────────────────────────┘
            │
            ▼
┌─────────────────────────┐
│      停机、起吊钢筋笼       │
└─────────────────────────┘
```

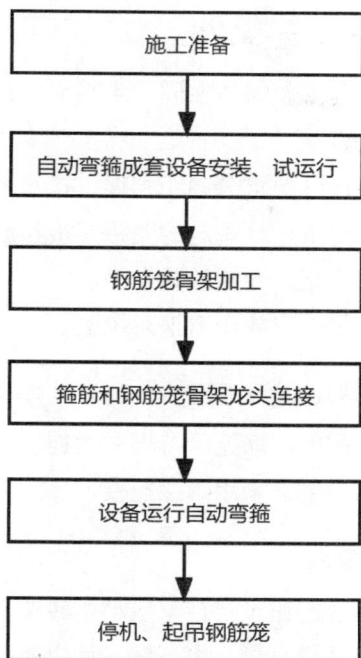

图 4-4 灌注桩钢筋笼箍筋自动弯箍施工工艺流程图

六、操作要点

（一）施工准备

对作业工人、电工、电焊工等人员进行现场安全技术交底，交代操作流程和注意事项。将设备、材料等放置在安全稳妥的地方。

（二）自动弯箍设备安装、试运转

安装时应检查调直钢筋用的调直机安装支座、部件连接螺栓、锚固是否牢靠，转动部位是否加好润滑脂；调直机运行前应人工整理箍筋，将箍筋缠绕或铰结处进行预处理，防止损坏调直机。

滚筒安装在同一水平面上；运行前检查底座和滚筒之间旋转是否正常，转动部位是否加好润滑脂。

安装行车时行车轨道和滚筒之间保证 1m 的安全距离；运行前检查电缆线架上的钢丝绳有无断丝、断股。

检查电箱电线是否完好无破损，接零保护是否可靠，触电保护器动作是否灵敏，两端夹具应无损坏。

（三）钢筋笼骨架加工、吊放

主筋放于地面上，确保马凳支座保持在同一水平面上，摆放 2 根主钢筋后，点焊加强箍，主钢筋和加强箍相互垂直。

在加强箍筋上，按照安装设计要求分间距划线，拉水平线保证主筋顺直，后将主筋按规定间距焊死在加劲筋上，再依设计规定的间距焊接箍筋。

每根桩的钢筋笼骨架自检合格，专检验收合格。

钢筋笼骨架验收合格后，吊装安放于弯箍系统上。

（四）箍筋和钢筋笼骨架龙头固定

箍筋通过设备行车后与就位的钢筋笼保持可靠的连接。

箍筋需预先调直，与钢筋笼主筋采用焊接连接。

（五）设备运行自动弯箍

开动电箱调速按钮，经调速旋钮设定行车电动机转速。

按警铃警示设备运行，先开调直机，再开钢滚筒电机，再开行车电动机，行车运行至钢筋笼龙尾时停止所有设备。

自动弯箍开始时行车在钢筋笼 10cm 加密区段前进速度为 1.5m/min，20cm 正常区段前进速度为 3m/min，弯箍到龙尾时行车停止前进，保证有足够的钢筋笼接头箍筋后滚动设备停止。

（六）停机、起吊钢筋笼

自动弯箍停机后，制作钢筋钳手，紧固箍筋紧贴主筋，焊接箍筋，点焊牢固。

钢筋笼制作完成后，采用吊车起吊，按指定钢筋笼堆放位置集中存放，以备桩基成孔后吊装。

七、质量控制措施

① 钢筋笼制作应对钢筋规格、焊条规格、品种、焊口规格、焊缝长度、焊缝外观和质量、主筋和箍筋的制作偏差进行检查。② 钢筋笼的加工，严格按照施工设计图和规范要求。③ 钢筋笼每隔 2m 采用加强筋成型法。加强筋设在主筋内侧，在加强筋外侧点焊主筋，主筋与加强筋相互垂直。④ 自动弯箍系统设备安装时 2 个滚筒在同一平面上，这会使钢筋笼骨架随着滚筒滚动时稳定平缓，保证自动弯箍质量。⑤ 自动弯箍设备操作工经培训后上岗，操作过程中按照操作规范和要求控制行车前进速度为 1.5m/min（加密区 10cm）或 3m/min（一般区域 20cm），不得随意更换行车速度，保证箍筋间距均匀，满足设计和规范要求。⑥ 钢筋笼要采取分节制作，每根桩的钢筋笼，由几节钢筋骨架

组成。⑦ 钢筋笼和骨架采用吊车吊放，吊离自动弯箍设备，吊装时四点平吊，吊直扶稳，缓慢下放。

八、安全保证措施

① 钢筋笼自动弯箍设备系统操作人员经过岗前培训，熟练机械操作性能和安全注意事项，经考核合格后方可上岗操作。② 钢筋笼自动弯箍设备系统使用前进行试运行，确保机械设备运行正常后方可使用。③ 电焊作业严格执行动火审批规定。每台电焊机设置漏电断路器和二次空载降压保护器（或触电保护器），放在防雨的电箱内，拉合闸时应戴手套侧向操作，电焊机进出线两侧防护罩完好。④ 起重机的指挥人员持证上岗，作业时应与操作人员密切配合，执行规定的指挥信号。起吊钢筋骨架，下方禁止站人，待骨架距滚筒 1m 以下才准靠近，就位支撑好方可摘钩。⑤ 钢筋笼自动弯箍系统设备运行前，确保机械设备上和两侧无人，警示铃长鸣 30 秒后，方可按操作规程运行设备。⑥ 钢筋笼自动弯箍系统设备运行时，除操作人员和辅助人员外，其他人员禁止在设备系统 2m 范围内作业或施工。⑦ 作业人员安装吊钩前应将自动弯箍设备系统完全关闭，在系统设备未完全停止前严禁吊放钢筋笼骨架。⑧ 钢筋笼系统设备维修保养时，将配电箱内隔离开关关闭并挂设停电维修警示牌。⑨ 起吊钢筋时，规格统一，不得长短参差不齐，严禁一点吊。⑩ 现场用电由专业电工操作，电工持证上岗；严禁使用老化、破损或有接头漏电的电线，开关箱内接地和漏电保护装置安全有效。⑪ 作业人员正确佩戴和使用安全帽、安全带及其他劳动保护防护用品。⑫ 严禁雨天作业。

第五节　旋挖灌注桩内外双护筒定位施工技术

一、概述

沿海地段填海区的工程基础在采用旋挖灌注桩施工时，通常会遇到深厚的松散填土、淤泥等易塌孔易缩径地层。为保证顺利成孔和桩身混凝土灌注质量，旋挖灌注桩施工通常采用深长钢护筒护壁。因受不同地层软硬不均的影响，深长钢护筒在下沉过程中容易产生护筒偏斜，出现因定位不准确或垂直度不符合要求的通病，需要反复多次起拔、沉入护筒，严重影响施工效率。

针对复杂松散软弱地层深长护筒埋设垂直度控制难度大、定位不准确等难题，施工技术人员结合项目现场条件、设计要求，通过实际工程项目摸索实践，开展了"旋挖灌注桩深长内外双护筒定位施工技术"研究，采用预先埋设外护筒并设置对称定位螺栓固定内护筒中心点，结合液压振动锤吊点，实现了两点一线精确沉入深长护筒，达到了垂直度控制效果好、定位准确、施工效率高的效果，再经过一系列现场试验、工艺完善、现场总结、工艺优化，最终形成了深长内外双护筒定位施工技术。

二、工艺特点

（一）内护筒定位快速、精准

本技术通过采用在外护筒顶部埋设对称螺栓定位内护筒中心，在下放内护筒时，只需将内护筒放入预先已安装完成的外护筒上四个定位螺栓形成的包围圈内，即可完成内护筒沉入前的定位，避免了传统施工工艺中护筒定位慢、误差大的现象。

（二）内护筒沉入垂直度控制好

深长内护筒采用振动锤下沉，振动锤的提升吊点与外护筒预先定位的内护筒中心点，形成两点一线的精确定位，通过下沉过程中的垂直度观测和调整，有效保证了内护筒的垂直安装。

通过埋设一定长度的外护筒，可以有效地减小内护筒下沉时的摩阻力，从而降低了内护筒下放时垂直度的控制难度。

（三）护筒安装效率高

本项技术避免了护筒因定位不准确或垂直度不符要求导致护筒重复起拔的现象，实现了护筒安装一步到位，提高了施工工效。

（四）施工操作难度小

本项技术与传统施工工艺相比，只需根据内护筒中心点位置，准确测算外护筒顶部对称的四个定位螺栓的固定位置，同时观测内护筒下放时的垂直度，即可保证护筒安装定位准确且护筒垂直，具有较强的操作性。

三、适用范围

适用于填海地区护筒长度大于 8m 的灌注桩施工，内护筒的长度宜进入稳定地层不小于 1m。

适用于上部填土、淤泥等松散易塌地层厚度大于 6m 的旋挖桩施工。

四、工艺原理

本工艺关键技术主要由内护筒定位施工技术和垂直度控制施工技术两部分组成，形成一套全新的深长内外双护筒定位施工技术。

（一）内护筒定位施工技术

本项技术通过预先埋设外护筒，采用在外护筒顶部设置四个对称定位螺栓，对内护筒中心进行精准定位，下放内护筒时，只需将内护筒放入四个定位螺栓形成的包围圈内，实现内护筒中心与桩位中心位置的重合，即可完成定位工作。

（二）护筒垂直度控制施工技术

本项技术通过在外护筒上增设的四个定位螺栓定位内护筒竖直中心线上的一点，再利用振动锤护筒起吊点，实现两点一线的精准定位，下沉过程中再辅以全站仪观测护筒垂直度和及时纠偏等技术措施，可保证内护筒安装的垂直度满足规范和设计要求，使内护筒竖直方向中心线在水平面的投影点与定位螺栓所定位的桩位中心重合，实现内护筒安装全过程定位。

五、操作要点

以桩径为 D、需埋设外护筒长度为 $L_{外}$（2m ≤ $L_{外}$ ≤ 6m）、内护筒长度为 $L_{内}$（$L_{内}$ ≥ 8m）的旋挖灌注桩深长护筒埋设施工为例。

（一）施工准备

1. 制作定位螺栓

采用直径为 48mm、螺距为 5mm、长度为 400mm 的螺杆，螺杆头部焊接长度 160mm 加力杆，用于紧固螺栓。

2. 定位螺母植入外护筒

桩径为 D 的旋挖桩施工宜选择直径 D+200mm（$D_{内}$）的护筒作为内护筒，外护筒直径（$D_{外}$）宜选择较内护筒大 200mm 以上的护筒。

在外护筒上设置四个螺母孔，孔位宜采用均匀布置，螺母孔上缘与外护筒顶部边缘的距离为 100mm，孔径为 90mm。

植入定位螺母需采用电焊焊接的方式，并保证螺母立面处于竖直。

（二）外护筒埋设

测量人员对桩位进行放样。

施工人员采用张拉"十字线"设置四个外护筒的定位参考点，十字线交叉位置即为桩位中心。

采用液压振动锤夹持外护筒参照设置的四个参考点完成定位，再缓慢振动沉入，安装外护筒时，工作人员应测量外护筒与定位参考点在"十字线"方向的距离，判断外护筒安装是否偏移，以便及时调整；外护筒埋设的作用主要作为内护筒埋设定位，其长度根据场地上部地层和内护筒的长度确定，一般为 4~6m，外护筒中心埋设误差不宜大于 10cm。

外护筒埋设完成后，需对桩位中心点再次放样。施工人员分别测量中心点到外护筒四个定位螺母的直线距离，确定四个定位螺栓安装时应伸入外护筒内壁的长度。

（三）内护筒埋设

内护筒定位安装：采用液压振动锤夹持内护筒，将其放入四个定位螺栓包围圈内，再将筒身调整至竖直，形成桩位中心点与振动锤起吊中心点两点一线后，振动沉入完成内护筒的安装定位。

下沉内护筒：液压振动锤夹持内护筒缓慢振动沉入，在沉入过程中可采用全站仪或吊线法对筒身垂直度进行观测，若出现偏差及时进行调整。内护筒下沉完成后，对桩位进行复核和垂直度测算，内护筒标高高出外护筒 20~50cm。

（四）旋挖成孔、钢筋笼制安、混凝土灌注

内护筒安装完成后，即可进行旋挖成孔。在钻进过程中，尽量避免钻具碰撞内护筒，并定期观测护筒标高位置的变化，防止孔内塌孔造成护筒下沉。

根据旋挖成孔深度制作钢筋笼，加工成型后，采用吊车吊入桩孔内就位。钢筋笼吊运时应防止扭转、弯曲，缓慢下放，避免碰撞护筒；同时，应采取有效措施保证钢筋笼标高符合要求。

钢筋笼下放完成后，需对桩孔再次进行清孔后才能开始混凝土灌注；灌注混凝土时应连续灌注不得中断，边灌注边拔导管，并逐步拆除，埋管深度宜控制在 2~6m，直至灌注完成。

（五）护筒起拔

待混凝土初凝后，对护筒段的空桩部分进行回填。

护筒起拔采用液压振动锤，先拔起外护筒，再拔起内护筒。

六、质量控制措施

① 需对外护筒上口进行加固，采用加焊 10mm 钢板进行加固，加固范围长度不小于 300mm。② 严格控制外护筒螺母植入质量，重点检查螺母是否处于竖直平面，焊接是否牢固。③ 在测算固定螺栓安装时应伸入护筒内壁的长度时，应确保桩位中心点到定位螺栓中心的测量距离准确。④ 可在定位螺栓的端部设置相应的柔性垫片，减少螺栓对内护筒的损害。⑤ 在固定定位螺栓时，确保外护筒内外两侧的螺栓处于拧紧状态。

⑥ 在内护筒沉入过程中，应检查定位螺栓是否有松动现象，若出现松动，应暂停下沉护筒，重新紧固螺栓后再开始沉入。⑦ 在沉入内护筒时，需全程观测护筒筒身垂直度，若发生偏差，应及时停止下沉，调整筒身垂直后再振动沉入。⑧ 采用铅锤吊线法观察时，宜在平面两个方向同时进行观测。⑨ 内护筒下放完成后，需再次进行桩位复测和垂直度测算。⑩ 在成孔过程中，派专人观察外护筒和内护筒之间的土体变化，防止成孔过程中出现塌孔而影响外护筒位移；同时，在外护筒上设置二个对称的观测点，在成孔过程中和终孔后各进行沉降监测，并对监测数据进行分析，确保内外护筒的位置满足设计要求。⑪ 起拔后待安装的护筒应放置在平整的场地上，设置防滚动措施，不可堆叠放置。

七、安全保证措施

① 施工现场所有机械设备（起重机、液压振动锤、气割机、电焊机等）操作人员必须经过专业培训，熟练机械操作性能，经专业管理部门考核取得操作证后方可进行操作。② 机械设备操作人员和指挥人员严格遵守安全操作技术规程，工作时集中精力，谨慎工作，不擅离职守，严禁酒后操作。③ 现场吊车起吊护筒作业时，应派专门的司索工指挥吊装作业，无关人员撤离作业半径范围，吊装区域应设置安全隔离带。④ 在进行护筒吊装时，应有专职安全管理人员对振动锤夹持深长钢护筒的稳固性进行检查。⑤ 起重机司机和液压振动锤操作手应听从司索工指挥，在确认区域内无关人员全部退场后，由司索工发出信号，开始护筒吊装和沉入作业。⑥ 机械设备发生故障后及时检修，严禁带故障运行和违规操作，杜绝机械事故。⑦ 施工现场操作人员登高作业，要求现场操作人员做好个人安全防护，系好安全带；电焊、氧焊特种人员佩戴专门的防护用具（如防护罩）。⑧ 在外护筒上植入定位螺母时应由专业电焊工操作，正确佩戴安全防护罩。⑨ 氧气、乙炔瓶的摆放要分开放置，切割作业由持证的专业人员进行。⑩ 现场用电由专业电工操作，持证上岗；电器必须严格接地、接零和使用漏电保护器。现场用电电缆架空 2.0m 以上，严禁拖地和埋压土中，电缆、电线必须有防磨损、防潮、防断等保护措施；电工有权制止违反用电安全的行为，严禁违章指挥和违章作业。⑪ 施工现场所有设备、设施、安全装置、工具配件以及个人劳动保护用品必须经常检查，保持良好使用状态，确保完好和使用安全。⑫ 暴雨时，停止现场施工；台风来临时，做好现场安全防护措施，将桩架固定或放下，确保现场安全。⑬ 施工现场有 6 级及以上大风时，应立即停止深长护筒吊装作业，将深长护筒顺直放在施工场地内并做好固定。

第六节　海上平台斜桩潜孔锤锚固施工技术

一、工艺特点

（一）施工效率高

与常规的钻机钻进泥浆循环成孔工艺相比，泵吸反循环工艺对钢管斜桩内的泥土清理速度快、效果好，平均每小时可钻进 10 米以上。

嵌岩锚杆要求入岩深度较深，而且岩石较硬，采用常规的钻机成孔效率低，成孔后还需要进行专门的清孔。本技术采用潜孔锤硬岩成孔，速度快、效率高。高风压能将冲击破碎的岩屑在成孔过程中就吹出来，不需要进行二次清孔。

钢管斜桩内土层清理以及嵌岩锚杆钻进使用同一机械，只需更改个别辅助配件，无须另外调用其他机械设备，有利于钻孔成孔、清渣的快速进行，提高了施工工效。

（二）成桩质量有保证

泵吸反循环工艺最大的突出特点为清孔速度快、效率高、清孔效果好，采用此工艺清理钢管斜桩内的泥土明显会比其他工艺的施工质量更有保障。

潜孔锤钻进时配备大功率的空压机，高风压将钻进的岩屑、渣土吹出孔口，可保证孔底无沉渣，保证了嵌岩锚杆的质量。

（三）综合施工成本低

施工前需搭建海上施工平台，步履式泵吸反循环多功能钻机设备重量轻，整机重约 8t，对施工平台承载力要求相对低，可优化平台搭设，大大降低了平台搭建成本。

斜桩清土以及锚杆嵌岩施工均采用同一台钻机，无须另外进场潜孔锤钻机即可实现嵌岩锚杆施工，减少了机械设备进场和操作人员的费用。

潜孔锤结合套管钻进可将岩屑、渣土清理干净，锚杆成孔后无须二次清孔即可进行锚杆安放、注浆等后续工序施工，大大提高了施工效率，降低施工综合成本。

（四）钻机轻便、工艺操作简单、节能环保

步履式泵吸反循环多功能钻机设备简单，施工工艺成熟。泵吸反循环泥浆系统利用临近设计无嵌岩锚杆的钢管斜桩作为泥浆沉淀池，可实现节能环保。

二、适用范围

适用于海上斜桩、直立桩土层和锚杆嵌岩成孔、成桩。

三、工艺原理

海上平台斜桩潜孔锤锚固成桩施工关键技术主要分为三部分，即：泵吸反循环回转清土钻进技术、潜孔锤嵌岩锚固技术、斜桩灌注成桩技术。

其工艺原理主要包括：

（一）泵吸反循环回转清土钻进

采用步履式泵吸反循环多功能钻机进行钢管斜桩内上部土层的清理。首先，将钻机移至作业平台，根据斜桩的斜率调好角度并固定，然后启动自带的真空泵，抽净管路中的真空后形成泵吸反循环，再用三翼钻头回转钻进，结合泵吸反循环工艺对斜桩内的海底淤积土层进行清理，直至强风化基岩面。

步履式泵吸反循环钻机设备轻便，整机重约 8t，可前倾 18° 后背 18°，泵吸电机功率 75kW，动力头为 2 个 35kW 的电机。钻机钻杆直径 220mm、内径 180mm，钻头采用三翼钻头。钻机吸浆泵连直径 8 寸硬塑料泥浆管，在临近设计无嵌岩锚杆的钢管斜桩内配套设置 3 台 3PN 泥浆泵抽吸，每台泥浆泵连接一根 3 寸的黑色橡胶泥浆管。三翼钻头回转切削产生的浆渣液因钻机上泵吸电机产生的抽排力而顺着钻杆内腔向上流，最后经排渣管排向泥浆池，同时泥浆池内设置的三台 3PN 的泥浆泵将泥浆抽入钢管斜桩内，以满足补充循环携渣的泥浆液。

（二）潜孔锤嵌岩锚固技术原理

常规的潜孔锤钻机比较重，一般整机重量约 70t，对操作场地或平台要求比较高，而且需要的作业空间也比较大。本工艺的潜孔锤嵌岩锚固工艺，是通过对步履式泵吸反循环多功能钻机进行改造实现的，现场将钻机吸浆泵的叶轮腔改为进风口连接空压机风管，配套空压机采用 XHP1170 型空压机，其额定功率为 403kW，排气量为 33.1m³/min，大功率空压机可满足深桩钻进和清孔的需求。

对深桩斜孔中钻进斜度和位置控制难的问题，通过采用在套管外设置导正圈进行辅助导向定位的方法即可顺利解决。嵌岩锚杆直径 340mm，潜孔锤采用 10 寸的锤头，在钻杆外设置直径 350mm 的套管，套管每节 2~6m，通过在斜桩底部约 6m 位置和最上面一节套管外分别设置一个导正圈进行辅助定位，加上钻杆本身亦具有一定的刚度，就可以顺利实现锚固钻孔中设计所要求的斜度和位置，该方法简单易行、操作方便。

此外，套管还有另一个作用，就是确保将潜孔锤冲击破碎的岩屑、渣土通过钻杆和套管之间的空隙顺利吹出孔外，保证孔底基岩面沉渣满足设计要求，缩短清底时间，提高施工效率。

嵌岩锚杆成孔后，进行锚杆安放、注浆及养护，达到龄期后再进行锚杆抗拔试验检测。

（三）斜桩灌注成桩技术

锚杆抗拔试验检测合格后，利用混凝土泵送船灌注钢管斜桩内的混凝土至设计标高。

四、工序操作要点

（一）施打海上钢管桩

海上钢管桩由总包单位利用打桩船进行施工，前期已全部施工完毕。

（二）搭建施工平台及切割桩头

这里引用的工程施工位于海面以上，需搭建海上施工平台，码头面高程 5.5m，为保证良好的施工条件，施工平台高程搭建在 5.0m。

钻孔平台利用已施工好的钢管桩作为支撑，上加焊钢牛腿作支撑，平台主要由槽钢和钢板组成，施工作业平台主要放置施工用的钻机、空压机，提供堆场和加工场地等。

施工平台搭建前根据施工计划计算平台荷载，根据荷载进行设计平台厚度，平台承载力为 $300kg/m^2$，平台易装、易拆。

（三）钻机就位

这里引用的工程钢管斜桩直径为 1.2m，后续施工采用步履式泵吸反循环多功能钻机。

机械设备通过船运输到操作平台，然后在平台上安装。

所有桩机设备安装完成后，报监理工程师验收。所有机械设备使用前均认真检修，并进行试运转，确保桩机各项指标正常。

钻机到达指定位置后，根据斜桩的斜率调好钻进角度。

（四）泥浆循环系统布置

泥浆循环系统包括泥浆池、泥浆泵、泥浆输送管、泥浆入口管等。

利用临近未施工的无嵌岩锚杆的钢管桩孔作为循环系统的泥浆池，可满足施工要求。

钻机本身设置一个 35kW 的吸浆泵，连接一根 8 寸的硬塑管；循环桩孔泥浆池内设置 3 台 3PN 的泥浆泵，每台泥浆泵连接一根 3 寸的泥浆管，用于往钻进的斜桩内输送泥浆。

（五）泵吸反循环钻机钻进清土

机械调试正常，泥浆循环系统安装完毕，开始采用泵吸反循环工艺对钢管斜桩内的土层进行钻进清理。

采用三翼单腰带钻头钻进，钻杆直径 220mm，内径 180mm。

钻进过程更换钻杆时，注意检查钻杆内有无岩石残留或堵塞。

当钻至强风化基岩面时，应捞取岩样判断，并通知监理工程师进行检查验收。

（六）潜孔锤钻进嵌岩段

将吸浆泵的叶轮腔改为进风口连接空压机风管，同时将三翼钻头更换为 34cm 的潜孔锤锤头连接钻机钻杆，即可实现潜孔锤钻进施工。

在潜孔锤钻杆外侧设置直径 370mm 的套管，在底节套管距离钢管斜桩孔底约 6m 位置设置一个导向圈，同时在斜桩孔口位置的第一节套管处设置一个导向圈，进行锚杆辅助导向定位，以控制嵌岩锚杆斜度和准确位置。

潜孔锤钻进产生的岩屑、渣土通过钻杆和套管之间的空隙经高压风吹出孔外，钻至设计深度后可保持孔内沉渣厚度满足要求，无须进行二次清孔。

钻至设计深度后，报监理工程师验收。

（七）注浆及养护

① 锚杆安放完成后，随即进行注浆。② 注浆设计采用纯水泥浆，水泥浆 28 天最小特征值强度为 45N/mm²，并加入认可的膨胀剂，试验配合比应产生 5% 的膨胀量。③ 采用砂浆注浆泵进行压力注浆。④ 为保证注浆效果，水泥浆注浆量通过计算理论体积然后乘以 1.2 的扩散系数进行控制，注浆压力控制在 1.8MPa 左右，注满浆后应稳压 2~3 分钟。⑤ 注浆完成后自然养护至浆体强度达到设计要求，养护期间严禁碰撞锚杆。

五、质量控制措施

（一）材料管理

施工现场所用材料（水泥、钢筋、混凝土）提供出厂合格证、质量保证书，材料进场前需按规定向监理工程师申报。

水泥、钢筋进场后，进行有见证送检，合格后投入现场使用；混凝土进场前，提供混凝土配合比和材料检测资料，现场使用前检验坍落度指标；灌注混凝土时，按规定留置混凝土试块。

（二）钻孔方向和位置的控制

根据钻孔的桩位和倾斜角度，调整好钻机及倾角，确保钻机水平稳固，且保证钻杆方向与钢管斜桩中心线方向一致。

钻进过程中采用套管外设置导向圈进行辅助定位导向，导向圈在钢管斜桩底部套管约 6m 和最上部一节套管外分别设置一个，如果桩长太长可在中间位置适当增加一个导向圈。

（三）孔深控制

① 根据基准点引测高程，由测量员提供孔口标高，并由当班施工员记录在成孔报表上。② 钻至中风化岩时，捞取岩样报监理工程师见证确认，并准确记录其标高和深度。③ 终孔时准确量测钻具长度，确保成孔深度满足设计要求。

（四）锚杆制安

① 锚杆严格按照设计图纸制作。② 为满足抗拔试验的要求，锚杆需要高出钢管斜桩顶部 1.5m 左右，以利于抗拔设备的安装。③ 锚杆用配套的锚杆连接器连接，各锚杆连接处应相互错开。④ 锚杆钢筋和钢筋固定片通过焊接连接，钢筋固定片每隔 2m 设置一个。⑤ 锚杆下放前应检查钢筋固定片有无松动或脱落。⑥ 吊放钢筋锚杆时，现场安排专人指挥，控制下放速度，同时注意避免注浆管被挤压破坏。

（五）锚杆注浆及养护

① 水泥浆液加入膨胀剂，试验配合比应产生不小于 5% 的膨胀量。② 注浆量通过流量计控制，实际注浆量按不少于理论注浆量的 1.2 倍控制。③ 采用压力注浆，锚孔注满浆后应保持稳压 2~3 分钟，确保注浆充实饱满。④ 注浆完成后自然养护到浆体强度达到设计要求，养护期间严禁碰撞锚杆。

（六）抗拔检测

① 锚杆养护到龄期后，按设计要求进行抗拔检测试验。② 抗拔检测必须委托具有资质的第三方进行，检测过程应严格按照规范和设计要求分级张拉。

（七）灌注斜桩封底混凝土

① 钢管斜桩底部锚固混凝土采用 C40 无收缩混凝土，按要求进行配合比及体积收缩性试验。② 导管进场后必须试压试拼，确保拼接好的导管密封性良好。③ 混凝土浇筑过程中加强对混凝土标高的测量控制。④ 每根桩留 1 组混凝土试块（每组 3 块），并养护至 28d 龄期后及时送指定试验室测试。

六、安全操作要点

① 施工平台台面铺设的钢板要求平顺，防止人员绊倒受伤；平台四周设安全扶栏，并设警示标志。② 桩机安装完成后，必须经安全部门验收合格后方可投入使用，调整好桩机位置，避免发生机械倾覆事故。③ 在施工全过程中，严格执行有关机械的安全

操作规程，由专人操作，并加强机械维修保养。④ 机械作业前要检查各传动箱润滑油是否足量，各连接处是否牢固，泥浆循环系统（泥浆泵等）是否正常，确认各部件性能良好后开始作业。⑤ 施工过程中，非施工人员不得进入施工现场，施工人员距离钻机不得太近，防止机械伤人。⑥ 操作期间，操作人员不得擅自离开工作岗位；作业过程中，如遇机架摇晃、移动、偏斜，立即停机，查明原因并处理后方可继续作业。⑦ 机械移动期间要有专人指挥和专人看管电缆线。⑧ 钢筋加工过程中，不得出现随意抛掷钢筋现象，制作完成的节段钢筋移动前检查移动方向是否有人，防止人员被砸伤；氧气瓶与乙炔瓶在室外的安全距离为 25m，并有防晒措施。⑨ 起吊钢筋锚杆时，做到稳起稳落，安装牢靠后方可脱钩，严格按吊装作业安全技术规程施工。⑩ 吊车作业时，在吊臂转动范围内，不得有人走动或进行其他作业。⑪ 灌注混凝土时，施工人员分工明确，统一指挥，做到快捷、连续施工，以防事故的发生。⑫ 灌注混凝土时，吊具稳固可靠，混凝土罐装箱缓慢下放，专人控制下放位置。⑬ 护筒口周围不宜站人，防止不慎跌入孔中。⑭ 导管对接时，防止手被导管夹伤。⑮ 吊车提升拆除导管过程中，各现场人员必须注意吊钩位置，以免砸伤。⑯ 施工现场人员必须佩戴安全帽、救生衣，穿戴好必要的防护用品。⑰6 级及以上台风或暴雨，停止现场作业。

第五章　地下连续墙深基坑支护新技术

第一节　地铁保护范围内地下连续墙成槽综合施工技术

一、工艺特点

（一）成槽速度快

施工技术人员通过现场施工摸索，确立了一套优化的施工工序，先由成槽机抓土至强风化岩层，而后在导墙上定位旋挖钻孔取岩位置，旋挖桩机按二序孔依次取岩，最后由方锤对旋挖施工残留的锯齿状硬岩修孔清理成槽。此配套成槽工艺，主要在成槽机、旋挖钻机、冲击方锤等机械设备的配套，发挥各自机械设备的特长，施工针对性强，成槽速度快。此工艺约4天完成一幅槽，施工效率是单一采用冲出入岩成槽工艺的4~6倍。

（二）质量有保证

由于施工工期短，槽壁暴露时间相对短，减少了槽壁土体坍塌风险；对岩层处理彻底，地连墙钢筋网片安装顺利；旋挖机岩芯取样完整，能够明显辨识岩石属性，对地层判断准确；对槽底沉渣采用气举反循环工艺，确保孔底沉渣厚度满足设计要求。

（三）施工成本较低

采用此新技术，总体施工速度快，单机综合效率高，机械施工成本相对低；土体暴露时间短，槽壁稳定，混凝土灌注充盈系数小；施工中泥浆使用量及废弃浆渣量小，减少施工成本；施工过程中主要以旋挖为主，不大量使用冲桩机，机械用电量少。

（四）有利于现场安全文明施工

采用旋挖钻机取芯代替了冲孔桩机破岩，不采用泥浆循环，泥浆使用量大大减少，废浆废渣量小，有利于现场总平面布置和文明施工；采用旋挖钻机入岩取芯，大大提升了入岩工效，减少了冲孔桩机的使用数量，有利于现场安全管理，避免了对地铁设施的影响。

二、适用范围

① 适用于地下连续墙入中风化、微风化坚硬岩层施工。② 适用于地铁保护范围内地下连续墙中风化、微风化入岩施工。③ 适用于周边重要建筑物、地下管线分布，不允许使用冲桩机处理的地下连续墙项目。④ 适用于地连墙成槽机无法抓取厚度较大岩层，工期要求高的场地。

三、工艺原理

本项工艺技术特点主要表现为四部分：一是强风化岩层以上地层的抓斗成槽，二是旋挖钻机分序硬岩取芯，三是方锤修理残留硬岩齿边，四是气举反循环清理槽底沉渣。

（一）强风化岩层以上地层的抓斗成槽技术

① 成槽抓斗通过导墙导向定位，抓斗在自重下放入槽内，在泥浆护壁基础上，凭自身液压系统作用在槽段内抓土，机械自带垂直度监视仪，同时抓斗两侧设有纠偏板进行过程中纠偏，以达到垂直下挖成槽过程。② 抓斗反复在槽段内抓取，直至强风化岩面标高位置。③ 抓斗将抓取出的地层直接装自卸车运至现场指定位置，集中外运。

（二）旋挖钻机分序硬岩取芯技术

旋挖钻机入岩已越来越成为岩土工程界的共识，并广泛用于钻孔灌注桩入岩施工。为突破硬岩施工的困难，我们选用大功率、大扭矩旋挖钻机施工，配套截齿钻斗和筒式钻头，对基岩进行切磨和捞取。

为确保达到旋挖完全取芯，我们对取芯钻孔进行了专门设计，对于厚度 800mm、幅宽 4m 的地连墙，取芯孔布置为：先钻一序孔，即 1 号、2 号、3 号、4 号共 4 个直径 φ800mm 的钻孔；而后钻二序孔，即在先钻的 4 孔间套钻 5 号、6 号、7 号共 3 个钻孔，以最大限度地将硬岩钻取出。

旋挖机钻取岩石时，先采用筒式钻头钻进至基岩面，然后将硬质岩芯取出，再用斗钻将岩渣捞出槽段。

（三）方锤修整槽壁残留硬岩齿边

旋挖机硬岩取芯后，残留的少部分硬岩齿边，会阻滞钢筋网片安放不到位，此时采用冲击方锤对零星锯齿状硬岩残留进行修孔，以使槽段全断面达到设计尺寸成槽要求。冲击修孔时，采取低锤提升冲击，既是防止修孔时偏锤，也是避免对地铁的冲击振动影响。

（四）气举反循环清理槽底岩块、岩渣

旋挖钻取芯、冲击方锤修孔后，如槽段内孔底岩块、岩渣较多，则采用气举反循环清孔。气举反循环清孔的原理是在导管内安插一根长约 2/3 槽深的镀锌管，将空压机产生的压缩空气送至导管内 2/3 槽深处，在导管内产生低压区，连续充气使内外压差不断增大，当达到一定的压力差后，则使泥浆在高压作用下从导管内上返喷出，槽段底部岩渣、岩块被高速泥浆携带经导管上返喷出孔口。

四、操作要点

以某大厦项目东侧厚度 800mm、幅宽 4m 地下连续墙为例。

（一）测量放线、修筑导墙

根据业主提供的基点、导线和水准点，在场地内设立施工用的测量控制网和水准点。

施工前，专业测量工程师按施工图设计将地连墙轴线测量定位，沿轴线开挖土方，绑扎钢筋，支模浇筑导墙混凝土。

导墙用钢筋混凝土浇筑而成，厚度一般为 150~200mm，深度为 2.0m，其顶面高出施工地面 100mm，两侧墙净距中心线与地下连续墙中心线重合。

考虑到东侧需采用旋挖钻机槽段内硬岩钻孔取芯，由于 SANY420 机重达 145t，为防止旋挖钻机工作时对导墙的重压影响，对场地内侧导墙专门进行了加固，一是将导墙内侧由原设计的 1.2m 加宽至 3m，厚度 15cm，加设二道钢筋网片、浇筑 C30 商品混凝土，与导墙内侧连成一体，形成旋挖钻机坚固施工工作面；二是在内侧导墙边预留孔，施打单管高压旋喷桩，单管高压旋喷桩直径 φ500mm、深度 8m、桩边间距 30cm，确保导墙的稳定，保证成槽顺利进行。

（二）连续墙抓斗成槽

此项目地下连续墙采用德国宝峨 GB34 型抓斗，其产品质量可靠，抓取力强，其每抓宽度约 2.80m，可在强风化岩层中抓取成槽；东侧入岩槽段幅宽为 4m，成槽分两抓完成。

挖槽过程中，保持槽内始终充满泥浆，随着挖槽深度的增大，不断向槽内补充优质泥浆，使槽壁保持稳定；抓取出的渣土直接由自卸车装运至场地指定位置，并集中统一外运。

抓槽深度至强风化岩面，由于槽段内岩面有出现倾斜走向，造成槽底标高不一致，使得在后期旋挖机的钻头直接作用在斜岩面上，容易造成钻孔偏斜，处理较为困难。经摸索总结，采取了妥善的处理措施，即在岩面以上成槽机预留 5m 残积土和强风化岩不抓取，所留土层在旋挖机成孔过程中用来起导向作用，通过土层对钻杆的约束，保证其

成孔的垂直度。

抓斗提离槽段之前，在槽段内上下多次反复抓槽，以保证槽段的厚度满足设计要求，以免旋挖钻头无法正常下入至槽底。

抓斗成槽过程中选用优质膨润土造浆，设置泥浆循环、净化系统，始终保持槽段内泥浆面标高位置和良好性能；现场备足泥浆储备量，以满足成槽、清槽需要，以及失浆时的应急需要。

（三）旋挖钻机分序钻孔硬岩取芯

抓斗抓取至槽底一定标高后，即退出槽位，由旋挖钻机实施入岩取芯。

旋挖钻孔前，在导墙上做好孔位中心标记，并用钢筋在槽段上做好标识，以便准确入孔钻岩。

旋挖钻机在入岩之前，先采用旋挖钻斗取土成孔，完成土层及强风化岩钻孔；钻至中风化岩层面时，改换截齿钻筒破岩取芯。

旋挖钻机钻取硬岩时，采用低速慢转，防止钻孔出现偏斜，特别是在施工第二序钻孔时，防止偏孔。

旋挖钻筒钻至设计入岩深度或标高后，将岩芯直接取出，再改用捞渣钻斗捞取孔内岩块、岩渣，注意调整好泥浆黏度，增强钻渣的悬浮能力，尽可能清除孔底岩块、岩渣。

旋挖钻机入岩取芯完成后，在槽段范围内多次往返下钻，尽可能将硬岩钻取出槽段，以减少方锤修孔量。

（四）气举反循环清理槽底沉渣

方锤修孔完成后，及时采用地下连续墙抓斗下至槽段内抓取出槽底岩块、岩渣，如果槽内沉渣过多过厚，则进行泥浆循环清理槽底沉渣。

此项目槽段清孔采用气举反循环方式，空压机选择 $9m^3/min$，清孔效果不佳，后改为 $12m^3/min$ 空压机，清孔效果明显。

由于槽段幅宽为 4m，在气举反循环清孔时，同时下入另一套孔内泥浆正循环设施，防止岩渣、岩块在槽侧堆积，有效保证清孔效果。

在清渣过程中，同时进行槽段换浆工作，保证泥浆的指标和沉渣满足设计要求。

清渣完成后，检测槽段深度、厚度、槽底沉渣硬度、泥浆性能等，并报监理工程师现场验收。

（五）钢筋网片制安、灌注导管安装

（1）地下连续墙的钢筋网片按设计图纸加工制作。

（2）制作场地硬地化处理，主筋采用套筒连接，接头采用工字钢，钢筋网片一次性制作完成。

（3）钢筋网片制作完成后，检查所有钢筋型号及尺寸、预埋钢筋、预埋件、连接器等的规格、数量及位置，并报监理工程师验收。

（4）钢筋网片采用吊车下入，最大吊装量超过30t，吊装前编制专项吊装方案，报专家评审通过后实施。现场吊装采用1台150t、1台80t履带吊车多吊点配合同时起吊，吊离地面后卸下80t吊车吊索，采用150t吊车下放入槽。

（5）在吊放钢筋笼时，对准槽段中心，不碰撞槽壁壁面，不强行插入，以免钢筋网片变形或导致槽壁坍塌；钢筋网片入孔后，控制顶部标高位置，确保满足设计要求。

（6）钢筋网片安放后，及时下入灌注导管；灌注导管按要求下入2套导管，同时灌注，以满足水下混凝土扩散要求，保证灌注质量。

（7）灌注导管下放前，对其进行泌水性试验，确保导管不发生渗漏；导管安装下入密封圈，严格控制底部位置，并设置好灌注平台。

（六）水下灌注混凝土成槽

（1）灌注槽段混凝土之前，测定槽内泥浆的指标及沉渣厚度，如沉渣厚度超标，则采用气举反循环进行二次清孔；槽底沉渣厚度达到设计和规范要求后，由监理下达开灌令灌注槽段混凝土。

（2）灌注混凝土采用商品混凝土，满足防渗要求，坍落度为180~220mm。

（3）槽内安设2台套灌注导管，同时进行初灌，初灌斗为2.5m³，混凝土罐车直接卸料至灌注料斗。

（4）由于灌注混凝土量大，施工时需做好灌注混凝土量供应、现场调度等各项组织工作，保证混凝土灌注连续进行。

（5）在水下混凝土灌注过程中，每车混凝土浇筑完毕后，及时测量导管埋深及管外混凝土面高度，并适时提升和拆卸导管；导管底端埋入混凝土面以下一般保持2~4m，不大于6m，严禁把导管底端提出混凝土面。

（6）混凝土在终凝前灌注完毕，混凝土浇筑标高高于设计标高0.8m。

五、质量控制

（1）严格控制导墙施工质量，重点检查导墙中心轴线、宽度和内侧模板的垂直度，拆模后检查支撑是否及时、正确。

（2）抓斗成槽时，严格控制垂直度，如发现偏差及时进行纠偏；液压抓斗成槽过程中，选用优质膨润土针对地层确定性能指标配置泥浆，保证护壁效果；抓斗抓取泥土提离导槽后，槽内泥浆面会下降，此时应及时补充泥浆，保证泥浆液面满足护壁要求。

（3）认真督促检查成槽过程中的泥浆质量，检测成槽垂直度、宽度、厚度及沉渣厚度是否符合要求。

（4）为进一步保证旋挖桩机入硬岩的效果，抓斗成槽深度控制在距岩面约5m左右，预留的钻孔厚度作为旋挖桩机钻孔导向，以控制旋挖入岩的垂直度。

（5）旋挖钻机钻孔硬岩取芯过程中，加强对入岩取芯钻孔孔位点的控制，以确保钻位准确定位；旋挖钻孔先从岩面较高部位施工，后从岩面较低部位施工。

（6）旋挖桩机钻孔至中风化或微风化岩面时，应报监理工程师、勘察单位岩土工程师确认，以正确鉴别入岩岩性和深度，确保入岩深度满足设计要求。旋挖处理入岩过程中，始终保持泥浆性能稳定，确保泥浆液面高度，防止因水头损失导致塌孔。

（7）旋挖钻机入岩取芯至设计标高后，调用冲桩机配方锤进行槽底残留硬岩修边，将剩余边角岩石清理干净；冲桩过程中，重锤低击，切忌随意加大提升高度，防止卡锤；同时，由于硬岩冲击时间较长，如出现方锤损坏或厚度变小，及时进行修复，防止槽段在硬岩中变窄，使得钢筋网片不能安放到位。

（8）方锤修孔完成后，对槽段尺寸进行检验，包括槽深、厚度、岩性、沉渣厚度等，各项指标必须满足设计和规范要求。

（9）方锤修孔完成后，如槽底沉渣超过设计要求，则采用气举反循环进行清渣，确保槽底沉渣厚度满足要求。

（10）地下连续墙钢筋网片制作按设计和规范要求制作，严格控制钢筋笼长度、厚度尺寸，以及预埋件、接驳器等位置和牢固度，防止钢筋笼入槽时脱落和移位。

（11）钢筋笼制作完成后进行隐蔽工程验收，合格后安放；地连墙钢筋网片采用2台吊车起吊下槽，下入时注意控制垂直度，防止刮撞槽壁，满足钢筋保护层厚度要求。下放时，注意钢筋笼入槽时方向，并严格检查钢筋笼安装的标高，钢筋笼入槽时应用经纬仪和水平仪跟踪测量，确保钢筋安装精度；检查符合要求后，将钢筋笼固定在导墙上。

（12）槽段混凝土采用水下回顶法灌注，采用商品混凝土，设2台套灌注管同时灌注；初灌时，灌注量满足埋管要求；灌注过程中，严格控制导管埋深，防止堵管或导管拔出混凝土面。

（13）每个槽段按要求制作混凝土试块，严格控制灌注混凝土面高度并超灌80cm左右，以确保槽顶混凝土强度满足设计要求。

（14）施工过程中，严格按设计和规范要求进行工序质量验收，派专人做好施工和验收记录。

六、安全措施

（1）本工艺需利用旋挖桩机入槽段钻孔，由于旋挖桩机重量大，超出正常导墙的承受能力。因此，施工前应对导墙及旋挖机作业工作面进行加宽、加厚混凝土面，增加旋喷桩，铺垫厚钢板等方式加固处理，防止施工过程中出现导管坍塌、作业面沉降等。

（2）抓斗成槽过程中，注意槽内泥浆性能及泥浆液面高度，避免出现清水浸泡、浆面下降导致槽壁坍塌现象发生。抓斗出槽泥土时，转运的泥头车按规定线路行驶，严格遵守场内交通指挥和规定，确保行驶安全。

（3）旋挖机钻孔硬岩取芯过程中，加强对导墙稳定的监测和巡视，发现异常情况及时上报处理。

（4）钢筋网片一次性制作、一次性吊装，吊装作业成为地连墙施工过程中的重大危险源之一，必须重点监控，并编制吊装安全专项施工方案，经专家评审后实施。吊装时，严格按吊装方案实施；同时，检查吊车的性能状况，确保正常操作使用；在吊装过程中，设专门司索工进行吊装指挥，作业半径内人员全部撤离作业现场。

（5）当出现槽壁坍塌现场时，必须先将挖槽机提出地面，避免发生被埋事故。

（6）施工过程中，对连续墙附近的市政、自来水、电力、通信等各种地下管线进行定期监测，并制定保护措施和急预案，确保管线设施的安全。

（7）施工期间，遇大雨、6级以上大风等恶劣天气，停止现场作业，大风天气将吊车、抓斗、旋挖机机械桅杆放水平。

（8）液压抓斗成槽、冲击方锤修孔时，经常检查钢丝绳使用情况，掌握使用时间和断损情况，发现异常，及时更换，防止断绳造成机械或孔内事故。

（9）成槽后，必须及时在槽口加盖或设安全标志，防止人员坠入。

第二节　地下连续墙硬岩大直径潜孔锤成槽施工技术

一、概述

在采用地下连续墙支护形式的深基坑工程施工中，有些场地基岩埋藏深度较浅，部分地下连续墙需进入岩层深度大，甚至进入坚硬的微风化花岗岩层中，施工极其困难。目前，地下连续墙入岩方法一般采用冲击破岩，对于幅宽 6m、入岩深度 6m 的地下连续墙成槽施工时间可长达 20~30 天，且施工综合成本高。针对入硬岩地下连续墙施工的特点，结合现场条件及设计要求，开展了"地下连续墙深厚硬岩大直径潜孔锤成槽综合技术"研究，形成了"地下连续墙深厚硬岩大直径潜孔锤成槽综合施工工艺"，即采用大直径潜孔锤槽底硬岩间隔引孔、圆锤冲击破除引孔间硬岩、方锤冲击修孔、气举反循环清理槽底沉渣，较好解决了地下连续墙进入深厚硬岩时的施工难题，实现了质量可靠、节约工期、文明环保、高效经济目标，达到预期效果。

二、工艺原理

本技术的工艺原理包括大直径潜孔锤入岩引孔、冲击锤修孔、气举反循环清孔等工艺技术。

（一）大直径潜孔锤入岩引孔

1. 破岩位置定位

在深度接近硬岩岩面时停止使用抓斗成槽机，在导墙上按200~350mm的间距定位潜孔锤破岩位置，减少潜孔锤施工时孔斜或孔偏现象，降低钻孔纠偏工作量。

2. 大直径潜孔锤破岩

潜孔锤引孔破岩的原理是潜孔锤在空压机的作用下，高压空气驱动冲击器内的活塞作高频往复运动，并将该运动所产生的动能源源不断地传递到钻头上，使钻头获得一定的冲击功；钻头在该冲击功的作用下，连续的、高频率对硬岩施行冲击；在该冲击功的作用下，形成体积破碎，达到破岩效果。

3. 大直径潜孔锤一径到底成槽

大直径潜孔锤钻头是破岩引孔的主要钻具，为确保在槽段内的引孔效果，选择与地下连续墙墙身厚度相同的大直径潜孔锤一径到底。

（二）方锤修整槽壁残留硬岩齿边

圆锤对间隔孔间的硬岩冲击破碎后，残留的少部分硬岩齿边，会阻滞钢筋网片安放不到位，此时采用冲击方锤对零星锯齿状硬岩残留进行修孔，以使槽段全断面达到设计尺寸成槽要求。

（三）气举反循环清孔

潜孔锤引孔、冲击圆锤及方锤修孔后，采用气举反循环清孔；在气举反循环清孔时，下入另一套孔内泥浆正循环设施，防止岩渣、岩块在槽侧堆积，有效保证清孔效果。

三、工艺特点

（一）成槽速度快

根据施工现场应用，潜孔锤在中风化岩层中单孔每小时可钻进3~4m，在微风化岩层中单孔每小时可钻进1~2m，以入岩16m为例，每天可完成2~3个钻孔，可以实现3~5天完成1幅6m宽800mm厚且入岩深度10~16m的地下连续墙施工，而同等情况，如果全部采用冲孔桩破岩施工，将需要20~30天方可完成入岩施工，因此采用大直径潜孔锤的施工效率得到了显著提高。

（二）质量可靠

采用本工艺施工时间短，槽壁暴露时间相对短，减少了槽壁土体坍塌风险；同时，由于采用综合工艺对槽壁进行处理，潜孔锤桩机钻孔时液压支撑桩机稳定性好，操作平台设垂直度自动调节电子控制，自动纠偏能力强，有效保证钻孔垂直度，能便于地连墙钢筋网片安装顺利；另外，对槽底沉渣采用气举反循环工艺，确保槽底沉渣厚度满足设计要求。

（三）施工成本较低

采用本工艺成槽施工速度快，单机综合效率高，机械施工成本相对较低；由于土体暴露时间短，槽壁稳定，混凝土灌注充盈系数小，并且施工过程中不需采用大量冲桩机使用，机械用电量少。

（四）有利于现场安全文明施工

采用潜孔钻机代替了冲孔桩机，泥浆使用量大大减少，废浆废渣量小，有利于现场总平面布置和文明施工；同时，潜孔锤钻机大大提升了入岩工效，减少了冲孔桩机的使用数量，有利于现场安全管理。

（五）操作安全

潜孔锤作业采用高桩架一径到底，施工过程孔口操作少，空压机系统由专门的人员维护即可满足现场作业，整体操作安全可靠。

四、适用范围

可适用于成槽厚度 ≤ 1 200mm、成槽深度 ≤ 26~30m 的地下连续墙成槽。

适用于抗压强度 ≤ 100MPa 的各类岩层中入岩施工。

五、操作要点

（一）测量定位、修筑导墙

导墙用钢筋混凝土浇筑而成，厚度为 150mm，深度为 1.5m，宽度为 3.0m。导墙顶面高出施工地面 100mm，两侧墙净距中心线与地下连续墙中心线重合。

（二）抓斗成槽至硬岩岩面

成槽机每抓宽度约 2.80m，可在强风化岩层中抓取成槽；6m 宽槽段分三抓完成。挖槽过程中，保持槽内始终充满泥浆，随着挖槽深度的增大，不断向槽内补充优质泥浆，使槽壁保持稳定；抓取出的渣土直接由自卸车装运至场地指定位置，并集中统一外运。

成槽过程中利用泥浆净化器进行浆渣分离，避免槽段内泥砂率过大。

抓斗提离槽段之前，在槽段内上下多次反复抓槽，以保证槽段的厚度满足设计要求，以免潜孔锤钻头无法正常下入至槽底。

（三）定位潜孔锤破岩位置

抓槽深度接近中风化岩面时，在导墙上按200~350mm成孔间距，定位出潜孔锤破岩位置，一幅宽6m的地下连续墙一般采用6个孔。

（四）潜孔锤钻机间隔引孔

先将钻具（潜孔锤钻头、钻杆）提离孔底20~30cm，开动空压机、钻具上方的回转电机，将钻具轻轻放至孔底，开始潜孔锤钻进作业。

潜孔锤施工过程中空压机超大风压将岩渣清出槽底。

采用潜孔锤机室操作平台控制面板进行垂直度自动调节，以控制桩身垂直度。

（五）圆锤冲击破除引孔间硬岩

① 采用冲击圆锤对间隔孔间的硬岩冲击破碎。② 冲击圆锤破岩过程中，采用正循环泥浆循环清孔。③ 破岩完成后，对槽尺寸进行量测，保证成槽深度满足设计要求。

（六）方锤冲击修孔、刷壁

采用冲击方锤对零星锯齿状硬岩残留进行修孔，以使槽段全断面达到设计尺寸成槽要求。

方锤修孔前，准确探明残留硬岩的部位；其次认真检查方锤的尺寸，尤其是方锤的宽度，要求与槽段厚度、旋挖钻孔直径基本保持一致。

方锤冲击修孔时，采用重锤低击，避免方锤冲击硬岩时斜孔。

方锤冲击修孔过程中，采用正循环泥浆循环清孔，修孔完成后对槽尺寸进行量测，以保证修孔到位。

后一期槽段成槽后，在清槽之前，利用特制的刷壁方锤，在前一期槽段的工字钢内及混凝土端头上下来回清刷，直到刷壁器上没有附着物。

（七）钢筋网片制安、灌注混凝土

钢筋网片采用吊车下入。现场吊装采用1台150t、1台80t履带吊车多吊点配合同时起吊，吊离地面后卸下80t吊车吊索，采用150t吊车下放入槽。

在吊放钢筋笼时，对准槽段中心，不碰撞槽壁壁面，以免钢筋网片变形或导致槽壁坍塌；钢筋网片入孔后，控制顶部标高位置，确保满足设计要求。

钢筋网片安放后，及时下入灌注导管，同时灌注。灌注导管下放前，对其进行泌水性试验，确保导管不发生渗漏；导管安装下入密封圈，严格控制底部位置，并设置好灌注平台。

灌注槽段混凝土之前，测定槽内泥浆的指标及沉渣厚度，如沉渣厚度超标，则采用气举反循环进行二次清孔；槽底沉渣厚度达到设计和规范要求后，由监理下达开灌令灌注槽段混凝土。

在水下混凝土灌注过程中，每车混凝土浇筑完毕后，及时测量导管埋深及管外混凝土面高度，并适时提升和拆卸导管；导管底端埋入混凝土面以下一般保持 2~4m，不大于 6m，严禁把导管底端提出混凝土面。

六、质量控制措施

① 严格控制导墙施工质量，重点检查导墙中心轴线、宽度和内侧模板的垂直度，拆模后检查支撑是否及时、正确。② 抓斗成槽时，严格控制垂直度，如发现偏差及时进行纠偏；液压抓斗成槽过程中，选用优质膨润土针对地层确定性能指标配置泥浆，保证护壁效果；抓斗抓取泥土提离导槽后，槽内泥浆面会下降，此时应及时补充泥浆，保证泥浆液面满足护壁要求。③ 认真督促检查成槽过程中的泥浆质量，检测成槽垂直度、宽度、厚度及沉渣厚度是否符合要求。④ 潜孔锤钻孔至中风化或微风化岩面时，报监理工程师、勘察单位岩土工程师确认，以正确鉴别入岩岩性和深度，确保入岩深度满足设计要求；潜孔锤入岩过程中，通过循环始终保持泥浆性能稳定，确保泥浆液面高度，防止因水头损失导致塌孔。⑤ 潜孔锤钻进设计标高及冲击圆锤破碎孔间硬岩后，调用冲桩机配方锤进行槽底残留硬岩修边，将剩余边角岩石清理干净；冲桩过程中，重锤低击，切忌随意加大提升高度，防止卡锤；同时，由于硬岩冲击时间较长，如出现方锤损坏或厚度变小，及时进行修复，防止槽段在硬岩中变窄，使得钢筋网片不能安放到位。⑥ 方锤修孔完成后，采用气举反循环进行清渣，确保槽底沉渣厚度满足要求。⑦ 清孔完成后，对槽段尺寸进行检验，包括槽深、厚度、岩性、沉渣厚度等，各项指标必须满足设计和规范要求。⑧ 钢筋网片制作完成后进行隐蔽工程验收，合格后安放；钢筋网片采用 2 台吊车起吊下槽，下入时注意控制垂直度，防止刮撞槽壁，满足钢筋保护层厚度要求。下放时，注意钢筋笼入槽时方向，并严格检查钢筋笼安装的标高；入槽时用经纬仪和水平仪跟踪测量，确保钢筋笼安装精度；检查符合要求后，将钢筋笼固定在导墙上。⑨ 槽段混凝土采用水下回顶法灌注，采用商品混凝土，设 2 台套灌注管同时灌注；初灌时，灌注量满足埋管要求；灌注过程中，严格控制导管埋深，防止堵管或导管拔出混凝土面；每个槽段按要求制作混凝土试块，严格控制灌注混凝土面高度并超灌 80cm 左右，以确保槽顶混凝土强度满足设计要求。

七、安全措施

① 本工艺潜孔锤钻机由长螺旋钻机改装而成，由于设备重量大高度大，因此，施工前应对工作面进行铺垫厚钢板等方式加固处理，防止施工过程中出现坍塌、作业面沉降等。② 抓斗成槽过程中，注意槽内泥浆性能及泥浆液面高度，避免出现清水浸泡、浆面下降导致槽壁坍塌现象发生。抓斗出槽泥土时，转运的泥头车按规定线路行驶，严格遵守场内交通指挥和规定，确保行驶安全。③ 潜孔锤钻进过程中，加强对导墙稳定的监测和巡视巡查，发现异常情况及时上报处理。④ 在潜孔锤钻机尾部采取堆压砂袋的方式，防止作业过程中设备倾倒。⑤ 钢筋网片一次性制作、一次性吊装，吊装作业成为地连墙施工过程中的重大危险源之一，必须重点监控，并编制吊装安全专项施工方案，经专家评审后实施。同时，检查吊车的性能状况，确保正常操作使用；在吊装过程中，设专门司索工进行吊装指挥，作业半径内人员全部撤离作业现场。⑥ 施工过程中，对连续墙附近的市政、自来水、电力、通信等各种地下管线进行定期监测，并制定保护措施和应急预案，确保管线设施的安全。⑦ 冲击圆锤破岩及方锤修孔时，经常检查钢丝绳使用情况，掌握使用时间和断损情况，发现异常，及时更换，防止断绳造成机械或孔内事故。⑧ 施工过程中，涉及较多的特殊工种，包括：桩机工、吊车司机、泥头车司机、司索工、电工、电焊工等，必须严格做到经培训后持证上岗，施工前做好安全交底，施工过程中做好安全检查，按操作规程施工，保证施工处于受控状态。⑨ 成槽后，必须及时在槽口加盖或设安全标识，防止人员坠入。

第三节　地下连续墙成槽大容量泥浆循环利用施工技术

一、工艺特点

（一）施工现场平面布置适应性好

采用预制泥浆箱储存泥浆，不仅占地面积较小，且避免了现场开挖泥浆池带来的各种安全隐患和开挖给后续施工带来的影响。

泥浆箱之间采用串联连接，能根据施工现场平面尺寸，横向或纵向排列布置。

（二）泥浆质量有保证

若干个预制泥浆箱根据功能的不同划分为待处理泥浆池、泥浆调配池和优质泥浆储存池，各池间由阀门连接。当阀门关闭时，各池保持相对独立，也使得不同性质的泥浆分开保存；当待处理泥浆池与泥浆调配池连通，待处理泥浆进行重新调配；当达到优质泥浆指标时，打开控制阀门，将优质泥浆导入优质泥浆储存池中，这样能有效保持泥浆的优质性能，满足施工要求。

通过对泥浆性能指标的监控，及时对泥浆进行处理和对各项参数进行监测调配，保证对槽段供应泥浆的质量优良，确保良好的泥浆护壁性能。

（三）施工成本低

由于及时对回收泥浆进行各项参数的调配优化，大大降低了泥浆的废弃率。

通过对浆渣进行砂袋填装，节省了机械清理浆渣的费用，降低了施工成本，实现废物利用。

（四）泥浆循环系统具有良好的可操作性和可调节性

① 箱体外壳均用钢板压制成型，外形美观，强度高。② 模块化快速组合设计，适应于不同方量、规格的泥浆需求。③ 完整的泥浆处理设备组合，适应各种复杂成槽钻孔工艺的泥浆处理要求。④ 泥浆循环系统可按工程施工需要进行设计和配置。

二、适用范围

① 适用于深度超过 30m 的地下连续墙大容量泥浆施工工程。② 适用于场地狭窄，施工平面布置紧凑的项目。③ 适用于现场文明施工要求高的项目。④ 适用于地层条件差，对泥浆护壁性能要求高的项目。

三、工艺原理

本装置整体由泥浆制配系统、泥浆存储系统、泥浆循环利用系统三部分组成，形成施工过程中泥浆的制配、存储、利用循环链。其工程原理为：整体装置为单个预制的钢质泥浆箱储备泥浆，根据地下连续墙成槽时所需泥浆量将数个泥浆箱串联连接，动态调节泥浆箱数量，避免了现场大面积开挖泥浆池；采用泥浆制配系统调配好泥浆，送入泥浆箱存储，泵入成槽段使用；灌注墙身混凝土时，回抽的泥浆经专门设置的泥浆净化器对循环泥浆进行浆渣分离，提高了泥浆质量，同时分离出的砂土经装袋后用于下一槽段钢筋笼定位后节头处的回填，节省了砂的外购费用，保证了成槽质量，实现了泥浆循环利用、节材节地、绿色文明施工。

四、工艺操作要点

（一）泥浆箱的制作与安装

1. 泥浆箱的尺寸选择

若单槽槽段泥浆总量为 $200m^3$，现场需配置总容量为 $500m^3$ 的泥浆箱，泥浆箱数量不少于 6 个，则单个泥浆箱体积宜为 $90m^3$，尺寸可选择为：长度 10m，截面尺寸 $3m \times 3m$。

2. 泥浆箱制作

确定单个泥浆箱尺寸后，预定制作原材 10mm 钢板、18a 型槽钢，钢板箱身连接采用二氧化碳气体保护焊焊接，槽钢用于箱身加固。

3. 泥浆箱安装

泥浆箱根据现场平面形状及尺寸排列，单个泥浆箱之间在箱侧底部位置预留法兰盘，通过安装对应尺寸的球阀与其他箱体连接，实现箱体之间选择性的互通。

（二）泥浆循环系统布置

1. 平整场地

为保证泥浆箱之间能较好地连接，堆放场地需进行机械平整，若土层较软，可做适量混凝土硬化处理。

2. 布置泥浆箱

布置时需对各泥浆箱的水平做好控制，以便相互良好连接，若水平无法纠正，则采用软管连接。

采用 6 个泥浆箱，按功能类别分为以下三类：

待处理泥浆存储池：由两个泥浆箱组成，每个泥浆箱一侧安装一台泥浆净化器用于经过泥浆净化器处理后的回流泥浆存储，在该泥浆池存储检验各项性能指标后，流往泥浆调配池进行对应指标调剂。

泥浆调配池：由一个泥浆箱组成，与泥浆调配机及输送管连接，主要对经过泥浆净化处理后的回流泥浆进行重新调配；造浆主要材料膨润土粉经制浆机与水充分搅拌混合成浆，当达到设计所需的性能指标参数时打开连接阀门，将调配好的泥浆短暂存储于新鲜泥浆存储池中。

优质泥浆存储池：用于短暂存储优质泥浆，保证对新鲜、优质泥浆存储池的及时补充。

（三）槽段泥浆回抽

槽段处设置 1~2 台 3PN 泥浆泵，在成槽过程中对槽段内泥浆进行定点取样并进行性能指标检测，若泥浆不能满足护壁要求，需及时回抽泥浆；槽段灌注混凝土时，置换出的泥浆亦采用 3PN 泵回抽。

回抽的泥浆存放在泥浆循环系统中的待处理泥浆存储池中。

（四）槽段回抽泥浆净化处理

泥浆净化原理：槽段内回抽的泥浆输送至泥浆循环系统前，通过总进浆管送入泥浆箱上的泥浆净化装置中，先经过泥浆净化器的振动筛进行粗筛，将粒径在 3mm 以上的渣料分离出来，后经水力旋流器进行细筛，脱水后将较干燥的细渣料分离出来，最终净化后泥浆返回至待处理泥浆箱内。

为满足地下连续墙的施工需求，泥浆净化器分别安装 2 台套，泥浆净化后分离出的废渣主要为粗细颗粒混杂的砂性土。

（五）净化泥浆废渣装袋及循环利用

1. 净化泥浆废渣装袋

经泥浆净化器处理的泥浆分离出的浆渣主要为粗、细粒的砂土，呈颗粒状，性状较松散，含水量较高，现场专门安排人员用编织袋装袋并集中堆放。

2. 净化泥浆废渣循环利用

废渣装袋后可用于槽段钢筋网片工字钢接头两侧回填，以防止灌注时槽身混凝土绕渗，节省了废渣外运的费用和专门购砂用于灌注槽段混凝土时防绕渗的费用。

（六）优质泥浆循环至槽段内护壁

成槽过程中，当泥浆性能不能满足要求时，采用换浆调配槽段内泥浆，即从槽段内回抽泥浆进入待处理泥浆箱内；同时，为满足槽段内孔壁稳定，须从优质泥浆储存箱内及时将同等数量的泥浆泵入槽段内。

五、质量控制

① 严格控制导墙施工质量，重点检查导墙中心轴线、宽度和内侧模板的垂直度，拆模后检查支撑是否及时、正确。② 抓斗成槽时，严格控制垂直度，如发现偏差及时进行纠偏；液压抓斗成槽过程中选用优质膨润土针对地层确定性能指标配制泥浆，保证护壁效果。③ 抓斗抓取泥土提离导槽后，槽内泥浆面会下降，此时应及时从泥浆系统中回抽优质泥浆补充，保证泥浆液面满足护壁要求。④ 严格按施工要求配制泥浆，认真督促检查成槽过程中的泥浆质量，检测成槽垂直度、宽度、厚度及沉渣厚度是否符合要求。⑤ 为提高泥浆指标及性能，采用泥浆净化器对槽段内回抽泥浆进行净化分离处理。⑥ 置入槽段钢筋网片后，在钢筋网片工字钢接头两侧下入泥浆净化处理后的砂袋，

并予以密实，以防止槽段灌注混凝土时绕渗而影响相邻槽段成槽施工。⑦ 在灌注槽身混凝土前，保持泥浆比重 1.05~1.15，确保槽段稳定。⑧ 灌注混凝土时，上返的泥浆应及时回抽至泥浆系统进行待处理。

六、安全措施

① 施工现场所有机械设备（吊车、泥浆净化器、3PN 泵）的操作人员必须经过专业培训，熟练掌握机械操作性能，经专业管理部门考核取得操作证后方可上机操作。② 机械设备操作人员和指挥人员严格遵守安全操作技术规程，工作时集中精力，谨慎工作，不擅离职守，严禁酒后操作。③ 现场吊车起吊作业时，派专门的司索工指挥吊装作业，无关人员撤离影响半径范围。④ 现场工作面需进行平整压实，防止泥浆箱储存泥浆后承重下陷。⑤ 安装在泥浆箱顶部位置的泥浆净化器、3PN 泵应固定，防止松动坠落。⑥ 泥浆箱上作业平台应设置安全防护栏，防止人员坠落。⑦ 地面应设置多处上下楼梯，以方便人员上下泥浆箱操作，并设置安全扶手。⑧ 夜间作业，泥浆箱平台应设置足够的照明设施。

第四节　地下连续墙超深硬岩成槽综合施工技术

一、工艺特点

（一）破岩效率高

本工艺岩石破碎分两步进行：先是利用小型潜孔锤钻机进尺效率高和施工硬质斜岩时垂直度好的特点，对坚硬岩体进行预先引孔，使岩体"蜂窝化"，降低岩石的整体强度；再采用冲孔桩机冲击破岩，进尺效率提升 5~8 倍，降低了焊锤修锤的劳力和材料损耗，减少回填块石纠偏纠斜，大大提高了工作效率。

（二）利用改进液压抓斗修槽质量好

本工艺通过对传统液压抓斗进行改进，卸除液压抓斗原有的抓土结构，重新制作截齿板和新增定位垫块，通过液压装置使抓斗进行密闭张合，充分发挥出截齿对槽壁残留齿边的破除和抓取，确保了修槽满足设计要求。

（三）现有设备利用率高

本工艺针对地下连续墙超深硬岩成槽传统施工工艺中液压抓斗在抓取上部土层后设

备长期闲置的现象,提出改进液压抓斗,保持设备持续投入后期修槽,提高设备的利用率。

（四）无须更新大型施工设备

本工艺通过充分利用小型潜孔锤钻机,改进液压抓斗等施工设备的优点,实现了快速破岩的施工效果,无须更新高成本的旋挖机硬岩取芯或双轮铁破岩等大型施工设备。

（五）综合施工成本低

本工艺相比传统冲孔桩机直接冲击破岩成槽的施工工艺,大大缩短了成槽时间,进一步地减少了成槽施工配套作业时间和大型吊车等机械设备的成本费用;相比大型旋挖机、大直径潜孔锤破岩成槽的施工工艺,在成槽施工成本上体现了显著的经济效益。

二、适用范围

① 适用于成槽入硬岩或硬质斜岩深度超 5m 的地下连续墙成槽施工;硬岩是指单轴抗压强度大于 30MPa 的岩体,斜岩指岩层层面与水平面夹角大于 25° 的岩体。② 适用于工期紧的地下连续墙硬岩成槽施工项目。

三、工艺原理

本工艺包括槽底岩石的预先引孔、冲击锤岩体破碎成槽、改进后的液压抓斗修槽等关键技术。

（一）岩石破碎机理

1. 预先引孔

本工艺利用潜孔锤钻机在硬岩中进尺速率高、垂直度好的优势和特点,再采用定位导向板来确定孔位间的平面布置,对拟破碎的岩体进行预钻直径为 110mm 的小直径钻孔,使岩体"蜂窝化",降低岩石的整体强度。

2. 硬岩冲击破碎

槽底硬岩在预引孔后,利用冲孔桩机冲击重锤自由下落的冲击能破碎岩体,因岩体已呈"蜂窝"状,在"蜂窝"处容易出现应力集中,硬岩整体强度被大幅度缩减,达到快速破岩的效果。

3. 斜岩冲击破碎

如槽底岩石为斜岩面时,则采取回填硬质块石找平槽底面后,利用冲锤自由下落的冲击能破碎岩体;冲击时,应控制好冲锤落锤放绳高度;修孔时,需反复回填、冲击,直至槽底硬岩全断面入岩深度满足设计要求。

（二）抓斗修槽

1. 改进液压抓斗

为更好地发挥抓斗的能力，本工艺采用专门研发的改进液压抓斗，在抓斗四周镶嵌硬合金截齿，提升抓斗破除槽壁的残留岩体齿边的能力，达到快速修槽的效果。

2. 液压抓斗修槽

本工艺液压抓斗完成修槽主要是依靠原有液压抓斗上定位导向板和新加的定位垫块对抓斗进行导向定位，再通过液压装置使液压抓斗进行张合，在抓斗张合的过程中，镶嵌在抓斗上的截齿对槽壁的残留齿边岩体进行破除和抓取。

四、操作要点

（一）潜孔锤预先引孔

按照孔位设计布置图制作定位导向板，将其固定在作业面上，采用小型潜孔锤钻机预设套管定位，确保孔位的空间位置。

若在完成岩体上部土层抓取后再进行预先引孔，需在定位导向板下方设置2~3m的导向筒对套管预设进行导向，导向筒与导向板之间采用焊接连接，套管直径比导向筒直径小20~50mm，防止套管上部因槽中泥浆紊流引起的晃动，对套管定位起到保护作用，确保预设套管的垂直度。

（二）冲击破碎

在预先引孔完成后，应先采用液压抓斗对岩体上部土层进行抓取，再投入冲孔桩机开始岩体冲击破碎。正式冲击破碎前，还应提前完成冲击主、副孔位置的布置，并在导墙上做好标记，以便桩机就位准备，保证冲击效率。

如槽底硬岩为斜岩时，则先向槽中对应位置回填适量块石找平，再采用冲锤低锤重击，开始进行冲击破碎工作。有必要时，采用反复回填、冲击，直至入槽满足设计要求。

（三）液压抓斗改进

1. 改装液压抓斗的抓取结构

将液压抓斗原有的抓土结构卸除，重新制作新的抓取结构。

以4cm钢板作为截齿镶嵌胎体，镶嵌角度选择36°，制作6个液压抓斗与槽壁或岩石接触边缘长度对应的抓齿板。

2. 增设定位平衡垫块

本工艺为确保修槽质量，在液压抓斗上增设定位垫块，使之与液压抓斗上部原有的双方向（X方向：平行于地下连续墙轴线方向；Y方向：垂直于地下连续墙轴线方向）定位导向板协同工作，调整液压抓斗在槽中的空间位置。

将制作完成的抓齿板焊接在与之对应的抓斗边缘上，将两个相邻的抓齿板处于同一平面，以确保最优的修槽效果。

3.抓斗修槽

在冲孔桩机冲击破岩至设计槽底标高后，采用改进后的新型液压抓斗进行修槽，对槽壁残留齿边岩体进行破除和抓取。

五、质量控制措施

① 严格控制引孔施工质量，重点检查导向板位置定位，确保施工时无较大位移；预设套管时，应严格控制下钻速度；若遇土层较厚时，应在导向板下方设置相应长度的导向筒。② 预先引孔时，严格控制垂直度，在钻进岩石硬度变化接触面时，应适当减小钻压；在钻进过程中，若发现偏差应及时采取相应措施进行纠偏。③ 引孔完成施工后，需对孔中泥浆进行简易除砂处理，保证后序冲孔桩机冲击破岩的效率。④ 冲孔桩机冲击破岩时，需根据冲孔位置校正冲孔桩机位置，注意协调各冲孔间的位置关系；在冲击过程中，若遇斜岩时，因采取"低锤重击"的方式冲击，采取措施后效果仍不理想时，应回填适量块石对该斜岩面进行冲击破碎。⑤ 改进抓斗修槽时，在对槽壁岩体进行破除后，应对孔中残留岩体进行抓取后再将抓斗提起。⑥ 为保证成槽尺寸符合设计要求和钢筋网片吊装顺利，在加焊定位垫块时，需注意抓斗斗体的外形尺寸符合地下连续墙设计墙厚。⑦ 在抓斗修槽过程中应随时观察成槽机可视化数字显示屏，分析和了解液压抓斗在槽中的空间位置，及时通过液压抓斗上的定位导向板可选择性双方向顶推进行液压抓斗的位置调整，以确保修槽质量。⑧ 在液压抓斗修槽完成和抓取孔底岩块后，为保证最终成槽质量，应进行清孔，调整槽中泥浆指标符合混凝土灌注标准。

六、安全措施

① 施工现场所有机械设备（吊车、泥浆净化器、3PN泵）操作人员必须经过专业培训，熟练掌握机械操作性能，经专业管理部门考核取得操作证后方可上机操作。② 机械设备操作人员和指挥人员严格遵守安全操作技术规程，工作时集中精力，谨慎工作，不擅离职守，严禁酒后操作。③ 现场吊车起吊作业时，派专门的司索工指挥吊装作业，无关人员撤离影响半径范围。④ 夜间作业，预先引孔施工处应设置足够的照明设施。⑤ 机械设备发生故障后及时检修，严禁带故障运行和违规操作，杜绝机械事故。⑥ 施工现场操作人员登高作业，要求现场操作人员做好个人安全防护，系好安全带；电焊、氧焊特种人员佩戴专门的防护用具（如防护罩）。⑦ 制作抓齿板和增设定位垫块时焊

接应由专业电焊工操作，正确佩戴安全防护罩。⑧ 在进潜孔锤引孔时，应注意钻机作业平台有无坑洞，更换和拆卸钻具时，前后台工作人员应做好沟通，切勿单人操作。⑨ 在日常安全巡查时，应对冲孔桩机钢丝绳以及用电回路进行重点检查。⑩ 在冲击过程中，若遇冲锤憋卡现象，切勿使用冲孔桩机提升卷扬强行起拔。

第六章　大直径潜孔锤应用新技术

第一节　大直径潜孔锤全护筒跟管钻孔灌注桩施工技术

一、工艺特点

（一）成孔速度快

潜孔锤破岩效率高是业内的共识，大直径潜孔锤全断面能一次钻进到位；超大风压使得破碎的岩渣，一次性直接吹出孔外，减少了孔内岩渣的重复破碎，加快了成孔速度；全护筒跟进，使得孔内事故极大地减少，避免了冲击钻成孔过程中常见的诸如卡锤、掉锤、塌孔、漏浆等事故。冲击钻在正常情况下，20~25天成桩1根；回转或旋挖钻机，在有大量石块的情况下，成孔效率极低甚至无法成孔；潜孔锤全护筒跟进工法可实现1天成桩2根的效率，成桩速度是冲击钻或其他常规手段的30倍及以上。

（二）质量有保证

表现为以下几个方面：① 成孔孔型规则，避免了冲击成孔过程中的钻孔孔径随地层的变化或扩径或缩径情况的发生。② 桩芯混凝土密实度较高。③ 不需要泥浆护壁，避免了混凝土的浇筑过程中的夹泥通病。④ 钢筋笼沿着光滑的护筒内壁，可顺利地下入孔底，不会出现钢筋笼难下的状况，钢筋笼的保护层更容易得到保证，桩的耐久性也得到保证。⑤ 冲击成孔往往受夹层或操作人员责任心不强的影响，持力层往往容易误判；采用潜孔锤跟管工工艺后，钻硬岩或完整岩石不再是问题，桩端入岩情况可凭返回孔口的岩屑精准判断，桩的承载力和持力层得到很好的保证。

（三）施工成本相对低

相比较于冲击、回转等其他方式成孔，表现在：① 施工速度快，单机综合效率高。② 事故成本低，本工法的事故一般表现为地表的机械故障和组织协调问题，孔内事故极少。③ 潜孔锤钻进时凭借超大风压直接吹出岩渣，岩渣在孔口护筒附近堆积，呈颗粒状，可直接装车外运，避免了冲击成孔大量泥浆制作、处理等费用；同时，钻孔施工不需要施工用水，可节省用水费用。④ 混凝土超灌量少，冲击成孔在这样的地层中的充盈系数平均为 2.5~3.0，而本工法的充盈系数平均一般在 1.3~1.5。

（四）场地清洁、现场管理简化

潜孔锤跟管工法不使用泥浆，现场不再泥泞，场地更清洁，现场施工环境得到极大的改善。

缺少了泥浆的应用，减少了如泥浆的制作、外运等日常的管理工作，现场临时道路、设备摆放可变得更加有序，相应的管理环节得到极大简化。

（五）本工法的不可替代性

由于大量的地下障碍物的存在，往往许多常规手段如回转钻进、旋挖等无法实现成孔，而冲击成孔效率低、成本高。因此，本工法具有其他手段无法替代的优越性。

二、适用范围

① 适用于地层中存在大量的破碎岩石、卵砾石、建筑垃圾及地下水丰富、软硬互层较多的复杂地层的灌注桩工程。② 适用于钻孔直径 $\varphi300\sim800\mathrm{mm}$，成孔深度 $\leqslant 50\mathrm{m}$。③ 适用于在其孔径范围内的普通地层的灌注桩工程。

三、工艺原理

潜孔锤是以压缩空气作为动力，压缩空气由空气压缩机提供，经钻机、钻杆进入潜孔冲击器，推动潜孔锤工作，利用潜孔锤对钻头的往复冲击作用，来达到破岩的目的，被破碎的岩屑随潜孔锤工作后排出的废气携带到地表。由于冲击频率高（可达到 60Hz），低冲程，破碎的岩屑颗粒小，便于压缩空气携带，孔底清洁，岩屑在钻杆与套管间隙的上升过程中不容易形成堵塞，整体工作效率高。

跟管钻具工作时由钻机提供回转扭矩及给进动力，钻头采用可伸缩冲击块的钻头，可确保钻头自由进出套管，同时在轴向力的作用下，其冲击块能沿事先设置好的滑动面向外冲击破碎岩石，从而提供套管跟进的空间。套管及时跟进，保护了钻孔，隔开了地层，尤其是避免了不良地层对钻孔的影响，后续作业在套管中进行，对成桩作业的质量起到了很好的保护作用。

通过钻头与护筒、冲击器与护筒等钻具的合理组合，利用大直径潜孔锤冲击器穿透硬岩的能力和全护筒跟管钻进对钻孔的防护能力，采取超大风压破岩及清孔，合理设计钻进工艺参数，实现对钻孔形成过程中的钻进、护孔、钢筋笼制安、灌注等工序全方位的控制，进而高速、安全地在含有深厚填石、硬岩等复杂地层情况下完成钻孔灌注桩。

（一）大直径潜孔锤破岩

本技术选用与桩孔直径相匹配的大直径潜孔锤，一径到底，一次性完成成孔。大直径潜孔锤的冲击器是在高压空气带动下对岩石进行直接冲击破碎，其冲击特点是冲击频率高、冲程低，冲击器在破岩时，可以将钻头所遇的物体，特别是硬物体进行粉碎，破岩效率高；破碎的岩渣在超高压气流的作用下，沿潜孔锤钻杆与护筒间的空隙被直接吹送至地面。为保证岩屑上返地面的顺利，在钻杆四周侧壁沿通道方向上设置分隔条，人为地制造上返风道，使岩屑不至于在钻杆与护筒的环状空隙中堆积，有利于降低地面空压机的动力损耗，进而实现高速成孔。

（二）全护筒跟管钻进

潜孔锤在护筒内成孔，在超高压、超大气量的作用下，潜孔锤的牙轮齿头可外扩超出护筒直径，使得护筒在潜孔锤破岩成孔过程中，钻头向下钻进，护筒也随之深入，及时隔断不良地层，使钻孔之后的各工序可在护筒的保护下完成，避免了地下水、分布于地层各层中的块石、卵砾石、建筑垃圾以及淤泥等对成桩不同阶段的影响，使得成桩的各阶段的质量、安全都有保证。

（三）安放钢筋笼、灌注导管、水下灌注混凝土成桩

钻孔至要求的深度后，将制作好的钢筋笼放入孔中，再下入灌注导管，采用水下回顶法灌注混凝土至孔口，随即利用装有专门夹持器的振动锤，逐节振拔护筒，在振拔过程中桩内的混凝土面会随着振动和护筒的拔出而下降，此时及时补充相应体量的混凝土，如此反复至护筒全部拔出，完成成桩。

四、操作要点

（一）桩位测量、桩机就位

① 钻孔作业前，按设计要求将钻孔孔位放出，打入短钢筋设立明显的标志，并保护好。② 桩机移位前，事先将场地进行平整、压实。③ 利用桩机的液压系统、行走机构移动钻机至钻孔位置，校核准确后对钻机进行定位。④ 桩机移位过程中，派专人指挥；定位完成后，锁定机架，固定好钻机。

（二）护筒及潜孔锤钻具安装

用吊车分别将护筒和钻具吊至孔位，调整桩架位置，确保钻机电机中轴线、护筒中心点、潜孔锤中心点"三点一线"。

护筒安放过程中，其垂直度可采用测量仪器控制，也可利用相互垂直的两个方向吊

垂直线的方式校正。

潜孔锤吊放前，进行表面清理，防止风口被堵塞。

（三）潜孔锤钻进及全护筒跟管

开钻前，对桩位、护筒垂直度进行检验，合格后即可开始钻进作业。

先将钻具（潜孔锤钻头、钻杆）提离孔底 20~30cm，开动空压机、钻具上方的回转电机，待护筒口出风时，将钻具轻轻放至孔底，开始潜孔锤钻进作业。

潜孔锤启动后，其底部的四个均布的牙轮钻齿外扩并超出护筒直径，随着破碎的渣土或岩屑吹出孔外，护筒紧随潜孔锤跟管下沉，进行有效护壁。

钻进过程中，从护筒与钻具之间间隙返出大量钻渣，并堆积在孔口附近；当堆积一定高度时，及时进行清理。

（四）潜孔锤钻杆加长、护筒接长

（1）当潜孔锤持续破岩钻进、护筒跟管下沉至距孔口约 1.0m 左右时，需将钻杆和护筒接长。

（2）将主机与潜孔锤钻杆分离，钻机稍稍让出孔口，先将钻杆接长；钻杆接头采用六方键槽套接，当上下二节钻杆套接到位后，再插入定位销固定。接钻杆时，控制钻杆长度始终高出护筒顶。

（3）钻杆接长后，然后将下一节护筒吊起置于已接长的钻杆外的前一节护筒处，对接平齐，将上下两节护筒焊接好，并加焊加强块。焊接时，采用二人二台电焊机同时作业，以缩短焊接时间。

（4）由于护筒在拔出时采用人工手动切割操作，切割面凹凸不平，使得护筒再次使用时无法满足护筒同心度要求；因此，护筒在接长作业前，需对接长的护筒接口采用专用的管道切割机进行自动切割处理，以确保其坡口的圆整度。

（5）护筒孔口焊接时，采用两个方向吊垂直线控制护筒的垂直度。

（6）当接长的护筒再次下沉至孔口附近时，重复加钻杆、接护筒作业；如此反复接长、钻进至要求的钻孔深度。

（五）钻进至设计入岩深度、终孔

（1）钻孔钻至要求的深度后，即可终止钻进。

（2）终孔前，需严格判定入岩岩性和入岩深度，以确保桩端持力层满足设计要求。

（3）终孔时，要不断观测孔口上返岩渣、岩屑性状，参考场地钻孔勘探孔资料，进行综合判断，并报监理工程师确认。

（4）终孔后，将潜孔锤提出孔外，桩机可移出孔位施工下一根孔。

（5）终孔后，用测绳从护筒内测定钻孔深度，以便钢筋笼加工等作业开展。

（六）钢筋笼制安

（1）钢筋笼按终孔后测量的数据制作，一般钢筋笼长在 30m 以下时，按一节制作，安放时一次性由履带吊吊装就位，以减少工序的等待时间。

（2）由于钢筋笼偏长，在起吊时采用专用吊钩多点起吊。

（3）由于起吊高度大，钢筋笼加工时采取临时加固措施，防止钢筋笼起吊时散脱。

（4）钢筋笼底部制作成楔尖形，以方便下入孔内；钢筋笼顶部制作成外扩型，以方便笼体定位，确保钢筋混凝土保护层厚度。

（七）水下灌注导管安放

（1）混凝土灌注采用水下导管回顶灌注法，导管管径 φ200mm，壁厚 4mm。

（2）导管首次使用前经水密性检验，连接时对螺纹进行清理、并安装密封圈。

（3）灌注导管底部保持距桩端 30cm 左右。

（4）导管安装好后，在其上安装接料斗，在漏斗底口安放灌注塞。

（八）水下混凝土灌注

（1）混凝土的配合比按常规水下混凝土要求配制，坍落度为 180~220mm。混凝土到场后，对其坍落度、配合比、强度等指标逐一检查。

（2）灌注方式根据现场条件，可采用混凝土罐车出料口直接下料，或采用灌注斗吊灌。

（3）在灌注过程中，及时拆卸灌注导管，保持导管埋置深度一般控制在 2~4m，最大不大于 6m。

（4）在灌注混凝土过程中，不时上下提动料斗和导管，以便管内混凝土能顺利下入孔内。

（5）灌注混凝土至孔口并超灌 1.5m 后，及时拔出灌注导管。

（6）在混凝土灌注时，要将混凝土面灌至与套管口平齐，并使最上部的最初的存水和混凝土浮浆溢出套管，确保露出的混凝土面为新鲜混凝土，为后继的混凝土补灌提供良好的胶结条件。

（九）振动锤起拔护筒、护筒切割

（1）护筒起拔用中型或大型的振动器，配套相应的夹持器。由于激振力和负荷较大，根据护筒埋深选择 50~80t 的履带吊将振动锤吊起，对护筒进行起拔作业。

（2）振动锤型号根据护筒长度，选择激振力 20~50t 范围的振动锤作业。

（3）振动锤起拔护筒焊接接口至孔口 1.0m 左右时，停止振拔，随即进行护筒切割割管。

（4）护筒割管位置一般在原接长焊接部位，用氧炔焰切割。

（5）护筒切割完成后，观察护筒内混凝土面位置。因为随着护筒的拔出及振动，会使桩身混凝土密实；同时，底部护筒上拔后，混凝土会向填石四周扩渗，造成护筒内混凝土面下降。此时，需及时向护筒内补充相应体量的混凝土。护筒在拔出前，筒内混凝土还未初凝，且无地下水进入，补充混凝土直接从护筒顶灌入即可。

（6）重复以上操作，直到拔出最后一节护筒。

五、质量控制

（1）施工前，根据所提供的场地现状及建筑场地岩土工程勘察报告，有针对性地编制施工组织设计（方案），报监理、业主审批后用于指导现场施工。

（2）基准轴线的控制点和水准点设在不受施工影响的位置，经复核后妥善保护；桩位测量由专业测量工程师操作，并做好复核，桩位定位后报监理工程师验收。

（3）潜孔锤桩机设备底座尺寸较大，桩机就位后，必须始终保持平稳，确保在施工过程中不发生倾斜和偏移，以保证桩孔垂直度满足设计要求。

（4）成孔过程中，如出现实际地层与所描述地层不一致时，及时与设计部门沟通，共同提出相应的解决方案；入持力层和终孔时，准确判断岩性，并报监理工程师复核和验收。

（5）护筒下沉对接时，采用两个方向吊垂线控制护筒垂直度。

（6）钢筋笼隐蔽验收前，报监理工程师验收，合格后方可用于现场施工。

（7）搬运和吊装钢筋笼时，防止变形，安放对准孔位，避免碰撞孔壁，自由落下就位后立即固定。

（8）商品混凝土的水泥、砂、石和钢筋等原材料及其制品的质检报告齐全，钢筋进行可焊性试验，合格后用于制作。

（9）检查成孔质量合格后，尽快灌注混凝土；灌注导管在使用前，进行水密性检验，合格后方可使用；灌注过程中，严禁将导管提离混凝土面，埋管深度控制在 2~6m；起拔导管时，不得将钢筋笼提动。

（10）起拔护筒切割护筒过程中，注意观测孔内混凝土面的位置，及时补充灌注混凝土，确保桩身混凝土量。

（11）灌注混凝土过程中，派专人做好灌注记录，并按规定留取一组三块混凝土试件，按规定进行养护。

（12）灌注混凝土至桩顶设计标高时，超灌 150cm，以确保桩顶混凝土强度满足设计要求。

（13）灌注混凝土全过程，监理工程师旁站监督，保证混凝土灌注质量。

六、安全措施

（1）机械设备操作人员必须经过专业培训，熟悉机械操作性能，经专业管理部门考核取得操作证后方可上机操作。

（2）潜孔锤机械设备操作人员和指挥人员严格遵守安全操作技术规程，工作时集中精力，谨慎工作，不擅离职守，严禁酒后操作。

（3）作业前，检查机具的紧固性，不得在螺栓松动或缺失状态下启动；作业中，保持钻机液压系统处于良好的润滑。

（4）当钻机移位时，施工作业面保持基本平整，设专人在现场统一指挥，无关人员撤离作业现场，避免发生桩机倾倒伤人事故。

（5）空压机管路中的接头，采用专门的连接装置，并将所要连接的气管（或设备）用专用管箍相连，以防冲脱摆动伤人。

（6）机械设备发生故障后及时检修，严禁带故障运行和违规操作，杜绝机械事故。

（7）钻杆接长、护筒焊接时，需要操作人员登高作业，要求现场操作人员做好个人安全防护，系好安全带；电焊、氧焊特种人员佩戴专门的防护用具（如防护罩）。

（8）潜孔锤作业时，孔口岩屑、岩渣扩散范围大，孔口清理人员佩戴防护镜和防护罩，防止孔内吹出岩屑伤害眼睛和皮肤。

（9）钢筋笼的吊装设专人指挥，吊点设置合理；钢筋笼移动过程中，起重机旋转范围内不得站人。

（10）氧气、乙炔瓶的摆放要分开放置，切割作业由持证专业人员进行。

（11）现场用电由专业电工操作，持证上岗；电器必须严格接地、接零和使用漏电保护器。现场用电电缆架空 2.0m 以上，严禁拖地和埋压土中，电缆、电线必须有防磨损、防潮、防断等保护措施；电工有权制止违反用电安全的行为，严禁违章指挥和违章作业。

（12）施工现场所有设备、设施、安全装置、工具配件以及个人劳动保护用品必须经常检查，确保完好和使用安全。

（13）对已施工完成的钻孔，采用孔口覆盖、回填泥土等方式进行防护，防止人员落入孔洞受伤。

（14）暴雨时，停止现场施工；台风来临时，做好现场安全防护措施，将桩架固定或放下，确保现场安全。

第二节　灌注桩潜孔锤全护筒跟管管靴技术

一、潜孔锤全护筒跟管钻进出现的问题

目前，大直径潜孔锤全护筒跟管钻进成孔技术已广泛应用于复杂地层钻孔灌注桩工程中，其破岩速度快、护壁效果好、成桩质量有保证。

全护筒套设在潜孔锤的外周，潜孔锤在钻进时，潜孔锤的钻头采用平底全断面可伸缩钻头，钻头在有压工作状态时，其底部设置的 4 个滑动块在压力和冲击器的作用下向外滑出，随着潜孔锤钻头对岩（土）层的破碎，并将破碎的岩屑吹出孔外，全护筒依靠自身的重力随着潜孔锤跟管下沉，从而实现全护筒跟管钻进，保证钻进过程中，对钻孔进行有效护壁。

实际施工过程中，当桩孔土层均质时，全护筒可以依靠自身重力跟进潜孔锤，顺利实现跟管钻进成孔。但是，当潜孔锤在钻孔过程中遇到不均质地层，以及孔内局部孤石、填石、硬质夹层等地层时，实际施工会遇到许多障碍，主要表现在：

（一）全护筒下沉受阻，出现塌孔现象

在潜孔锤钻进成孔的过程中，由于受到不均质地层的影响，全护筒在下沉过程中受到的阻力不均，会出现与潜孔锤的钻进不同步，这会导致全护筒下沉受阻，甚至卡住无法下沉的现象，从而不能对钻孔进行有效护壁，同时钻孔会出现塌孔的现象，对潜孔锤钻进成孔形成重重困难。

（二）施工质量难以满足设计要求

由于钻孔难以形成有效护壁，并出现塌孔现象，浇筑混凝土会出现缩径或断桩现象。更为严重的问题是，受塌孔影响造成的孔底碎石堆积，不能保证清孔效果，抽芯结果显示孔底沉渣难以满足规范和设计要求。

（三）施工综合效率慢、成本高

由于钻孔难以形成有效护壁，并出现塌孔现象，需潜孔锤反复对塌孔位置钻进清孔，以确保钢护筒与潜孔锤钻进深度保持一致。为满足设计要求，施工时，当遇到此类情况时，需要采用振动锤配合沉入护筒。采用潜孔锤钻进与振动锤沉入护筒配合作业，虽能满足全护筒跟管需求。但降低了潜孔锤机械综合施工效率，也给现场机械配置提出更高的要求，这会造成施工综合成本高，现场施工面临成本剧增、难以维持的被动局面。

因此，在潜孔锤全护筒跟管钻进施工中，如何探寻一种可靠、安全、可行、快捷的

全护筒跟管施工方案，既达到节省工程建设资金，又降低施工成本和加快施工效率，成为本科研项目的重要任务，其研究成果将具有广泛的使用价值和指导意义。

二、潜孔锤全护筒跟管管靴技术

在现场潜孔锤全护筒跟管施工出现不利的状况下，针对该场地的工程地质特征和桩基设计要求，现场开展了大直径潜孔锤全护筒跟管管靴结构的研究和试验。新的跟管结构包括连接于护筒下端的环体，环体延伸至全护筒的内部，焊接于全护筒，形成凸出结构。环体置于潜孔锤钻头外周，并且形成的凸出结构与钻头的凹陷结构配合。当潜孔锤往下钻进时，在潜孔锤钻头本身的凹陷结构与护筒的凸出结构相互配合下，即使全护筒受到阻力，也不会脱离潜孔锤，并且与潜孔锤保持同步下沉，从而对潜孔锤的钻孔实现有效护壁，避免出现塌孔现象，保证有效成孔。

三、工艺原理

潜孔锤全护筒跟管钻进的关键工艺在于潜孔锤破岩钻进技术，以及潜孔锤与钢护筒之间钻进和同步沉入技术，本次研究重点在于实现潜孔锤钻进过程中，如何保持钢护筒的同步下沉，以达到对孔壁的稳定和保护。

（一）全护筒跟管钻进工作原理

全护筒跟管钻进的工作原理是通过建立跟管结构，即通过潜孔锤锤头设置、全护筒跟管钻进管靴结构设计，使潜孔锤钻进过程中保持与钢护筒的有效接触，保持钢护筒不会脱离潜孔锤，始终与潜孔锤保持同步下沉，从而对潜孔锤的钻孔实现有效护壁，避免出现塌孔现象且便于潜孔锤钻孔。

（二）跟管结构

管靴的环体整个置于全护筒底部，嵌于全护筒的内表面，管靴环体在护筒底部内环形成凸出结构，此凸出结构将与潜孔锤体接触，形成跟管结构的一部分；管靴环体与钢护筒接触的外环面，即管靴环体与护筒形成的坡口采用焊接工艺，将管靴环体与护筒结合成一体。

四、管靴结构与潜孔锤钻头的连接及使用

当全护筒套设在潜孔锤的外周后，管靴环体置于钻头外周，其形成的凸出结构与钻头的凹陷结构配合。当潜孔锤全护筒跟管钻进时，在凸出结构与凹陷结构的配合下，使全护筒与潜孔锤体接触，其不会脱离潜孔锤，而是始终保持与潜孔锤保持同步下沉。

五、工艺特点

（一）施工效率高

该工艺解决了深厚填石层全护筒跟管难题，全护筒保持与潜孔锤同步下沉，使得孔内保持稳定，免去潜孔锤重复钻进和振动锤辅助下沉护筒的时间，加快成孔施工进度，潜孔锤全护筒跟进工法可实现1天成桩2根的效率。成桩速度是冲击钻或其他常规手段的30倍以上。

（二）质量有保证

成孔孔型规则，潜孔锤的钻孔实现有效护壁，避免出现塌孔以及扩径或缩径情况的发生，保证成桩质量。

（三）施工成本相对低

本技术采用全护筒跟管钻进，避免采用振动锤沉入护筒，节省了成孔时间，减少了机械配置和使用，压缩了生产直接成本，降低了施工费用，经济效益显著。

（四）本技术的不可替代性

由于大量地下障碍物的存在，往往许多常规手段难以实现跟管钻进，成孔效率低、成本高，因此，本技术具有其他手段无法替代的优越性。

六、适用范围

① 适用于地层中存在大量的破碎岩石、卵砾石、建筑垃圾及地下水丰富、软硬交互层、硬质岩层的钻孔灌注桩工程。② 钻孔直径φ300~1 200mm，护筒跟管深度≤ 50m。

七、操作要点

（一）管靴制作

① 管靴根据桩径、钻头型号进行设计；② 管靴根据设计图，在钢结构工厂内进行加工。

（二）施工准备

根据工程的要求及材料质量的具体情况对管靴进行复验，经复验鉴定合格的材料方准正式入库，并做出复验标记，不合格材料清除现场，避免误用。

使用前对管靴进行检查和清理，保证正常使用。

（三）管靴与全护筒焊接

与管靴连接的护筒，在进行焊接连接前，护筒的同心度对护筒的切割面和坡口方面的要求高。护筒在切割起吊后，需对切割口进行坡口处理。实际施工过程中采用专用的管道切割机，自动对护筒接口进行切割处理，确保护筒口平顺圆正，以保证管靴与护筒处于同一个同心圆。切割形成的坡口，可保证坡口焊接时的焊缝填埋饱满，有利于保证焊接质量。

清除焊接坡口、周边的防锈漆和杂物，焊接口预热。

管靴插入护筒内，在护筒的两侧对称处同时焊接，以减少焊接变形和残余应力；对焊接位置进行清理，保证干净、平整。

（四）护筒及潜孔锤钻具安装

潜孔锤吊放前，进行表面清理，保证管靴结构可以与钻头连接。

潜孔锤吊放到管靴位置后，检查管靴结构和钻头的凸凹结构是否连接。

（五）潜孔锤钻进及全护筒跟管

潜孔锤启动后，其底部的四个均布的牙轮钻齿外扩并超出护筒直径，全护筒通过管靴结构与潜孔锤相互连接，紧随潜孔锤跟管下沉，进行有效护壁。

第三节　灌注桩潜孔锤钻头耐磨器跟管钻进技术

一、潜孔锤钻头耐磨器跟管钻进工艺原理

本技术关键工艺在于潜孔锤破岩钻进技术，以及潜孔锤钻头耐磨器与钢护筒之间钻进和同步沉入技术，本次研究重点在于实现潜孔锤钻进过程中，如何使潜孔锤钻头保持和钢护筒的同步下沉，以达到对孔壁的稳定和保护。

（一）潜孔锤破岩原理

潜孔锤是以压缩空气作为动力，压缩空气由空气压缩机提供，经钻机、钻杆进入潜孔冲击器，推动潜孔锤工作，利用潜孔锤钻头的往复冲击作用，来达到破岩的目的，被破碎的岩屑随潜孔锤工作后排出的空气携带到地表。潜孔锤冲击特点是冲击频率高（可达到 60Hz），冲程低，破碎的岩屑颗粒小，便于压缩空气携带，岩屑在钻杆与套管的

间隙中上升过程不容易形成堵塞，这使孔底清洁整体工作效率高。

（二）全护筒跟管钻进工作原理

全护筒跟管钻进的工作原理是通过建立跟管结构，即通过潜孔锤锤头改造、全护筒跟管钻进管靴结构设计，使潜孔锤钻进过程中保持与钢护筒的有效接触，保持钢护筒不会脱离潜孔锤，始终与潜孔锤保持同步下沉，从而对潜孔锤的钻孔实现有效护壁，避免出现塌孔现象，且便于潜孔锤钻孔。

（三）钻头耐磨环槽和耐磨器

为了解决潜孔锤全护筒跟管钻进过程中，钻头凸起处易磨损且修复效果差的缺点，采用在潜孔钻头凸起处设计一个耐磨槽，并加配易更换耐磨器（环），耐磨器取代潜孔锤钻头顶部本体凸起设计，以保护钻头的使用寿命，同时可以保证潜孔钻施工中同步下护筒的质量。

1. 耐磨环槽

耐磨环槽直接设计在钻头凸起处下方，对原有结构影响小，且能增强钻头的使用寿命，以 530mm 钻头为例，在凸起处刻划宽约 49mm、深约 25mm 的环形槽。

2. 耐磨器

耐磨器用来替代潜孔锤钻进过程中护筒管靴对钻头凸起处的磨损，因此，耐磨器设置在之前刻划的耐磨环槽中，为了耐磨器安装方便和易于更换，将整体耐磨器分为两个半圆圈制作，安装时只要把耐磨器装入跟管钻头的环槽内烧焊加固即可，耐磨环采用优质的合金钢材，并经过特殊的热处理从而达到耐磨耐冲击的效果。工作时，由于钻头本体不与套管管靴接触，从而不会对钻头本体造成直接磨损。使用过程中，如发现耐磨器出现较大的磨损，就将磨损后的耐磨器切断，再更换新的耐磨器并按前述方法在环槽内烧焊加固即可。

二、工艺特点

（一）有效延长钻头使用寿命

改进的钻头耐磨环槽及耐磨器可避免护筒管靴与钻头直接接触，在施工过程中，耐磨器和管靴均为损耗品，可更换，因此有效延长了钻头的使用寿命。

（二）更换简便，施工效率更高，成本更低

使用过程中，如发现耐磨器出现较大的磨损，可将磨损后的耐磨器切断，再更换新的耐磨器并按前述方法在环槽内烧焊加固，简便易行，大大提高施工效率和降低成本。

三、适用范围

① 适用于地层中存在大量的破碎岩石、卵砾石、建筑垃圾及地下水丰富、软硬交互层、硬质岩层的钻孔灌注桩工程。② 钻孔直径 $\varphi300\sim1\,200$mm，护筒跟管深度 $\leqslant 50$m。

四、操作要点

（一）潜孔锤钻头及耐磨环制作

① 根据潜孔锤钻头的直径设计耐磨环槽；② 耐磨环根据环槽和护筒的大小设计并在工厂制作，耐磨环为便于安装，分为两个半圆，接头处制作成斜面，便于焊接。

（二）施工准备

根据工程的要求及材料质量的具体情况检查耐磨环槽和耐磨环，对耐磨环进行复验，经复验鉴定合格的材料方准正式入库，并做出复验标记，不合格材料清除现场，避免误用。使用前对耐磨环进行检查和清理，保证正常使用。

（三）潜孔锤钻头与耐磨环焊接

焊接前，清理耐磨环槽和耐磨环，放置耐磨环时，将耐磨环接头置于钻头凹进去的部位，焊接时避免与钻头本体接触。

耐磨环的焊接与切割均在接头处进行，接头处进行满焊，使之成为一个牢固的整体。耐磨环损耗后无须拆卸钻头，仅需将钻头拔出地面即可进行。

（四）护筒及潜孔锤安装就位

用吊车分别将护筒和钻具吊至孔位，调整桩架位置，确保钻机电机中轴线、护筒中心点、潜孔锤中心点"三点一线"。

护筒安放过程中，其垂直度可采用测量仪器控制，也可利用相互垂直的两个方向吊垂直线的方式校正。

潜孔锤吊放前，进行表面清理，防止风口被堵塞。

（五）潜孔锤跟管钻机钻进

护筒下放前安装好管靴装置，使之成为一个整体。

潜孔锤吊放至护筒内，耐磨器与管靴相接触。

潜孔锤启动后，随着钻头不断破岩钻进，同时通过耐磨器与管靴相互作用，提供强大的下压力给管靴，护筒通过管靴传递过来的下压力和自身的重力随着潜孔锤一起钻进，进行有效护壁。

第四节　硬岩灌注桩大直径潜孔锤成桩综合施工技术

一、工艺特点

（一）成孔速度快，综合效率高

土层段采用旋挖钻进成孔，充分发挥了旋挖钻机在土层中的钻进优势。

硬岩采用 φ200mm 大直径潜孔锤直接一径成孔。通过对现有的潜孔锤钻机进行改造升级，成功将其成孔直径扩大至 φ200mm，大大突破了以往潜孔锤用于钻孔灌注桩施工中对直径的界限，φ200mm 大直径潜孔锤全断面一径到底，一次性快速钻穿硬岩，节省了通常采用小直径分级扩孔的时间，成孔效率达到 2.5~3.0m/h，破岩效率高、成孔速度快，成桩速度是冲孔桩机或其他常规手段的 30 倍以上。

（二）综合施工效率高

本项新技术综合采用"土层旋挖钻进 + 硬岩潜孔锤钻进"组合工艺，一方面充分发挥出旋挖钻机在土层钻进、孔底清渣方面的优势，由其完成桩孔开孔，埋设长护筒，护筒内土层段成孔；另一方面充分发挥出潜孔锤在入岩钻进方面的优势，由其完成近十米的深厚硬岩段快速钻进。

本项新技术采用土层旋挖钻机成孔、长护筒护壁和硬岩潜孔锤桩机破岩，土层和硬岩钻进既为上下关联工序、施工时又不相互干扰，旋挖钻进在其完成土层钻进后即撤出孔口，进入下一根桩的土层成孔。为确保现场施工连续作业，在现场配置 8 套 9m 长护筒轮换作业，发挥旋挖钻机土层钻进的高效，同时为潜孔锤破岩提供充足的工作面，确保现场旋挖钻机和潜孔锤桩机不间断作业，显著提高了综合施工效率。

（三）成桩质量有保证

本技术上部土层段采用旋挖钻进，同时利用振动锤下入深长钢护筒护壁，有效避免了硬岩潜孔锤破岩时超大风压对上部土层的扰动破坏，确保孔壁稳定，在灌注桩身混凝土时避免塌孔，保证桩身混凝土灌注质量。

φ200mm 大直径潜孔锤桩机整机履带式行走便捷，钻孔时液压支撑桩机稳定性好，操作平台设垂直度自动调节电子控制，自动纠偏能力强，能有效控制桩孔垂直度，有效保证桩身垂直度满足设计要求。

施工时，土层段下入超长钢护筒至基岩面，下部硬岩采用潜孔锤一径到底，整体孔段光滑完整，钢筋笼安放时可顺利下入至孔底，避免出现钢筋笼难下入，钢筋笼保护层容易得到保证，桩身耐久性好。

（四）综合施工成本低

采用潜孔锤成桩速度快，单机综合效率高，大大减少了劳动强度，加快施工进度，施工成本大幅度压缩。

潜孔锤钻进时凭借超大风压直接吹出岩渣，岩渣在上升过程中部分挤入土层段，部分岩渣在孔口护筒附近堆积，排出的岩渣均呈颗粒状，可直接装车外运，大大减少泥浆排放量。

（五）场地清洁，有利于文明施工

采用本技术施工，旋挖钻机土层段钻进和潜孔锤岩层段钻进时，均是干法成孔，不需要使用泥浆循环，现场与冲孔桩泥浆循环作业相比不再泥泞，场地清洁，现场施工环境得到较大改善。

现场只需设置一个泥浆池，进行对抽浆返浆处理、回收、利用，而不存在每天泥浆外运，大大减少了泥浆外运处理等日常的管理工作；现场临时道路、设备摆放可变得更加有序。

二、适用范围

①适用于各类土层、填石层、硬质岩层成孔钻进或引孔。②适用于桩身直径≤$\varphi200$mm、桩长≤32m的基坑支护桩、基础灌注桩施工。③通过大直径潜孔锤钻头变换，施工最大桩径可达$\varphi400$mm。

三、工艺原理

硬岩钻孔灌注桩大直径潜孔锤成桩综合关键技术原理主要分为四部分，即：上部土层旋挖钻机开孔钻进及振动锤预埋钢护筒护壁，下部硬岩大直径潜孔锤一次性直接钻进，旋挖钻机泥浆清孔，水下灌注桩身混凝土成桩及振动锤起拔钢护筒。

（一）上部土层旋挖钻机钻进及振动锤预沉入长护筒护壁

潜孔锤破岩需采用超大风压，为避免超大风压对孔壁稳定的影响，在潜孔锤作业前埋入深长钢护筒，以确保孔壁在基岩潜孔锤钻进时的稳定，这是本技术的关键。

在下入长钢护筒前，先采用旋挖钻机从地面开孔钻进，钻至3~4m深后，为防止土层段塌孔，即采用振动锤吊放沉入钢护筒，并沉入到位；钢护筒长9m，护筒底部接近岩层顶面。

护筒沉放到位后，采用旋挖机完成钢护筒段土层钻进。

（二）下部硬岩大直径潜孔锤一次性直接破岩钻进

潜孔锤是以高风压作为动力，风压由空气压缩机提供，经钻机、钻杆进入潜孔锤冲击器来推动潜孔锤钻头高速往复冲击作业，以达到破岩目的；被潜孔锤破碎的渣土、岩屑随潜孔锤钻杆与孔壁间的间隙，由超大风压排出携带到地表。潜孔锤冲击器频率高（可达到50~100Hz）、低冲程，破碎的岩屑颗粒小，便于压缩空气携带，孔底清洁和钻进效率高。

本技术选用与桩孔设计直径相匹配的$\varphi 200mm$大直径潜孔锤，一径到底，一次性直接完成硬岩钻进成孔，属于国内首创的先进技术，也是本项技术的创新点和关键施工技术。潜孔锤钻进时，六台空压机共同工作，产生的高风压带动潜孔锤对岩石进行直接冲击破碎，以完成硬岩的破碎成孔。

为保证岩屑上返地面的顺利，在潜孔锤钻杆四周侧壁沿通道方向上设置风道条，人为地设置上返风道，形成风束，加快破碎岩屑的上返速度，利于降低地面空压机的动力损耗，实现快速成孔。

（三）旋挖钻机清孔

① 潜孔锤钻进至设计桩底标高后，随即移开潜孔锤钻机。② 因孔内仍会残留部分岩屑、渣土，为满足桩身孔底沉渣厚度要求，应进行清孔。清孔采用旋挖钻机孔底捞渣，需在桩孔内及时抽入泥浆，利用旋挖钻机配置的平底捞渣钻筒进行捞渣清底，以确保孔底沉渣厚度满足设计要求。③ 清孔泥浆预先配制并存贮在泥浆池内，泥浆的性能指标满足清渣使用要求。

（四）水下灌注桩身混凝土成桩及振动锤起拔钢护筒

清孔满足设计要求后，及时吊放钢筋笼和灌注导管，并采用水下回顶法灌注桩身混凝土。

桩身混凝土灌注完成后，随即采用振动锤起拔孔口钢护筒。

四、操作要点

（一）桩位测量放线、旋挖钻机就位

成孔作业前，按设计要求将钻孔孔位放出，打入短钢筋设立明显标志，并保护好。

旋挖钻机移位前，预先将场地进行平整、压实，防止钻机下沉。

旋挖钻机按指定位置就位后，在技术人员指导下，按孔位十字交叉线对中，调整旋挖钻筒中心位置。

（二）旋挖钻机上部土层段钻进

旋挖桩机在上部土层中预先钻进，为防止填土塌孔，成孔深度控制在 3~4m。

旋挖钻机采用钻斗旋转取土，干成孔工艺作业。

旋挖钻机钻取的渣土及时转运至现场临时堆土场，集中处理以方便统一外运。

（三）振动锤沉入 9m 长护筒、旋挖钻机钻至岩面

① 钢护筒采用单节一次性吊入，采用重机起吊，振动锤沉入。② 为确保振动锤激振力，振动锤采用双夹持器，利用吊车起吊。③ 振动锤沉入护筒时，利用十字交叉线控制其平面位置。④ 为确保长钢护筒垂直度满足设计要求，设置两个垂直方向的吊垂线，安排专门人员控制护筒垂直度。⑤ 护筒沉入过程中，设置专门人员指挥，保证沉入时安全、准确。⑥ 配合下入护筒，下入深度 9.0m，确保穿过上部土层中的松散填土和淤泥层，至基岩面附近；为加快施工速度，现场共配置 8 套钢护筒用于孔口护壁埋设。⑦ 护筒沉入到位后，复核桩孔位置；护筒埋设位置确认满足要求后，采用旋挖钻机继续钻进，直至基岩面。

（四）潜孔锤桩机安装就位

① 潜孔锤桩机履带行走至钻孔位置，校核准确后对钻机定位。② 桩机移位过程中，派专人指挥；定位完成后，前后共 4 个液压柱顶起锁定机架，固定好钻机。③ 潜孔锤机身与空压机摆放距离控制在 100m 范围内，以避免压力及气量下降。④ 采用潜孔锤机室操作平台控制面板进行垂直度自动调节，以控制钻杆直立，确保钻进时钻孔的垂直度。

（五）孔内注入泥浆，旋挖钻机捞渣清孔

终孔后，拔出潜孔锤钻头，孔底部分会残留一定厚度的岩屑和渣土，为确保满足设计要求，采取旋挖钻机捞渣清孔。

清孔前，向孔内注入优质泥浆，以悬浮钻渣，保证清孔效果；泥浆采用现场设置泥浆池调制，采用水、钠基膨润土、CMC、NaOH，按一定比例配制；在注入桩孔内前，对泥浆的各项性能进行测定，满足要求后采用泥浆泵注入桩孔；泥浆性能指标控制为：泥浆比重 1.15~1.20、黏度 20~22s、含砂率 4~6%、pH 值 8~10。

为满足桩身孔底沉渣厚度要求，采用旋挖钻机孔底捞渣，在桩孔内及时注入泥浆，利用旋挖钻机配置的平底捞渣钻筒进行捞渣清底，以确保孔底沉渣厚度满足设计要求。

（六）钢筋笼制作与吊放、安放灌注导管，灌注水下混凝土成桩

钢筋笼按终孔后测量的桩长制作，此项目钢筋笼按一节制作，安放时一次性由履带吊吊装就位，以减少工序的等待时间；钢筋笼主筋采用直螺纹套筒连接，保护层 70mm，为保证主筋保护层厚度，钢筋笼每一周边间距设置混凝土保护块。

由于钢筋笼偏长，在起吊时采用专用吊钩多点起吊，并采取临时保护措施，以保护钢筋笼体整体稳固；钢筋笼采用吊车吊放，吊装时对准孔位，吊直扶稳，缓慢下放。笼体下放到设计位置后，在孔口采用笼体限位装置固定，防止钢筋笼在灌注混凝土时出现上浮下窜。

灌注导管选择直径300mm导管，安放导管前，对每节导管进行检查，第一次使用时需做密封水压试验；导管连接部位加密封圈及涂抹黄油，确保密封可靠，导管底部离孔底300~500mm；导管下入时，调接搭配好导管长度。

桩身混凝土采用C30水下商品混凝土，坍落度180~220mm，采用混凝土运输车直接运至孔口直接灌注；灌注混凝土时，控制导管埋深，及时拆卸灌注导管，保持导管埋深在2~4m，最深不大于6m；灌注混凝土过程中，不时上下提动料斗和导管，以便管内混凝土能顺利下入孔内，直至灌注混凝土至地面位置。

五、质量控制

（一）材料管理

施工现场所用材料（钢筋、混凝土）提供出厂合格证、质量保证书，材料进场前需按规定向监理工程师申报。

钢筋进场后，进行有见证性送检，合格后投入现场使用；混凝土进场前，提供混凝土配合比和材料检测资料，现场检验坍落度指标；灌注混凝土时，按规定留置混凝土试块。

所有材料堆场按平面图要求进行硬地化，按规定堆放。

（二）桩位偏差

（1）引孔桩位由测量工程师现场测量放线，报监理工程师审批。

（2）旋挖钻机就位时，认真校核钻斗与桩点对位情况，如发现偏差超标，及时调整。

（3）下入护筒时用十字线校核护筒位置偏差，再次复核桩位，允许值不超过50mm。

（4）潜孔锤钻进过程中通过钻机自带回转复位系统进行桩位控制。

（5）钻进过程中经常复核钻具与桩中心位置，发现偏差及时纠偏。

（三）孔口长护筒沉放

下入护筒是确保本项技术有效实施的基本保障，必须引起高度重视。

护筒下入位置必须与桩位核准，采用振动锤吊放护筒时，在下入过程中采用两个垂直方向吊垂线控制护筒直立，发现偏差及时起吊重新沉放。

护筒安放完成后，立即采用措施固定，以防护筒下坠。

（四）垂直度控制

钻机就位前，进行场地平整、密实，钻机履带下横纵向铺设不小于 20mm 钢板，防止钻机出现不均匀下沉导致钻孔偏斜。

潜孔锤钻机用水平尺校核水平，用液压系统自动调节支腿高度摆放平稳。

潜孔锤钻进过程中利用自动操作室内自动垂直控制面板控制垂直度。

为控制硬岩成孔垂直度，优化的施工方案采用土层深长钢护筒护壁，大直径潜孔锤在钢护筒内作业，能较好地保持潜孔锤成孔垂直度，确保桩身质量。

（五）硬岩成孔

硬岩成孔过程，根据桩孔岩层坚硬程度、裂隙发育情况，由潜孔锤桩机操作室控制转速，以保持钻机平稳；同时，视钻进情况，适当控制混气罐风量闸阀，调整好风压，以达到钻进最佳效率。

硬岩钻进时，派专人吊垂线监控钻杆垂直度，防止钻孔偏斜。

钻进过程中，派人掌握钻进进尺，测量钻孔深度，观察孔口岩渣，达到设计要求的岩层和深度后终孔。

终孔后，记录钻孔深度和岩性，报监理工程师验收。

（六）泥浆、孔底沉渣控制

泥浆送桩孔前，对泥浆含砂量、黏度、比重等进行测试，保证泥浆的优质性能，不符合规范要求的泥浆不得送入孔内。

孔底沉渣采用旋挖钻机配置专用平底捞渣钻斗进行，反复数次清理，直至孔底沉渣清理干净。

浇筑混凝土前再次测量孔底沉渣厚度，如果发现孔底沉渣超标，则采用气举反循环进行二次清孔。

（七）钢筋笼制安及混凝土灌注

钢筋笼按设计要求制作，主筋外加保护垫块，保证保护层厚度满足要求；制作完成后，进行隐蔽验收，合格后使用。

钢筋笼采用吊车安放，由于钢筋笼一次性安放，作业时采用临时加固措施，确保钢筋笼吊放过程中不变形。

混凝土浇筑导管安装前进行水压实验，连接时安装橡胶垫圈挤紧，防止导管漏水；灌注混凝土过程中，派专人全过程监控，控制合理导管埋深，及时拆卸导管。

六、安全措施

（1）因大型、重型机械及设备较多，现场工作面需进行平整压实，防止机械下陷，甚至发生机械倾覆事故。

（2）机械设备操作人员和指挥人员严格遵守安全操作技术规程，工作时集中精力，谨慎工作，不擅离职守，严禁酒后操作。

（3）作业前，检查机械性能，不得在螺栓松动或缺失状态下启动；作业中，保持钻机液压系统处于良好的润滑状态；施工现场所有设备、设施、安全装置、工具配件以及个人劳动保护用品必须经常检查，保持良好使用状态，确保完好和使用安全。

（4）当旋挖钻机、潜孔锤、履带吊等机械行走移位时，施工作业面保持基本平整，设专人现场统一指挥，无关人员撤离作业现场，避免发生桩机倾倒伤人事故。

（5）潜孔锤钻机就位前，在桩位附近地面铺设钢板，防止因自重过大，发生机械下陷及孔口地面垮塌。已完成的桩孔和临时坑洞，及时回填、压实，防止桩机陷入发生机械倾覆伤人。

（6）潜孔锤桩机移位前，采用钢丝绳将钻头固定，防止钻头左右来回晃动碰触造成安全事故。

（7）潜孔锤硬岩钻进作业前，检查潜孔锤减振器与连接螺栓的紧固性，不得在螺栓松动或缺件的状态下启动；夹持器与振动器连接处的紧固螺栓不得松动，液压缸根部的接头防护罩应齐全。

（8）悬挂潜孔锤的起重机吊钩上设防松脱的保护装置，潜孔锤悬挂钢架的耳环上加装保险钢丝绳；潜孔锤混气罐、雾气罐属高压容器，使用前进行压力测试，确保使用安全可靠。

（9）潜孔锤启动运转后，待振幅达到规定值时方可作业；当振幅正常但不能起拔时，应及时关闭，采取相应的松动措施后作业，严禁强行起拔。

（10）空压机管路中的接头采用专门的英制或国际标准连接装置，连接气管采用进口双层气管，并使用钢绞线绑扎相连，以防气管冲脱摆动伤人。

（11）潜孔锤机身与空压机距离控制在100m内，以避免压力及气量下降。实际操作中，视护筒顶的返渣情况和破岩速率，对空压机的气压进行调节。

（12）潜孔锤作业时，孔口岩屑、岩渣扩散范围大，孔口清理人员佩戴防护镜和防护罩，防止孔内吹出岩屑伤害眼睛和皮肤。

（13）潜孔锤破岩施工时，为防止塌孔、窜孔，施工时采用隔三打一的跳打法。

（14）当出现潜孔锤钻头在硬岩段卡锤、憋锤时，立即停止作业，严禁强拔；判明卡锤位置后，可采用低风压慢速原位反复钻进，松动后将潜孔锤钻头提出钻孔；如卡锤位置无法松动，则采用直径如 20mm 的小钻具从地面在卡锤位置施打 1~2 辅助钻孔，钻孔深度超过卡锤位置约 50cm，直至潜孔锤松动后拔出。

（15）现场用电由专业电工操作，持证上岗；电器严格接地、接零和使用漏电保护器；现场用电电缆架空 2.0m 以上，严禁拖地和埋压土中，电缆、电线有防磨损、防潮、防断等保护措施；电工有权制止违反用电安全的行为，严禁违章指挥和违章作业。

（16）钢筋笼吊点设置合理，防止钢筋笼吊装过程中变形损坏；因钢筋笼较长，且现场机械设备繁多，起吊作业时，派专门的司索工指挥吊装作业；起吊时，施工现场内起吊范围内的无关人员清理出场，起重臂下及影响作业范围内严禁站人。

（17）现场登高作业，佩戴安全带。

（18）氧气、乙炔瓶、混气罐、油雾气管分开摆放，避光放置，防止无关扰动；钢筋切割、焊接作业由持证专业人员进行。

（19）对已施工完成的钻孔，采用孔口覆盖、回填泥土等方式进行防护，防止人员落入孔洞受伤。

（20）暴雨时，停止现场施工；台风来临时，做好现场安全防护措施，将桩架固定或放下，确保现场安全。

第七章 非开挖施工技术与其他岩土工程施工方法

第一节 非开挖施工技术概述

一、基本概念

非开挖技术（Trenchless Technology or No-Dig）指利用岩土钻掘、定向测控等技术手段，在地表不挖槽和地层结构破坏小的情况下，穿越河流、湖泊、重要交通干线、重要建筑物，实现对诸如供水、煤气、天然气、污水、电信电缆等公用管线的检测、铺设、修复与更换的施工技术。

非开挖技术与其他技术相比，起步较晚。但是值得注意的是在最近几年，非开挖技术无论在理论上，还是在施工工艺方面，都有了突飞猛进的发展。非开挖技术是极为重要的一种都市铺设管道的施工手段，采用非开挖技术铺设管道具有若干得天独厚的优势。

非开挖技术在国内也逐渐普及。不开挖地面，就能穿越公路、铁路、河流，甚至能在建筑物底下穿过，是一种能安全有效地进行环境保护的施工方法。

非开挖技术不开挖地面，故而被铺设管道的上部土层未经扰动，管道的管节端不易产生段差变形，其管道寿命亦大于开挖法埋管。

采用房下非开挖技术能节约一大笔征地拆迁费用，减少动迁用房，缩短管线长度，有很大经济效益。

二、非开挖施工方法分类

非开挖施工方法很多，按其用途可分为管线铺设、管线更换和管线修复三类。

（一）管线铺设

管线铺设有下面两种情况：① 管径大于 $\varphi900\mathrm{mm}$ 的人可进入的管线铺设方法，主要有顶管施工法、隧道施工法等。② 管径小于 $\varphi900\mathrm{mm}$ 的人不可进入的管线铺设方法，主要有水平钻进法、水平导向钻进法、冲击矛法、夯管法、水平螺旋钻进法、顶推钻进法、微型隧道法、冲击钻进法等。

（二）管线更换

管线更换有吃管法、爆管法、胀管法、抽管法等四种。

（三）管线修复

管线修复有内衬法和局部修复两种。

内衬法：传统内衬法、改进内衬法、软衬法、缠绕法、铰接管法、管片法、滑衬法、原位固化法（国内通常称为翻转法）、折叠内衬法、变形还原内衬法和贴合衬管法等。

局部修复：灌浆法、喷涂法、化学稳定法、机器人进管修补法等。

目前各种非开挖施工技术根据所适用的管径大小、施工长度、地层和地下水的条件以及周围环境的不同而有所不同。

三、非开挖技术与开挖施工技术相比的优点

可以避免开挖施工对居民正常生活的干扰，以及对交通、环境、周边建筑基础的破坏和不良影响。非开挖施工不会阻断交通，不破坏绿地、植被，不影响商店、医院、学校和居民的正常生活和工作秩序。

在开挖施工无法进行或不允许开挖施工的环境（如穿越河流、湖泊、重要交通干线、重要建筑物的地下管线），可用非开挖技术从其下方穿越铺设，并可将管线设计在工程量最小的地点穿越。

现代非开挖技术可以高精度地控制地下管线的铺设方向、埋深，并可使管线绕过地下障碍（如巨石和地下构筑物）。

有较好的经济效益和社会效益。在可比性相同的情况下，非开挖管线铺设、更换、修复的综合技术经济效益和社会效益均高于开挖施工，管径越大、埋深越深时越明显。

四、常用施工设备

① 管线安装设备类：定向钻机与导向钻机；夯管设备微型隧道掘进机与顶管设备螺旋钻、泥水盾构型、硬岩切割型、置换（吃管）型、侧向型、扩孔型、导向监测型；冲击设备：非转向、自由转向、钻孔安装式可转向三类；辅助设备：泵、泥浆处理机、空气压缩机。② 管线更换与修复设备类：拖管与改型拖管设备；侧向更新设备；局部修复设备；原位硬化树脂更新设备；沿管喷浆设备；型模改型设备。③ 管线替换设备：气管设备；爆管设备；切削设备。④ 人员可进入管道修复设备。⑤ 工作井掘进设备。⑥ 监控、定位、测量仪设备类：探地雷达；闭路电视；声波、超声波仪；压力实验机。

⑦ 测漏设备。⑧ 地理信息系统。⑨ 腐蚀测绘仪。⑩ 清洗设备：雨水清洗设备、高压水切刮设备、沉淀物清洗设备、真空罐。

五、非开挖施工技术在不同地质中的应用

（一）砂层中的技术措施和注意事项

根据地勘资料了解穿越砂层地质结构及密实度，穿越砂层主要注意两点：钻孔时泥浆的配比、扩孔、回拖时泥浆配比及不同地质情况使用添加剂。

在砂层地层中钻进，由于颗粒之间缺乏胶结，钻进时孔壁很容易坍塌，故成孔的难度很大。对于这类地层可用泥浆护壁，解决问题的关键是增加孔壁颗粒之间的胶结力。黏性较大的泥浆适当渗入孔壁地层中，可以明显增强砂、砾之间的胶结力，以此使孔壁的稳定性增强。提高泥浆黏度，主要通过使用高分散度泥浆（细分散泥浆）、增加泥浆中的黏土含量、加入有机或无机增黏剂等措施来实现。一般根据在砂层中泥浆配比不小于 60s。其组成除黏土、Na_2Co_3 和水外，为了满足扩孔和回拖需要，往往加有提黏剂、降失水剂和防絮凝剂（稀释剂）、CMC、聚丙烯酰胺等添加剂。依所加处理剂的不同，可有不同种类，如钠羧甲基纤维素泥浆、铁铬盐泥浆、木质素磺酸盐泥浆和腐植酸泥浆等。用较高黏度的细分散泥浆在砂、砾层中钻进的成功工程很多，包括在流砂地层中钻进。

在配置泥浆时需注意以下几点：① 随着泥浆密度的增加，钻速下降，特别是泥浆密度大于 $1.06\sim1.10g/cm^3$ 时，钻速下降尤为明显。泥浆的密度相同，黏度愈高则钻速愈低，所以根据不同地质合理配置泥浆。② 泥浆中的岩屑含量会给钻进造成很大的危害。使孔内净化不好而引起下钻阻卡。泥砂的含量高，不仅引起孔内沉淀厚，造成孔壁水化崩塌，而且易引起泥皮脱落，造成孔内事故，同时管材、钻头、水泵缸套的使用寿命会缩短。因此，在保证地层压力平衡的前提下，合理配置泥浆及增加添加剂，以防止塌孔。

（二）在岩石层中的技术措施和注意事项

根据地勘资料了解岩石的强度，按强度来选择控向设备和钻具，其强度大于 10MPa 时，须选用岩石钻具。由于岩石强度大，在岩石导向中，控向是关键，在控向时也应合理选择钻具，以免岩石强度高使钻具磨损严重，造成损失。

一般意义上的非开挖导向钻孔施工大多在土层条件下进行，但当钻进地层为岩层时，钻机推力无法有效克服地层阻力，因而无法实现只推不转，改变方向的功能，即使只是在岩石中钻进，也会由于硬石的存在，造成孔内导向板钻头受力不均匀，很难实现有效的方向控制。

方法一：当在岩层中无法用只推不转的方法改变钻孔方向时，一般的做法是将普通切削式斜面钻头（导向板）换成偏心式磨削钻头或单掌牙轮钻头，这时若要改变钻孔

轨迹方向，需推顶和间歇回转同时作用，即在导向仪钟面显示的预设转弯方向点两侧各60度扇形范围内推顶并转动，实现偏心磨削，在钟面指示的其余各点则空转过去。例如，要使钻孔轨迹朝钟面指示的12点钟位置（朝上）改变方向，需将偏心钻头空转至10点钟处，施加推力，推转至2点钟位置，形成120度扇形面的磨削。然后稍微回拉钻头，使脱离切削面，再空转至10点钟位置，施加推力，推转至2点钟位置，实现另一次120度扇形面的磨削。这样反复进行推转和空转，使钻孔轨迹偏离原来轴线，朝上倾斜一个角度，实现转弯。

这种施工工艺只能间歇性钻进岩石，而这种推转和空转的转换操作需人为地一下一下进行，使导向效率极低，改变一次方向需数小时之久。在破碎地层或卵石地层中由于不均匀性，有时根本无法实现有效控向。

方法二：另一种传统的岩石钻进工艺是孔底泥浆马达，这种工艺钻孔转弯时，泥浆马达通过由钻杆内腔输送来的高压泥浆驱动，提供牙轮钻头钻进岩石所需的扭矩，钻杆无须回转，只提供推力和钻孔方向控制，泥浆马达与钻杆轴线间有一安装偏角，以实现方向改变；钻直线孔时，钻杆与泥浆马达同时回转。使用这种工艺进行施工时，存在如下问题：① 机器需配置高压力大流量泥浆泵以确保泵送足够的泥浆驱动泥浆马达工作，普通钻机现有泥浆泵难以满足要求；② 泥浆耗量比普通钻进时的大2~3倍，使泥浆材料的消耗成本大大提高；③ 需配备专门的大功率泥浆搅拌系统，以满足大量泥浆需要；④ 从环保角度看，特别在城市施工时，大量的废浆需要处理，增加了施工成本；⑤ 为使泥浆动力有效到达泥浆马达部位，对钻杆柱各连接处的密封要求及抗高压冲刷要求进一步提高；⑥ 探头容纳管与导向钻头之间增加了1米多长的泥浆马达，使钻孔轨迹的控向精度受到影响。

（三）在卵石层中的技术措施和注意事项

首先根据地勘资料中卵石的密度及粒径来选择是否下套管。当粒径在20mm以下时可以选择不下套管；当粒径在20mm以上且含量在80%时，根据实际情况选择不同的套管进行隔离。以下是下套管技术措施及注意事项。

对一些地质条件比较复杂的地层（如流砂地层和卵砾石地层），采用导向钻进铺设地下管线存在较大的困难。因此在实际工程施工中，一些工程采用单一的非开挖铺管技术将无法完成施工任务。实践表明在此类地层中即使采用钻进泥浆护壁，维持钻孔稳定，效果也很不明显。而对于铺设管径小，穿越距离长的管线，采用夯管锤铺管技术也将无法达到目的。当然在该类地层中采用气动夯管锤曲线铺设小直径长距离地下管线，不仅精度控制困难，铺管质量也无法保证。因此我们在施工实践中通过尝试，提出了"导向钻进与夯管锤相结合的铺管技术"，成功地克服了该类地层条件下小直径长距离曲线铺管的技术难题，解决了导向钻进在该类地层中施工难的问题。

此方法施工时需注意以下几点：① 首先必须将各连接点（钢套管链接处）牢固焊接，由于套管一般管壁较薄，因此管与管之间焊接应采取套袖包焊法，套管选择也应该根据实际情况选择。② 在夯管同时，钻机必须同时牵引，夯击一段时间后应根据钻机牵引情况，决定夯击工艺，因此钻机操作员与夯管锤操作员必须相互配合，由钻机操作员统一指挥。禁止在钻机尚未牵引的情况下，开动夯管锤并加大震动力，以防套管变形。在回拖过程中，根据钻机牵引套管的拖力大小，合理调整夯击工艺。③ 当套管向前运动后，尽量减少施工辅助时间，以免砂土重新淤埋钢管，增加夯管难度。

第二节　顶管法

一、概述

顶管施工就是借助于主顶油缸及管道间中继站（中继间）等的推力，把工具管或掘进机从工作坑内穿过土层一直推到接收坑内吊起，与此同时，也就把紧随工具管或掘进机后的管道埋设在两坑之间，这是一种非开挖铺设地下管道的施工方法。

（一）顶管分类

顶管施工的分类方法很多，而且每一种分类方法都只是从某一个侧面强调某一方面，不能也无法概全，所以，每一种分类方法都有其局限性。下面我们介绍几种使用最为普通的分类方法：

第一类：按所顶管子口径的大小可分为大口径（$\varphi 2\,000$ 以上）、中口径（$\varphi 1\,200 \sim \varphi 1\,800mm$）、小口径（$\varphi 500 \sim \varphi 1\,000mm$）和微型顶管（$\varphi 75 \sim \varphi 400mm$）四种。

第二类：以推进管前工具管或掘进机的作业形式可分为：① 手掘式。推进管前只有一个钢制的带刃口的管子，具有挖土保护和纠偏功能的被称为工具管，人在工具管内挖土。② 挤压式。工具管内的土被挤进来再做处理。③ 机械顶管。在推进管前的钢制壳体内有机械。为了稳定挖掘面，这类顶管往往需要采用降水、注浆或采用气压等辅助施工手段。该类顶管又可分为：泥水式、泥浆式、土压式和岩石式。

第三类：以推进管的管材分，可分为钢筋混凝土管顶管、钢管顶管以及其他管材的顶管。

第四类：按顶进管子轨迹的曲直分，可分为直线顶管和曲线顶管。曲线顶管技术相当复杂，是顶管施工的难点之一。

第五类：按工作坑和接收坑之间距离的长短，可分为普通顶管和长距离顶管。而长距离顶管是随顶管技术不断发展而发展的。过去把 100m 左右的顶管就称为长距离顶管。

随着注浆减摩技术水平的提高和设备的不断改进，现在通常把一次顶进 300m 以上距离的顶管才称为长距离顶管。

（二）顶管方法与其他铺设管道方式比较

顶管施工的优点：① 可以应用于任何地层，最合适地层为稳定的粒状和黏土地层；② 无须明挖土方，对地面影响小；③ 设备少、工序简单、工期短、造价低、速度快、精度高；④ 适用于中型管道（1.5~2m）施工；⑤ 大直径、超长顶进；⑥ 可穿越公路、铁路、河流、地面建筑物进行地下管道施工；⑦ 可以在很深的地下铺设管道。

顶管施工的缺点：① 施工人员需要大量的培训和知识储备；② 高成本；③ 任何对管线和钻进角的调整耗资都非常昂贵。

顶管施工有它独特的优点，但也有其局限性。下面比较顶管施工和开槽埋管以及盾构施工的优缺点。

1. 与开槽埋管相比较

优点：① 开挖部分仅仅只有工作坑和接收坑，土方开挖量少，而且安全，对交通影响小。② 在管道顶进过程中，只挖去管道断面的土，比开槽施工挖土量少许多。③ 施工作业人员比开槽埋管少。④ 建设公害少，文明施工程度比开槽施工高。⑤ 工期比开槽埋管短。⑥ 在覆土深度大的情况下比开槽埋管经济。

但是，它与开槽埋管相比较，也有以下不足之处：① 曲率半径小而且多种曲线组合在一起时，施工非常困难。② 在软土层中易发生偏差，而且纠正这种偏差又比较困难，管道容易产生不均匀下沉。③ 推进过程中如果遇到障碍物时，处理这些障碍物非常困难。④ 在覆土浅的条件下显得不很经济。

2. 与盾构施工相比较

优点：① 推进完后不需要进行衬砌，节省材料，同时也可缩短工期。② 工作坑和接收坑占用面积小，公害少。③ 挖掘断面小，渣土处理量少。④ 作业人员少。⑤ 造价比盾构施工低。⑥ 地面沉降小。

与盾构施工相比的缺点：① 超长距离顶进比较困难，曲率半径变化大时施工也比较困难。② 大口径，如 45 000mm 以上的顶管几乎不太可能进行施工。③ 在转折多的复杂条件下施工，工作坑和接收坑都会增加。

顶管法是地下管道铺设常用的方法，是一种不开挖或者少开挖的管道埋设施工技术。顶管法施工就是在工作坑内借助于顶进设备产生的顶力，克服管道与周围土壤的摩擦力，将管道按设计的坡度顶入土中，并将土方运走。一节管完成顶入土层之后，再下第二节管子继续顶进。其原理是借助于主顶油缸及管道间、中继间等推力，把工具管或掘进机从工作坑内穿过土层一直推进到接收坑内吊起。管道紧随工具管或掘进机后，埋设在两坑之间。

　　无论是何种形式的顶管，在施工过程中要保证地面无沉降和隆起。关键要保证顶进面土压力与掘进机头保持动平衡。它有两方面的基本内容：第一，顶管掘进机在顶进过程中与它所处土层的地下水压力和土压力处于一种平衡状态；第二，它的排土量与掘进机推进所占去的土体积也处于一种平衡状态。只有同时满足以上两个条件，才是真正的土压平衡。

　　从理论上讲，掘进机在顶进过程中，其顶进面的压力如果小于掘进机所处土层的主动土压力时，地面就会产生沉降。反之，如果在掘进机顶进过程中，其顶进面的压力大于掘进机所处土层的被动土压力时，地面就会产生隆起。并且，上述施工过程的沉降是一个逐渐演变过程，尤其是在黏性土中，要达到最终的沉降所经历的时间会比较长。然而，隆起却是一个立即会反映出来的迅速变化的过程。隆起的最高点是沿土体的滑裂面上升，最终反映到距掘进机前方一定距离的地面上。裂缝自最高点呈放射状延伸。如果把土压力控制在主动土压力和被动土压力之间，就能达到土压平衡。

　　从实际操作来看，在覆土比较厚时，从主动土压力到被动土压力这一变化范围比较大，再加上理论计算与实际之间有一定误差，所以必须进一步限定控制土压力的范围。一般常把控制土压力设置在静止土压力正负 20 kPa 范围之内。

　　目前，在顶管施工中最为流行的平衡理论有三种：气压平衡、泥水平衡和土压平衡理论。

　　气压平衡理论：所谓气压平衡又有全气压平衡和局部气压平衡之分。全气压平衡使用最早，它是在所顶进的管道中及挖掘面上都充满一定压力的空气，以空气的压力来平衡地下水的压力。而局部气压平衡则往往只有掘进机的土仓内充入一定压力的空气，达到平衡地下水压力和疏干挖掘面土体中地下水的作用。

　　泥水平衡理论：所谓泥水平衡理论是以含有一定量黏土且具有一定相对密度的泥浆水充满掘进机的泥水舱，并对它施加一定的压力，以平衡地下水压力和土压力的一种顶管施工理论。按照该理论，泥浆水在挖掘面上能形成泥膜，以防止地下水的渗透，然后再加上一定的压力就可平衡地下水压力，同时，也可以平衡土压力。该理论用于顶管施工始于 20 世纪 50 年代末期。

　　土压平衡理论：所谓土压平衡理论就是以掘进机土舱内泥土的压力来平衡掘进机所处土层的土压力和地下水压力的顶管理论。

二、顶管设备

　　顶管施工设备由顶进设备（液压站、液压缸）、掘进机（工具管）、中继环、注浆设备、起吊装置（行车、汽车吊）、工程管、平台（导轨、后背、激光经纬仪、顶铁）、排土设备（拉土车、泥水循环系统）等组成。

主要介绍土压式和泥水式两种类型顶管的设备。

（一）土压平衡式顶管

该方法是通过机头前方的刀盘切削土体并搅拌，同时由螺旋输土机输出挖掘的土体的一种顶管方法。在土压机头的前方面板上装有压力感应装置，操作者通过控制螺旋输土机的出土量以及顶速来控制顶进面压力，和前方土体静止土压力保持一致即可防止地面沉降和隆起。

土压平衡式顶管机从刀盘的分类可分为单刀盘和多刀盘两种。

1. 单刀盘式

DK 式土压平衡顶管掘进机是在 20 世纪 70 年代初期开发成功的一种具有广泛适应性、高度可靠性和技术先进性的顶管掘进机。它又称为泥土，加压式掘进机，国内则称为辐条式刀盘掘进机或加泥式掘进机。

该机型在国内已成系列，最小的有外径 φ440mm，适用于 φ200mm 口径混凝土管；最大的有外径 φ3 540mm，适用于 φ3 000mm 口径混凝土管。在该机型的施工条件中，有中砂也有淤泥质黏土，有穿越各种管线也有穿越河川和建筑物，都取得了相当大的成功，累计施工长度已达数千米以上。

掘进机有两个显著的特点：第一，该机刀盘呈辐条式，没有面板，其开口率达100%；第二，该机刀盘的后面设有多根搅拌棒。以上两点，就是该掘进机成功的关键所在。

由于它没有面板，开口率在 100%，所以土仓内的土压力就是挖掘面上的土压力，所测压力准确。刀盘切削下来的土被刀盘后面的搅拌棒在土仓中不断搅拌，就会把切削下来的"生"土，搅拌成"熟"土。而这种"熟"土具有较好的塑性和流动性，又具有较好的止水性。如果"生"土中缺少具有塑性和流动性及止水性所必需的黏土成分，如在砂砾石层或卵石层中顶进，这时就可以通过设置在刀排前面和中心刀上的注浆孔，直接向挖掘面上注入泥浆，然后，把这些泥浆与砂砾或卵石进行充分搅拌，同样可使之具有较好的塑性、流动性和止水性。此外，在砂砾石中施工时，刀盘上的扭矩会比黏性土中增加许多。这时，如果加入一定量的黏土，刀盘扭矩就会有较大的下降。

2. 多刀盘式

多刀盘土压平衡顶管掘进机是把通常的全断面切削刀盘改成四个独立的切削搅拌刀盘，所以它只能用于软土层中的顶管，尤其适用于软黏土层的顶管。如果在泥土仓中注入一定量的黏土，它也能用于砂层的顶管。

通常，大刀盘土压平衡顶管掘进机的质量约为它所排开土体积质量的 0.5~0.7 倍，而多刀盘土压平衡掘进机的质量只有它所排开土体积质量的 0.35~0.40 倍。正因为这样，多刀盘土压平衡顶管掘进机即使在极容易液化的土中施工，也不会因掘进机过重而使方向失控，产生走低现象。另外，由于该机采用了四把切削搅拌刀盘对称布置，只要把它们的左右两把刀盘按相反方向旋转，就可以使刀盘间的扭矩得以平衡，从而不会如同大刀盘在初始顶进中那样产生顺时针或逆时针方向的偏转。

此外，还有输土车、螺旋输送机、皮带输送机等辅助设备。

（二）泥水平衡顶管机

在顶管施工的分类中，我们把用水力切削泥土以及采用机械切削泥土但采用水力输送弃土，同时利用泥水压力来平衡地下水压力和土压力的这类顶管形式，都称为泥水式顶管施工。

从有无平衡的角度出发，又可以把它们细分为具有泥水平衡功能和不具有泥水平衡功能两类。如常用的网格式水力切割土体的，是属于没有泥水平衡功能的一类。即使它采用了局部气压——向泥土仓内加上一定压力的空气，也只能属于气压平衡而非泥水平衡。

在泥水式顶管施工中，要使挖掘面上保持稳定，就必须在泥水仓中充满一定压力的泥水，泥水在挖掘面上可以形成一层不透水的泥膜，它可以阻止泥水向挖掘面里面渗透。同时，该泥水本身又有一定的压力，因此，它就可以用来平衡地下水压力和土压力，这就是泥水平衡式顶管最基本的原理。

泥水式顶管施工有以下优点：① 适用的土质范围比较广，如在地下水压力很高以及变化范围较大的条件下，它也能适用。② 可有效地保持挖掘面的稳定，对所顶管周围的土体扰动比较小。因此，采用泥水式顶管施工，特别是采用泥水平衡式顶管施工引起的地面沉降也比较小。③ 与其他类型顶管比较，泥水顶管施工时的总推力比较小，尤其是在黏土层表现得更为突出。所以，它适宜于长距离顶管。④ 工作坑内的作业环境比较好，作业也比较安全。由于它采用泥水管道输送弃土，不存在吊土、搬运土方等容易发生危险的作业。它可以在大气常压下作业，也不存在采用气压顶管带来的各种问题及危及作业人员健康等问题。⑤ 由于泥水输送弃土的作业是连续不断地进行的，所以它作业时的进度比较快。在黏土层中，由于其渗透系数极小，无论采用的是泥水还是清水，在较短的时间内，都不会产生不良状况，这时在顶进中应考虑以土压力作为基础。在较硬的黏土层中，土层相当稳定，这时，即使采用清水而不用泥水，也不会造成挖掘面失稳现象。在较软的黏土层中，泥水压力大于其主动土压力，从理论上讲是可以防止挖掘面失稳的。但实际上，即使在静止土压力的范围内，顶进停止时间过长时，也会使挖掘面失稳，从而导致地面下陷。这时，我们应把泥水压力适当提高些。

该类顶管机有刀盘可伸缩式、偏压破碎型、砂砾石破碎型、偏压破碎岩盘机等，下面以刀盘可伸缩式为例来说明。

它分为大小两种口径：小口径机人无法进入，采用远距离控制，称为 TM 型；大口径机人可以进入，人直接在管内操作，则称为 MEP 型。除此以外，两者的工作原理完全相同。

刀盘是一个直径比掘进机前壳体略小的具有一定刚度的圆盘。圆盘中还嵌有切削刀 VP 和刀架。刀盘和切削刀架之间可以同步伸缩，也可以单独伸缩。而且，不论刀盘停在哪一个位置上，切削刀架都可以把刀盘的进泥口关闭。刀架上的切土刀呈八字形，无论刀盘是正转还是反转，它都可以切土。刀盘的中心有一三角形的中心刀。刀盘的边缘有两把对称安装的边缘切削刀，该刀可在土中挖掘出一个直径与掘进机外径相等或者比掘进机外径大一些的隧洞，便于推进。刀盘上还有一些螺旋形布置的先行刀，它的主要功能是进行辅助切削。

TM 或 MEP 型掘进机的工作原理如下：刀盘前土压力过小时，它就往前伸；刀盘前土压力过大时，它就往后退。刀盘前伸时，应加快推进速度；刀盘后退时，应减慢推进速度。这样，就可以使刀盘前的土压力控制在设定的范围内。如果刀盘前压力小于土层的主动土压力时，地面就下陷；反之，如果刀盘前压力大于土层的被动土压力时，地面就隆起。

整个刀盘由和刀盘主轴为一体的一台油缸支撑，设定土压力后就可以调定油缸的压力。当刀盘受到大于设定的土压力时就后退，反之则前伸。只要推进速度得当，刀盘就可以保持浮动状态。

由于有以上刀盘可伸缩的浮动特性以及刀架可开闭的进泥口调节特性，这种掘进机就可以实现用机械来平衡土压力的功能。另外，TM 或 MEP 的泥水压力也是可调节的，刀架的开闭状态就使其具有用泥水压力来平衡地下水压力的功能。不过，这种顶管掘进机比较适用于软土和土层变化比较大的土层，用它施工后的地面沉降很小，一般在 5mm 以内。

三、顶管施工

（一）施工前的准备

对于非开挖施工之一的顶管施工法来说，施工前的场地勘察具有非常重要的意义，它是工程施工设计、确定施工工艺和选择施工设备的主要依据。顶管法施工前的勘察主要了解地层地质情况、施工现场地形、地下水情况、地下管线的分布、可能出现的地下障碍物以及考虑在施工过程中对挖掘出的土渣堆放和清运等工作。

（二）水平钻顶管施工法

水平钻顶管施工法适用于地下水位以上的小口径管道顶进作业。主要采用水平螺旋钻具或硬质合金钻具，在油压力下回转钻进，切削土层或挤压土体成孔，然后将管逐节顶入土层中。采用水平螺旋钻具施工工序如下：① 安装钻机，先将导向架和导轨按照设计安装于工作井内，严格检查其方向和高度。然后，在导轨上边安放其他部件。② 安装首节管，管内装有螺旋钻具。③ 启动电动机，边回转边顶进。④ 螺旋钻具输出管外的土由土斗接满后，用吊车吊出工作井运走。⑤ 顶完一节管，卸开夹持器，螺旋钻具法兰盘，加接螺旋输土器（钻杆），同时加接外管。整个管道依照上述方法，循环工作，直至结束。⑥ 螺旋钻孔顶管施工还有一种方法，就是先用钻具成孔，然后将管一节节顶入。这种方法只适用于土层密实、钻孔时能形成稳定孔壁的土层中顶进施工。

（三）逐步扩孔顶管施工法

采用逐步扩孔顶管施工时，先挖好工作井和接收井，再将水平钻机安装于工作井，使钻机钻进方向和设计顶进方向一致。开动钻机在两井之间钻出一个小径通孔，从孔中穿过一根钢丝绳，钢丝绳的一端系在接收井内的卷扬机上，另一端系于从工作井插入的扩孔器上，扩孔器在卷扬机的往复拖动下，把原小径通孔逐步扩大到所需要的直径，再将欲铺设的管子牵引入洞完成管道施工。这种逐步扩孔顶管施工方法只适应于黏性土、塑性指数较高、不会坍塌的地层。在这种方法的施工中，用于扩孔的扩孔器可以是螺旋钻具、筒形钻具、锥形扩孔器、刮刀扩孔器。这种施工方法的优点是，管道施工精度高，所需动力较小。

（四）钢筋混凝土管及钢管顶管施工法

钢筋混凝土管的顶进与其他管材的顶进方法相同，且混凝土管及钢管的口径可大可小。只是在顶进过程中混凝土管强度低，易损坏，从而影响顶进距离，顶进时须加以保护。另一个问题是管与管间的连接和密封问题，应严格按照国家有关规范和规定执行。一般的做法是，在两管接口处加衬垫，施工完后，再用混凝土加封口。钢管的顶进方法同混凝土管，只是其连接和密封均靠焊接，焊接时要均布焊点防止管节歪斜。

第三节　微型隧道法

一、概述

微型隧道法是一种小直径的可遥控、可导向顶管施工方法，它广泛用于地下管线的铺设。微型隧道施工主要由机械掘进系统、顶管系统、导向系统、出渣系统、控制系统等组成。微型隧道所适用的管道内直径一般小于900mm，这一管道直径通常被认为是无法保障人在里面安全工作，但是相关人员认为800mm管道内径就已经足够人在里面工作，而欧洲人则把这一上限提高到 1 000mm，特别是在长距离顶管施工中。

无论其精确的管道直径是多大，微型隧道的施工精度比较高，采用地表遥控的方法来施工可以事先确定方位和水平的管道，施工中工作面的掘进、泥砂的排运和掘进机的导向等全部采用远程控制。

因此，顶管技术和微型隧道的主要区别是管道直径的大小，而不是有没有采用远程控制系统，因为同一个设备制造商的同一规格的远程控制掘进机的直径系列可能从 500mm 到 1 500mm，甚至更大，而远程控制设备也趋于用来铺设直径为 2 000mm 的较大管道。

我国从 20 世纪 80 年代起开始从国外引起微型隧道铺管技术和设备，在引进的同时，也在研究开发自己的产品，从 20 世纪 90 年代以来，在直径 1.2~3m 的微型隧道顶管机方面，已经先后研制了先进的反铲顶管机、土压平衡顶管机和泥水加压顶管机，国内已完全有能力制造国产机械替代进口设备。

微型隧道施工法分为以下几类：先导式微型隧道工法、螺旋排土式微型隧道工法、水力排土式微型隧道工法、气力排土式微型隧道工法、其他机械排土式微型隧道工法、土层挤密式微型隧道工法、管道在线更换微型隧道工法和连接住户的微型隧道工法等。

二、微型隧道施工法的设备系统

（一）机械掘进系统

机械掘进系统是将由安装于钻进机内的电力或者液压马达驱动的切割头安装在微型隧道掘进机表面组成的。切割头适用于各种土层条件，并且已经成功应用于岩石中。一些工程实例证明它们可以使用非限制抗压强度达到 200MPa 来钻进岩石。并且，掘进机配置有节点可控单元，带有可控顶管和激光控制靶。微型隧道可以独立计算平衡地层压力和静水压力，可以通过计算平衡泥浆压力或者压缩空气来控制地下水保持在原始地层高度。

（二）动力或顶管系统

微型隧道施工是顶管的过程。微型隧道和钻铤的动力系统由顶管框架和斜驱动轴组成，为微型隧道特殊设计的顶管单元能够提供压缩设计和高推进能力。根据工程长度和驱动轴直径以及需要克服的土体阻力的不同，推进力可以达到 1 000~10 000 kN。动力系统为操作人员提供两组数据：①动力系统施加于推进系统上的总压力或者水力压力。②管道穿透地层的穿透速率。

（三）钻渣移除系统

微型隧道钻渣移除系统可以分为泥浆排渣运输系统和螺旋除渣系统。

在泥浆系统的帮助下，操作系统可以提高地层控制精度，减少由于钻机面对的不同钻进角度而带来的误差。在泥浆排渣运输系统中，废渣与钻井液混合流入位于钻进机的切割刀头之后的腔室中。废渣通过位于主管道内部的钻井液排出管水力排出。这些废渣最终通过隔离系统排出。因为钻井液腔室压力与地下水压力此消彼长，所以钻井液流速和腔室压力的检测和控制至关重要。

螺旋除渣系统利用安装于主管道中的独立封闭套管进行排渣。废渣首先被螺旋钻进到驱动轴中，收集在料车里，然后卷扬到靠近驱动轴的表面存储装置。一般会在废渣中加水来加速废渣移动。但是，螺旋除渣系统的一大优点是移动废渣不需要达到其抽稠度。

当钻进复杂地层时，仔细的地质勘查、钻进机器的选择、参数设置以及操作是最核心的内容。设计相应的补救措施和快速的弥补方法也至关重要，诸如应对钻井液漏失、地层坍塌或者钻进卡钻等事故的发生。

（四）导向系统

多数导向系统的核心是激光导向。激光可以提供校准评估信息，帮助钻进机器（盾构机）不偏离管道线路。位于钻进机器头部的激光束从驱动轴到靶标之间必须是无障碍通道。激光导向必须有顶管坑支持，这样才能避免任何由驱动系统所产生的力导致的运动对激光导向产生的影响。用于接收激光信号的靶标可以是主动或者被动系统。被动系统包括安装于可控钻头上用于接受激光光束的目标网格。靶标由安装在钻头中的可视闭路电视显示。然后，这些信息被传输回在钻进设备中的显示屏上。控制员可以根据这些信息对钻进路线做出必要的可控调整。主动系统在靶标上含有感光元件，这些元件可以将激光信息转化为数码数据。这些数据传送回显示屏，为控制员提供数码可读信息，帮助激光光束击中靶标。被动和主动系统都是应用广泛和可靠的导向系统。

（五）控制系统

所有的微型隧道都依靠远程控制系统，允许操作员坐在靠近驱动轴的舒适安全的操作室中。操作员可以直接观察检测驱动轴的运行情况。如果由于空间限制不能设置靠近驱动轴的操作室，操作员可以通过闭路电视显示器观察驱动轴的活动。控制室一般尺寸是 2.5m × 6.7m。但是，控制室可以根据实际空间来调节大小。操作员的水平对于控制系统至关重要。他们需要观察工人的操作情况与现场的其他情况。其他需要观察的信息有掘进机器的角度和线路、切割钻头的扭矩、顶管的推进力、操作导向压力、泥浆流动速度、泥浆系统压力和顶管前进速度等。

控制系统现有人工操作控制系统和自动操作控制系统两种方式。人工操作控制系统需要操作员监视一切信息。自动操作控制系统由电脑监控，根据设置的时间间隔来提供各种参数。自动操作控制系统还会进行自动纠正。人工操作控制系统和自动操作控制系统相结合的方式也是可行的。

（六）管道润滑系统

管道润滑系统由混合池和必要的泵压设备组成，用于从靠近驱动轴的混合池向润滑剂连接点传送润滑剂。管道润滑不是强制要求的，但是一般对于长管道铺设都推荐使用。润滑剂是由膨润土或者聚合物材料构成。对于直径小于 1m 的非进人的管道，大多数的润滑剂连接点是在掘进机的盾牌上。对于直径大于 1m 的要求人员进入的管道，润滑剂连接点可以选择在管道内部。这些润滑剂连接点是可以插入和随着副线的完成而减少的。润滑剂的使用可以减少顶管的推进阻力。

三、微型隧道在施工中的主要应用领域

微型隧道的主要应用领域在于铺设重力排水管道，其他形式的管道也可以采用此法，但应用比例还不大；在某些施工条件下，微型隧道可能是在交叉路口铺设排污管道的有效方法。

在研究用于新管道铺设远程控制微型隧道掘进机的同时，人们还开发了用于旧的污水管道在线更换的微型隧道掘进机，使旧管道的破碎、挖掘和更换铺设在同一施工过程中一次完成。

第四节　气动夯管锤施工技术

一、概述

（一）气动夯管锤工作过程

气动夯管锤是一种不需要阻力支座，利用动态的冲击能将空心的钢管推入地层的机械。它实质上是一个低频、大冲击功的气动冲击器，由压缩空气驱动，将所铺设的钢管沿设计路线夯入地层，实现非开挖铺设管线。施工时，夯管锤的冲击力直接作用在钢管的后端，通过钢管传递到前端的切削管靴上切削土体，并克服土层与管体之间的摩擦力，使钢管不断进入土层。随着钢管的前进被切削的土心进入钢管内，在第一节钢管夯入地层后，后一节钢管与其焊接在一起，如此重复，直到夯入最后一节钢管，待钢管全部夯

到目标后，取下切削管靴，用压缩空气、高压水、螺旋钻、人工掏土等方式将管内土排出，钢管留在孔内，完成铺管作业。

（二）气动夯管锤铺管的特点

气动夯管锤铺管时由于夯管锤对钢管是动态夯进，产生强力的冲击和振动，绝大部分泥土随着钢管进入土层而不断进入管道，这样大大减小了夯管的管端阻力，且减小对穿越处地面的隆起破坏。同时，振动作用也有利于使钢管周围的土层产生一定程度的液化，并与地层间产生一定的空隙，减少了钢管与地层间的摩擦阻力。由于动态夯进可以击碎障碍物，所以在含卵砾石地层或回填地层中铺管时，比管径大的砾石或石块可将其击碎后一部分进入管内并穿过障碍物，而不是试图将整个障碍物排开或推进。基于此，气动夯管锤具有以下特点：① 地层适用范围广。夯管锤铺管几乎适应除岩层以外的所有地层。② 铺管精度较高。气动夯管锤铺管属不可控向铺管，但由于其以冲击方式将管道夯入地层，在管端无土楔形成，且在遇障碍物时，可将其击碎穿越，所以具有较好的目标准确性。③ 对地表的影响较小。夯管锤由于是将钢管开口夯入地层，除了钢管管壁部分需排挤土体之外，切削下来的土心全部进入管内，因此即使钢管铺设深度很浅，地表也不会产生隆起或沉降现象。④ 夯管锤铺管适合较短长度的管道铺设，为保证铺管精度，在实际施工中，可铺管长度按钢管直径（mm）除以 10 就得到夯进长度（以 m 为单位）。⑤ 对铺管材料的要求。夯管锤铺管要求管道材料必须是钢管，若要铺设其他材料的管道，可铺设钢套管，再将工作管道穿入套管内。⑥ 投资和施工成本低。施工条件要求简单，施工进度快，材料消耗少，施工成本较低。⑦ 工作坑要求低，通常只需很小施工深度，无须进行很复杂的深基坑支护作业。⑧ 穿越河流时，无须在施工中清理管内土体，无渗水现象，确保施工人员安全。

二、气动夯管锤的结构及工作原理

（一）气动夯管锤的结构

气动夯管锤实质是一种以压缩空气作为动力的低频大功率冲击器，其结构简单，由配气装置、活塞、汽缸、外套及一些附属件组成。

1. 配气装置

配气装置的作用是将压缩空气分别交替地送至汽缸的前后室，使活塞做往复运动而冲击夯管锤外套，由外套将冲击力传递至钢管上。因此，要求配气装置气路简单、拐弯少、断面大、密封性好、压力损失小、阀体轻、动作灵敏、结构简单、制造容易、具有抗冲击耐磨性、寿命高等特点。

2.活塞

活塞在夯管锤中是主要的运动件，在汽缸中做往复运动，前进行程终了到冲击锤体外壳上端部，将动能传递至钢管上，而使钢管切割土体前进。为此，活塞应能在汽缸内灵活运动，且密封性好，以免压缩空气漏失；与锤体有适当的碰撞质量比，有合理的形状及尺寸，以达到高的冲击频率。

3.汽缸与外套

夯管锤的汽缸被活塞分割成前后气室，活塞在其中做往复运动。汽缸与锤体外壳为一体，锤体外套端部受活塞冲击震动，为此，锤体外套应具有较强的抗冲击性。

（二）气动夯管锤的工作原理

气动夯管锤按其配气装置的形式属于无阀式冲击器，它利用布置在活塞和汽缸壁上的配气系统控制活塞往复运动，即活塞运动时自动配气。压缩空气由气管进入夯管锤后，进入夯管锤的内腔沿内缸与外壳之间的环状空隙，经活塞的环腔进入下气室，推动活塞上行。

当活塞内腔的压缩空气能量足够大时，以很大的推力驱动活塞加速下行，将最大的冲击能量施加于夯管锤外壳，由外壳传递到钢管上。此时，压缩空气又进入活塞下部，重复以上动作。

三、施工设备及配套机具

气动夯管锤非开挖铺设地下管线施工主要设备除气动夯管锤外，还需配置一些其他设备、机具。

（一）主机

主机指的是气动夯管锤铺管系统中的锤体部分，是由它产生强大冲击力将钢管夯入地层中。

（二）动力系统

气动夯管锤以压缩空气为主，同时压缩空气又是排除土心的动力。气源主要通过空气压缩机和驱动气动夯管锤的空压机获得，压力为 0.5~0.7MPa，排气量根据不同型号夯管锤的耗气量而定。

（三）注油与管路系统

注油器用于向压缩空气中注油，润滑夯管锤中的运动零件，注油器设计成注油量可调，其调节范围一般为 0.005~0.052 L/min。夯管锤通过管路系统与气源连接，而注油器位于管路的中间，利用压缩空气将润滑油连续不断地带入夯管锤中。

（四）连接固定系统

连接固定系统由夯管头、出土器、调节锥套和张紧器组成。夯管头用于防止钢管端部因承受巨大的冲击力扩张而损害。出土器用于排出在夯管过程中进入钢管内又从钢管的另一端挤出的土体。调节锥套用于调节钢管直径、出土器直径和夯管锤直径间的相配关系。夯管锤通过调节锥套、出土器和夯管头与钢管连接，并用张紧器将它们紧固在一起。因为调节锥套、出土器和夯管头传递着巨大的冲击力，设计中应对它们的强度连接可靠性进行综合考虑。

（五）注浆系统

注浆系统主要由储浆罐、注浆头、注浆管、传压管和控制阀等组成，其特点在于用压缩空气作动力，可持续向地层的钢管内外两侧注浆，用来减少夯入地层的阻力。

（六）清土系统

清土系统包括封盖和清土球，封盖用于防止钢管内的压缩空气从管端泄漏，清土球在钢管内相当于一个活塞，在空气或水压力作用下在钢管内不断前进，从而将管内的土体从钢管另一端推出。

（七）辅助工具

辅助工具是专门设计的在夯管过程中用于支撑夯管锤和保证夯管目标准确度的钢支架等。

四、气动夯管锤铺管工艺

（一）地层可夯性

1.夯管铺管破土机理

摩擦阻力和黏聚力砂土层中，阻力主要表现为摩擦阻力，当砂层含一定量的水时，在夯管锤震动载荷作用下易液化，从而大大降低摩擦阻力。黏聚力的大小与黏土颗粒间的黏结力有关。相同含水量的土，黏结力越大，则与钢管间的黏聚力也越大。因砂土的黏结力很小，所以它与钢管间的黏聚力也较小。黏性土层中，对于干性土，阻力主要表现为摩擦阻力，这是因为干性土颗粒间的结构一旦受到破坏，就很难在短时间内形成，尽管它的黏结力较大，但与管间的黏聚力却较小。相反，对于潮湿土，阻力主要表现为黏聚力。

管端阻力。管端阻力按管鞋对土层的作用形式可分为切削阻力和挤压阻力。在正常情况下，这个力主要是切削阻力，但当管内土心与管内壁的摩擦力足够大到土心不能在管内滑动时，这个力就主要表现为挤压阻力。

2. 土的性质对地层可夯性的影响

土的基本性质主要包括土的种类、相对密度、容重、含水量、密实度、饱和度等，其中土的种类、含水量和孔隙比对土的可夯性影响最大。

土的种类随着土颗粒的增大，管鞋切削地层的阻力也就加大，地层可夯性就越差；相反，土颗粒越细，地层可夯性越好。一般来说，碎石土除松散的卵石、圆砾外，大部分为不可夯地层，其他土构成的地层均为可夯性地层，随着土颗粒由粗变细，可夯性变好。

土的含水量。土的含水量反映了土的干湿程度。含水量越大，说明土越湿；含水量越小，说明土越干。在实际施工中所遇到土的含水量的变化幅度非常大，砂土可在 10%~40% 变化，黏土可在 20%~100%，有时甚至可在高达百分之几百之间变化。土的含水量越大，即土越潮湿，在震动载荷作用下液化程度越好，故可夯性越好。

土的密实度。土的密实度由孔隙比来描述。对于一般土来说，孔隙比不表示孔隙的大小，只表示孔隙总体积的变化。孔隙比与孔隙体积变化成正比，所以孔隙比可反映土的密实程度。一般黏性土的孔隙比在 0.4~1.2，砂性土的孔隙比在 0.5~1.0，而淤泥的孔隙比可高达 1.5 以上。土越密实，土颗粒就越接近，土粒间的吸引力（即土的黏结力）就越大，因而切削阻力就越大；同时，土越密实，土可压缩性就越差。两方面原因都使夯管时的管端阻力增大，所以土的密实度越大，可夯性越差。

3. 地层可夯性分级

从夯管锤铺管破土机理的分析中，我们知道地层可夯性主要和地层土的种类和性质有关。为了定量地说明地层可夯性，根据地层土的种类和性质，并参考标贯实验数据，对地层进行初步的可夯性分级。

（二）气动夯管锤铺管施工过程

1. 现场勘察

现场的勘察资料是进行工程设计的重要依据，也是决定工程难易程度，计算工程造价的重要因素，因此必须高度重视现场勘察工作，勘察资料必须精确、可靠。现场勘察包括地表勘察和地下勘察两部分。地表勘察的主要目的是确定穿越铺管路线。地下勘察包括原有地下管线的勘察和地层的勘察。

2. 施工设计

根据工程要求和工程勘察结果进行施工设计。施工设计包括施工组织设计、工程预算和施工图设计等。各个管线工程部门对施工设计都有不同的要求和规定。但进行夯管锤铺管工程施工设计时必须考虑如下几点：① 确定夯管锤铺管可行性。根据工程勘察情况、工程质量要求、地层情况和以往施工经验，决定该项工程是否可用夯管锤铺管技术进行施工。② 确定铺管路线和深度。一般步骤是先根据地表勘察情况确定穿越铺管的路线，然后根据地下勘察情况确定铺管深度。但有时在确定路线下的一定深度范围内没有铺管空间，需重新进行工程勘察以确定最佳的铺管路线和铺管深度。③ 预测铺管精度。因为夯管锤铺管属非控向铺管，管道到达目标坑时的偏差受管道长度、直径、地层情况、施工经验等多方面因素的影响，预测并控制好铺管精度是工程成败的关键。④ 确定是否注浆。一般地层较干、铺管长度较长、直径较大时，应考虑注浆润滑。确定注浆后必须预置注浆管。

3. 测量放样

根据施工设计和工程勘察结果，在施工现场地表规划出管道中心线、下管坑位置、目标坑位置和地表设备的停放位置。放样以后需经过复核，在工程有关各方没有异议后即可进行下一步施工。

4. 钢管准备及机型选择

（1）对钢管特性的要求

所用钢管可以是纵向或螺旋式焊管、无缝钢管，也可以是平滑或带聚乙烯护层的钢管。按照管径和夯进长度正确选择钢管壁厚，以使传来的冲击力能克服尖端阻力和管壁摩擦力，同时不损伤钢管。

（2）钢管壁厚与管径及夯进长度的关系

夯管锤铺管所用的钢管在壁厚上有一定的要求，当所采用的钢管壁厚度小于要求的最小壁厚时，需加强钢管端部和接缝处，以防止钢管端部和接缝处被打裂。

（3）钢管前端切削护环的作用

钢管在夯入地层之前在管头必须焊制一切削护环，其基本作用如下：① 增加钢管横截面的强度，以利于击碎较大的障碍物；② 套在钢管前的切削护环通过内外凸出于管壁的结构部分减小管壁与土壤的摩擦；③ 保护有表面涂层钢管的涂层。切削护环的构成在极大程度上影响了夯进目标的准确性。

切削护环是在工厂预制的，施工时只需将它焊制在钢管前端，以防夯进中脱落。这个切削护环可以在每次施工时被重复使用。在现场，也可用扁钢焊接加工一个切削护环。但需注意，扁钢应完全包围住钢管并进行全焊接，护环边缘应打磨成向内倾斜的切形，以避免更高的尖端阻力。

（4）机型选择

夯管工程中正确选用夯管锤非常重要。选择夯管锤时应综合考虑所穿地层、铺管长度和铺管直径三个因素。当地层可夯性级别低时，可选用较小直径的夯管锤铺设较大直径或较长距离的管道；地层可夯性级别高时，必须选用较大直径的夯管锤铺设较小直径或较短距离的管道。实际工程中以平均铺管速度 2~5m/h 的标准选用夯管锤，能比较理想地降低铺管成本。

5. 工作坑的构筑

工作坑包括下管坑和目标坑。正式施工前应按照施工设计要求开挖工作坑。一般下管坑底长度为：管段长度＋夯管锤长度＋1m，坑底宽为：管径＋1m。目标坑可挖成正方形，边长为：管径＋1m。

6. 夯管锤和钢管的安装与调整定位

以上各项工作准备好以后即可进行机械安装。先在下管坑内安装导轨（短距离穿越铺管可以不用导轨），调整好导轨的位置，然后将钢管置于导轨上。

第一节被夯进的钢管方向决定了整个工程的目标准确性，所以应极为小心谨慎地进行调节定位，并给这项工作以充裕的时间。工字形和槽形钢架作为导轨的效果很理想。为给钢管焊接留出适当的空间，导轨应离开钢管开始进土的位置约 1m。为保证导轨的稳定，应将其固定在用低标号混凝土铺设的基础上，固定前一定要调准方向及期望的倾斜度。在某些情况下或某些特定的土质条件下，也可以将钢架设置在卵石或砾石中。特别对长距离夯进多节钢管时更应如此。

7. 夯管

启动空压机，开启送风阀，夯管锤即开始工作，徐徐将管道夯入地层。在第一根管段进入地层以前，夯管锤工作时钢管容易在导轨上来回窜动，应利用送风阀控制工作风量，使钢管平稳地进入地层。第一段钢管对后续钢管起导向作用，其偏差对铺管精度影响极大。一般在第一段钢管进入地层 3 倍管径长度时，要对钢管的偏差进行监测，如发现偏差过大时应及时调整，并在继续夯入一段后重复测量和调整一次，直至符合要求为止。钢管进入地层 3~4m 后逐渐加大风量至正常工作风量。第一段钢管夯管结束后，从钢管上卸下夯管锤和出土器等，待接上下一段钢管后装上夯管锤继续夯管工作，直至将全部管道夯入地层为止。

8. 下管、焊接

当前一段管不能到达目标坑时，还需下入下一段管。将夯管锤和出土器等从钢管端部卸下并沿着导轨移到下管坑的后部，将下一段管置于导轨上，并调到与前一段管成一直线。管段间一般采用手工电弧焊接，焊缝要求焊牢焊透，管壁太薄时焊缝处应用筋板加强，提供足够的强度来承受夯管时的冲击力。要求防腐的管道，焊缝还须进行防腐处理。采用注浆措施的，还须加接注浆用管。

9. 清土与恢复场地

夯管到达目的工作坑后，须将钢管内的存土清除。清土的方法有多种，通常用以下几种不同的方法进行排土：① 利用水压将土石整体一次排出；② 利用气压将土石整体一次排出；③ 利用螺旋钻机、吸泥机、水压喷枪和冲洗车或人力（管道端面可行人时）排土。

上述的第 ① 和第 ② 种方法是极为经济的排土方法。在现场最常用的方法是压气排土。其具体做法是：将管的一端掏空 0.5~1.0m 深，置清土球（密封塞）于管内，用封盖封住管端，向管内注入适量的水，然后连接送风管道，送入压缩空气，管内土心即在空气压力作用下排出管外。用此法必须注意的是，清土球和封盖应具有良好的密封性，注水有助于提高清土球的封气性能。排土过程一般都应有专业人员来完成。禁止非操作人员在工作坑附近逗留，以防因土心的迅速排出可能对靠近的物品和人员造成损害。

螺旋钻排土和人工清土用于较大直径管道。

五、气动夯管锤的铺管精度问题

从夯管锤铺管的技术特点来看，尽管它的铺管精度比不出土水平顶管和水平螺旋钻铺管精度高，但它仍属非控向铺管技术，如何预测其铺管精度并事先采取措施预防其偏斜是夯管锤铺管工程中的技术难点。

夯管锤铺管精度与所穿越地层、铺管长度、直径、焊缝数量和施工经验有关。一般来说，地层太软或软硬不均、一次性穿越距离过长、管径太小，焊缝数量多或施工经验不足都会造成铺管偏差过大。

垂直向下偏差可通过导轨上扬一定角度来补偿，穿越距离长或地层软时上扬角度大些，穿越距离短或地层硬时上扬角度小些。通过补偿可大大提高铺管精度。

综合影响系数与地层软硬程度、焊缝数量和施工经验（如导轨安装质量）等多种因素有关，如要提高铺管精度，除不断积累施工经验外，尽量增加每段管的长度也非常重要，尤其要注意的是第一段管的精度。

此外，导向钻进可与夯管相结合，即利用导向孔钻机先打一导向孔并扩孔，然后再沿着这个孔夯管，可作为提高夯管锤铺管精度最彻底的方法。

六、气动夯管锤铺管的注浆润滑

在多数地层中，通过注浆润滑可以大大减少地层与钢管间的摩擦系数，减小钢管进入地层中的阻力，因而注浆润滑是提高夯管成功率的一个极其重要的环节。

注浆的目的就是要使润滑浆液在钢管的内外周形成一个比较完整的浆套，使土体与钢管之间的干摩擦转为湿润摩擦，并使湿润摩擦在夯管过程中一直保持。地层情况多种多样，如何保证润滑浆液不渗透到地层中是技术的关键。这个问题主要由采用不同的浆液材料和处理剂来解决。目前常用的铺管注浆材料有两类：一类是以膨润土为主，适用于砂土层中注浆润滑，另一类则是人工合成的高分子造浆材料，主要适合于黏性土层中注浆润滑。

第五节　导向钻进法

一、概述

大多数导向钻进采用冲洗液辅助破碎，钻头通常带有一个斜面，因此当钻杆不停地回转时则钻出一个直孔，而当钻头朝着某个方向给进而不回转时，钻孔会发生偏斜。导向钻头内带有一个探头或发射器，探头也可以固定在钻头后面。当钻孔向前推进时，发射器发射出来的信号被地表接收器所接收和追踪，因此可以监视方向、深度和其他参数。

成孔方式有两种：干式和湿式。干式钻具由挤压钻头、探头室和冲击锤组成，靠冲击挤压成孔，不排土。湿式钻具由射流钻头和探头室组成，以高压水射流切割土层，有时以顶驱式冲击动力头来破碎大块卵石和硬地层。两种成孔方式均以斜面钻头来控制钻孔方向。若同时给进和回转钻杆，斜面失去方向性，实现保直钻进；若只给进而不回转，作用于斜面的反力使钻头改变方向，实现造斜。钻头轨迹的监视，一般由手持式地表探测器和孔底探头来实现，地表探测器接收显示位于钻头后面探头发出的信号（深度、顶角、工具面向角等参数），供操作人员掌握孔内情况，以便随时进行调整。

二、钻机锚固

钻机在安装期间发生事故的情况非常多，甚至和钻进期间发生事故的概率相当，尤其是对地下管线的损坏。在钻机锚固时，要防止将锚杆打在地下管线上，同时，合理的钻机锚固是顺利完成钻孔的前提，钻机的锚固能力反映了钻机在给进和回拉施工时利用其本身功率的能力。

三、钻头的选择依据

① 在淤泥质黏土中施工，一般采用较大的钻头，以适应变向的要求。② 在干燥软黏土中施工，采用中等尺寸钻头一般效果最佳（土层干燥，可较快地实现方向控制）。③ 在硬黏土中，较小的钻头效果比较理想，但在施工中要保证钻头至少比探头外筒尺寸大 12mm 以上。④ 在钙质土层中，钻头向前推进十分困难，所以，较小直径的钻头效果最佳。⑤ 在粗粒砂层中，中等尺寸的钻头使用效果最佳。在这类地层中，一般采用耐磨性能好的硬质合金钻头来克服钻头的严重磨损。另外，钻机的锚固和冲洗液质量是施工成败的关键。⑥ 对于砂质淤泥，中等到大尺寸钻头效果较好。在较软土层中，

采用较大尺寸钻头以加强其控制能力。⑦ 对于致密砂层，小尺寸锥形钻头效果最好，但要确保钻头尺寸大于探头筒的尺寸。在这种土层中，向前推进较难，可较快地实现控向。另外，钻机锚固是钻孔成功的关键。⑧ 在砾石层中施工，镶焊小尺寸硬质合金的钻头使用效果较佳。⑨ 对于固结的岩层，使用孔内动力钻具钻进效果最佳。

四、导向孔施工

导向孔施工步骤主要为：探头装入探头盒内；导向钻头连接到钻杆上；转动钻杆，测试探头发射是否正常；回转钻进 2m 左右；开始按设计轨迹施工；导向孔完成。

导向钻头前端为 15° 造斜面。该造斜面的作用是在钻具不回转钻进时，造斜面对钻头有一个偏斜力，使钻头向着斜面的反方向偏斜；钻具在回转顶进时，由于斜面在旋转中斜面的方向不断改变，斜面周向各方向受力均等，使钻头沿其轴向的原有趋势直线前进。

导向孔施工多采用手提式地表导航仪来确定钻头所在的空间位置。导向仪器由探头、地表接收器和同步显示器组成。探头放置在钻头附近的钻具内。接收器接收并显示探测数据，同步显示器置于钻机旁，同步显示接收器探测的数据，供操作人员掌握孔内情况，以便随时调整。

钻进时应特别注意纠偏过度，即偏向原来方向的反方向，这种情况一旦发生将给施工带来不必要的麻烦，会大大影响施工的进度和加大施工的工作量。为了避免这种情况的发生，钻进少量进尺后便进行测量，检验调整钻头方向。

五、扩孔施工

扩孔是将导向孔孔径扩大至所铺设的管径以上，以减小铺管时的阻力。当先导孔钻至靶区时就需用一个扩孔器来扩大钻孔。一般的经验是将钻孔扩大到成品管尺寸的 1.2~1.5 倍，扩孔器的拉力或推力一般要求为每毫米孔径 175.1 N。根据成品管和钻机的规格，可采用多级扩孔。

扩孔时将扩孔钻头连接在钻杆后端，然后由钻机旋转回拉扩孔。随着扩孔的进行，在扩孔钻头后面的单动器上不断加接钻杆，直到扩至与钻机同一侧的工作场地，即完成了这级孔眼的扩孔，如此反复，通过采用不同直径的扩孔钻头扩孔，直至达到设计的扩孔孔径为止。对于回拉力较大的钻机，扩孔时可以采用阶梯形扩孔钻头，一次完成扩孔施工，甚至有时可以同时完成扩孔和铺管施工。

六、施工工艺

导向钻进法的施工工序：测量放线→导向孔轨迹设计→施工准备→钻机就位→钻导向孔→回拉扩孔→回拉铺设管道（拖管）。

（一）测量放线

根据施工要求的入土点和出土点坐标放出管线中心轴线，并根据要求进行导向孔轨迹设计。

（二）导向孔轨迹设计

导向孔轨迹设计是在管线剖面图基础上，设计出钻孔的最佳曲线。根据开挖的工作坑、接收坑结合设计井位，按照设计管道标高来设计钻进轨迹。不仅需要考虑避开穿越区域的地下管线，还要考虑到水文地质、地面环境、铺设管道的管径材质、穿越长度深度、钻机的性能等因素。管道施工的轨迹要满足设计要求，必须考虑入土点、出土点的斜直段、曲线段长度，严格控制水平穿越段各点标高。

（三）钻机就位

钻机就位前对施工场地进行平整（20m×30m），保证设备通行及进出场。测量打好轴线后，根据入土点，入土角度结合现场实际情况使钻机准确就位。钻机设备、泥浆设备、固控设备安装完成后，对其进行调试，确保导向孔的精度。

（四）钻导向孔

导向孔的钻进是整个导向钻的关键。为了确保出土位置达到设计要求，控向对穿越精度及工程成功与否至关重要，开钻前要仔细分析地质资料，确定控向方案，钻机手和导向仪操作手要重视每一个环节，认真分析各项参数，互相配合钻出符合要求的导向孔，钻导向孔要随时对照地质资料及仪表参数分析成孔情况。

（五）回拉扩孔

导向孔完成后，便可进行回拉扩孔。首先将导向头卸下，装上一钻头，钻头孔径比孔洞大1.5倍，然后将钻头往回拖拉至初始位置，卸下该钻头，换上更大的钻头，来回数次，直到符合回拖管道要求。回拉扩孔时的钻具组合为：钻杆＋扩孔器＋钻杆。预扩孔的次数主要由地层地质条件、回拖管线管径大小等来决定。地层硬度越大，扩孔次数越多；管径越大，扩孔次数也越多，最后扩孔直径一般到大约管径的1.3~1.5倍为止，保证管线能安全顺利拖入孔中。

（六）回拉铺设管道（拖管）

管道回拖是穿越的最后一步，也是最为关键的一步。管道回拖成功了，管道铺设也就基本完成了。在回拖时采用的钻具组合为：钻杆＋扩孔器＋回拖万向接＋穿越管道。在回拖时要连续作业，避免因停工造成缩孔、塌孔，从而使回拖阻力增大，或发生"泥包钻"，如果万一回拖力太大时，应采用助推器进行助推，回拖的管道要布置在穿越中心线上，尽量避免与出土的钻杆之间形成夹角，回拖前若地形较平时沿管线挖一"发送沟"，并在发送沟中灌入水，然后将管线放入发送沟内。当管线管径小时，可直接将焊接的管线放在滚轮架上，以便回拖时减少摩擦力，保护管道。当回拖的管道管径大时，回拖前根据出土角的大小沿钻杆开挖一出土斜坡，以利于管线按出土角度回拖入孔中。

七、质量控制要点

① 导向出入点位置和高程控制的好坏直接影响到导向钻进是否能达到设计和规范要求。② 在钻导向孔时，应提前完成整根管线的焊接、探伤、防腐补口、试压等工作。所用管材必须符合国家规范标准要求，否则会出现焊口拖裂。③ 控制好钻杆钻进角度，保证高程和质量。钻进时要特别注意纠偏过度，偏向原来方向的反方向，会大大影响施工进度和加大工作量。④ 根据出土点返浆情况调整泥浆量，保证孔内钻屑能够顺利被泥浆带到孔外。扩孔过程中产生的泥浆要及时处理。⑤ 管线回拖完毕后，井内管头封堵要及时严密。

第六节　振动法铺设管道技术

一、概述

在岩土工程中使用的挤土（挤密）法于 20 世纪 30 年代中期首创，在许多岩土工程实践中使用，起了很大的作用。同样，在仅仅只有 30 多年的地下管线非开挖技术的发展历史中，挤土（挤密）法也得到了较广泛的应用。在国内外现有的 10 余种非开挖铺管方法中，可按铺管（成孔）时对周围岩土的影响分为：挤土法、部分挤土法和非挤土法。

挤土（挤密）法的最大优势是成孔时不使用冲洗液，不排土干作业成孔，施工速度快，所以挤土法、部分挤土法是用途很广的非开挖施工方法。

无论是挤土或部分挤土（顶管法）中施加静力载荷，还是从顶入的管中取土，都要采用较复杂的设备、工具和工艺，增加成本。如果在金属管的非开挖铺设中采用振动技术，则将会大幅度提高工作效率和经济效益。

国外的试验资料证实，垂直振动构件与土的相互作用的原理完全可以用到水平振动上来。在分析振动沉管与土相互作用的计算模型时，国内外专家采用过不同的土体阻力模型，如弹塑性体、塑性体和黏弹性体等。

目前使用最广泛的是弹塑性模型，在确定桩土分离的可能性、最小振幅、沉管压力等方面，这种模型具有很重要的实际意义。这种模型的特点是假定在沉管与无质量的单元土体之间作用着理想状态下的弹簧，如果作用在单元土体上的力高于其移动阻力，则单元土体可以移动。沉管时土的动阻力变化为非线性函数，表现为黏弹塑性的特点。黏度这个分项阻力在沉管滑动时表现出来，它与振动速度之间是非线性关系。在试验中通过对摩擦力的测量证实了采用弹塑性模型是合理的。

第二种使用较普遍的土按塑性体考虑，桩表面与土之间作用着干摩擦。在塑性模型中土作为无质量的单元土体作用在桩表面产生动阻力，若作用在单元土体上的力高于其干摩擦阻力，单元土体可以移动。所以在塑性模型中为实现沉管，作用在沉管上的力应该大于土作用于桩身和桩尖部分的阻力。

在轴向回转振动沉管时，土的阻力取决于轴向和回转振动分速度，由于沉管的振幅超过土振幅约 2~3 个数量级，所以管周围的土可以认为不动，在施工开口管时，管前端形成土塞，这时要采用弹塑性体来研究土的阻力。使用振动冲击沉管时，因为有冲击和静载，所以考虑土为塑性体。

为便于工程计算，在利用各个模型时还应掌握土阻力的变化幅度。如随着振动速度的增加，土的阻力不断减少并趋向一个定值，这个定值小于静载下土的阻力，这个试验结果说明土的阻力不仅具有干摩擦力，而且还有黏滞力的特点，这些阻力有一个极限值，并可以用与干摩擦力等价的能量来评价。根据沉管时能量的消耗来评价土的阻力应该是非常可靠的，这个观点是计算侧摩擦力的基础。根据相关资料，沉管时动阻力小于静载时的阻力，含水的砂土为 1/5~2/7；饱和土为 1/6~2/9；砂质黏土为 1/4~2/5。在坚硬和硬塑土中沉管时土的动阻力接近于静载时的阻力，在塑性土中减少 20%~30%，实际上此时振动沉管和冲击沉管的阻力是相等的，实际在计算振动沉管的阻力时，可以参考在不同土体条件下的静载阻力。

在实际考虑该方法时，还要对振动和挤土的影响做出准确评价和估计，以尽可能发挥该法的优越性。

二、非开挖铺管施工中使用的振动设备和工具

（一）振动铺管设备

国外在管道工程中推广使用了 yBBm-400 型和 yBr-51 型非开挖铺管设备。

振动冲击铺管装置（yBBm-400型）。将振动锤设于被铺设的钢管上部与管刚性连接，形成一个振动体系，当启动振动锤时，锤内两组对称的偏心块通过齿轮控制做相反方向但同步的回转运动，转动时产生的惯性离心力的垂直分力相互抵消，水平分力大小相等、方向相同，相互叠加，从而产生忽前忽后周期性的激振力，使沉管沿管轴线方向产生振动，当管的振动频率与周围土的自振频率一致时，土体发生共振，土中的结合水释放出来成为自由水，颗粒间黏结力急剧下降，呈现液化状态，土体对管表面的摩阻力、端阻力均大为降低（一般减少到1/8~1/10）；同时由锤头和砧子相撞产生冲击力，使沉管有很高的振动速度，在管上产生很大的冲击力（约为激振力的几倍）并作用于锥形的端部，钢管较容易被挤进到土中预定深度。

一般要求滑轮组能提供一定的静载。钢管之间采用焊接连接，接管长度可达8m。调节弹簧的弹力取决于钢管贯入的阻力、冲击频率等，施工时可以利用滑轮组来调整弹力。

振动冲击机构由激振器和附加冲击机构组成，在滑轮组作用下沿导向滑道移动，贯入土中时土的反作用力由滑道前部的锚桩承担，第一节管的前部装锥形帽，电机由专门的控制台来调节。铺管按下面工序进行：① 将锥形帽装于第一节管的头部；② 连接第一节管与振动冲击机构；③ 振动冲击机构工作；④ 打开升降机并沉管；⑤ 振动冲击机构退回到起始位置；⑥ 安装并焊接下一节管。

如果贯入阻力较大，贯入速度降到0.06m/min时，应该换管径小一号的钢管，"伸缩"铺管，这种方法可以保证铺管长度达70m时仍有很高的贯入速度。铺管时要严格保证第一节管的挤入方向正确。通过铺管实践，证明该设备在铺设钢管时具有很高的效率。该设备还可根据钢管贯入土中的阻力自动调整振动冲击机构中的压紧弹簧，使贯入时的静载与冲击规程能更有效地配合。

振动冲击设备yBr-51也是专门的非开挖铺管设备。当用振动冲击挤土时，应该在管的底部焊锥形帽，并将带锥形帽的第一节管通过冲击和静压联合作用打入土中；当用振动冲击顶管时，第一节管不设锥形帽，而是在管的内部设振动冲击式抽筒，当钢管的开口端贯入土中一定深度后，用振动锤将抽筒贯入钢管内的土中，然后用钢绳将抽筒取出到卸土管中，利用振动器将土从抽筒中振动取出。

（二）用于管内取土的振动冲击抓斗

振动冲击抓斗是一个微型工具，它能够从直径1020mm和1420mm顶管中取土。该抓斗可以沿着顶管的内壁自行移动到孔底，贯入挤进顶管内的土中。抓斗的移动和贯入靠振动冲击机构产生的冲击力，该冲击力通过振动器的外壳传到与其刚性连接的集土管上。

yBB-1型振动冲击机构可相对其外管移动，外管上有砧子和凸起，而振动冲击机构（即所谓的冲击器）则在贯入方向上传递冲击脉冲力。为了降低卸土时对吊钩的动力作用，可以采用弹簧减振器。使用 yBB-1 型抓斗可以在顶管中循环取土，而顶管油缸可正常工作。打水平孔时的工作程序如下：①yBB-1 型抓斗在冲击力和弹簧反力的共同作用下，沿着顶管自动移动到孔底；②在振动冲击作用下集土管被贯入土中并装满土；③利用钢绳或作用在相反方向上的振动将抓斗拉出；④将抓斗提到垂直状态，在振动冲击状态下卸土。

为了降低 yBB-l 型抓斗提出时的拉力，应该在抓斗被拉紧时，振动器向后冲击。

yBB-1 型抓斗可以在许多类型的土质条件下使用。清除 1m 长管的土约需 10min，其中在孔底工作约 2~3min。该抓斗工作时完全没有手工劳动，提高了生产率，安全也有了保证，而且整个过程也容易机械化。

振动法铺管时不使用冲洗液，可以不排土干作业成孔，容易实现非开挖施工过程的机械化。无论是完全挤土，还是部分挤土（顶管），虽然其使用的直径较小，但在施工速度上占有优势，所以这是一种值得推广的非开挖施工方法。

第七节　其他非开挖施工技术

一、非开挖铺设管线的其他施工技术

（一）水平定向钻进法

用可导向的小直径回转钻头从地表以 10°~15° 的角度钻入，形成直径 90mm 的先导孔。在钻进过程中，因钻杆与孔壁的摩阻力很大，给施工带来困难，可采用套洗钻进。即将直径为 125mm 的套洗钻杆（其前有套洗钻头）套在导向钻杆柱上进行套洗钻进。导向孔钻进和套洗钻进交替进行，至另一侧目标点。随后，拆下导向钻杆和套洗钻头，并换上一个大口径的回转扩孔钻头进行回拉扩孔。扩孔时，泥浆用于排屑并维护孔壁的稳定。根据所铺管道的直径大小，可进行一次扩孔或多次扩孔。最后一次扩孔时，新管连接在扩孔钻头后的旋转接头上，一边扩孔一边将管道拉入孔内。钻孔轨迹的监测和调控是水平定向钻进最重要的技术环节，目前一般采用随钻测量的方法来确定钻孔的顶角、方位角和工具面向角，采用弯接头来控制钻进方向。

优点：施工速度快；可控制方向，施工精度高。

缺点：在非黏性土和卵砾石层中施工较困难；对场地必须勘查清楚。

水平定向钻进原则上适用于各种地层，可广泛用于跨越公路、铁路、机场跑道、大河等障碍物铺设压力管道。适用管径 300~1 500mm。施工长度 100~1 500m。适用管材为钢管、塑料管。

（二）油压夯管锤法

油压夯管锤是以油压动力设备替代空气压缩机，体积小、重量轻、动力消耗小，施工中大幅度降低燃油消耗，且油压动力设备造价低于空压机价格，设备投资小。油压动力设备工作噪声低，并因压力油为闭式循环，对外无任何污染。油压夯管锤冲击能量转化效率高，其能量恢复系数可达 60%~70%，远远大于风动潜孔锤，锤内所有零件浸于油液中，润滑性好，磨损轻，工作运行可靠，使用寿命长。

应用范围：除含有大直径卵砾石土层外，几乎所有土层中均可使用，无论是含小粒径卵砾石的土层，还是含有地下水的土层如软泥、黄土、黏土、砂土等地层均可使用。

（三）冲击矛法

施工时，冲击矛（气动或液动）从工作坑出发，通过冲击排土形成管道孔，新管一般随冲击矛拉入管道孔内。也可先成孔后随着矛的后退将管线拉入，或边扩孔边将管线拉入。冲击矛法要求覆土厚度大于矛体外径的 10 倍。

本方法的缺点：土质不均或遇障碍易偏离方向；不可控制方向，精度有限；不适用于硬土层或含大的卵砾石层及含水地层。

冲击矛法主要用于各类管线的分支管线的施工。适用于不含水的均质土，如黏土、粉质黏土等。适用管径 30~250mm，施工长度 20~100m，适用管材为钢管、塑料管。

（四）滚压挤土法

该方法是一种自旋转滚压挤土成孔技术，它在成孔时采用滚压器，滚压器在钻进时不排土，而是将土沿径向挤密。滚压法的优势在于它不仅可以铺设管线，而且可以对管道更新。除了施工管道孔外，该方法还可以加固已有建（构）筑物地基、施工桩基孔等。

驱动装置（马达或液压马达）与工作部分的输出轴刚性连接，而该轴相对于滚轮是偏心设置，则回转的轴线与滚轮的中心线在回转过程中形成了角度，工作时滚轮沿螺旋线转动，旋入土中，形成钻孔并挤密孔壁。角度决定了转动滚轮步长，即偏心轴回转一周的进尺。

二、非开挖原位换管技术

该技术指以预修复的旧管道为导向，将其切碎或压碎，将新管道同步拉入或推入的换管技术。

胀管法专门采用气动锤或液压胀管器，在卷扬机牵引下将旧管切碎并压入周围土层，同时将新管拉入。该方法可使管道的过流能力不变或增大，施工效率高、成本低，但要注意旧管破碎下来的碎片可能会对新管造成破坏。

吃管法以旧管为导向，用专门的隧道掘进机将旧管破碎形成更大的孔，同时顶入直径更大的管道。该技术能增大管道的过流能力，主要应用于深污水管道的更换。

三、非开挖管道原位修复技术

管道修复技术因为原位固化法（国内通常称为翻转法）、折叠内衬法、变形还原内衬法而产生了巨大的变革。CIPP 是一种把液体热硬化饱和树脂材料插入现存的管线中，然后通过水力翻转、空气翻转或者机械绞车和缆线拉拽内衬材料的方法进行管道修复。

折叠内衬法和变形还原内衬法是将折叠或者变形的缩小了横截面积的热塑管道，拖到需要进行管道修复的位置，再利用热能或者气压来对折叠或者变形的热塑管道进行复原。CIPP、FFP 和 DRP 技术在美国已经广泛使用，受到越来越多使用者的好评。随着市场需求量的增加，管道原位修复技术的价格竞争和技术竞争日趋激烈。同时社会对于管道无破坏原位修复技术人才的需求也与日俱增。

CIPP、FFP 和 DRP 产品是实际工程系统和现有产品的集合。对于 FFP/DRP 产品，有标准尺寸比例（内衬直径和厚度的比例）要求，但是安装的方法和材料的选择都会随着生产商的不同而改变。CIPP 系统可以适应不同的管道建设需求，包括不同的需要修复内衬的尺寸、不同的安装方法和修复方法等。为了能够提供高质量的 CIPP 产品，生产商必须根据实际工程设计特定的 CIPP 产品。

CIPP 和 FFP/DRP 系统管道修复能力经过多年的研究、发展以及现场评估已经取得了长足的进步。CIPP 产品现有直径尺寸为 100~26 000mm，长度为 340~1 000m。FFP/DRP 产品现有直径为 75~1 000mm，最大安装长度为 500m。对于不同形状的管道接头，包括肘状、弯曲状和平状接头都可以成功的连接，但是需要特殊的设计考虑。例如在下水道管道修复中，必须考虑到内衬修复支路的可行性。

聚酯纤维材料是 CIPP 系统常用于下水道管道修复的材料，乙烯基酯和环氧树脂构成的修复系统可以适用于高腐蚀、强溶解和高温环境，聚氯乙烯和高密度聚乙烯薄膜这两种修复材料适用于 FFP/DRP 系统，经过多年在下水管道系统中的应用实践证明其对于防腐和防磨效果显著。

对于抗腐蚀能力的评估，树脂内衬供应商生产时已经对他们的树脂材料进行了标准化学测试。测试内容包括测试特殊条件下暴露于下水管道系统中不常见的化学物质和进行特殊的测试。化学腐蚀可能会因为压力导致的内衬变形而加速，这些情况会出现在内衬硬化，特别会出现在玻璃纤维管道中。还有一些标准化学腐蚀测试，工程师必须根据实际工程做出判断是否需要进行额外的测试以及失败评定的非标准测试。在内衬设计过程中，必须考虑到现存管道的恶化情况对于内衬承载的影响，部分损坏和完全损坏是两种典型的结构损害方式。在部分损坏条件时，可以认为管道是结构完好的，修复完成后管道能够保证原有的使用寿命，原有的管道能够继续支持土体荷载和地面荷载。修复内衬必须能够支撑来自原有管道破裂处的裂隙水的水压力。

传统的计算内衬静水压力的屈曲方程是建立在经典的铁摩辛柯梁公式上的，适用于不受限制的圆形管道。通过参数的优化，这一公式适用于主管道和支路管道椭圆度的计算，这一方程可以保守预测最大值为 10% 的 CIPP 和 FFP/DRP 的主管道椭圆度屈曲率。当主管道的屈曲率超过 10% 时，需要进行特别的计算和处理。在完全破坏条件下，我们认为现存管道没有承载土体和载荷的能力，或者期待在管道修复之后可以达到这一状态。在用铁摩辛柯梁式计算时，我们考虑内衬可以承载周围土体载荷。标准灵活的管道设计方法考虑屈曲阻力、椭圆度变化产生的弯曲压力以及管道的刚度和形变。管道设计中，必须要考虑和设计用于支撑土体压力的足够量的支路管线。所以，对于与管道相互作用的土体，在管道设计之前必须要进行地质勘查。设计过程中，通常是假设所有的下水管道为全部结构损害，但是这样可能会导致过度保守的设计，从而削弱 CIPP 和 FFP/DRP 这些新技术相对于传统技术的竞争力。

目前的实际工程对于内衬分析显示，内衬实际受到的长期屈曲压力小于实验室的预期值。所以考虑到假定的弹性模量值、蠕变因素和制约因素等，目前的实验室得到的数值是保守估计的结果。但是，这些数值不能单独考虑，必须建立在可靠的实验结果和整个系统的表现上。基本上，短期强度实验数据，不能单独正确地反映 CIPP 和 FFP/DRP 的长期强度。

现场实际工程一般都不是在理想状态之下，所以工程设计需要考虑到现场不确定因素的安全系数。目前来说，安全系数根据现场实际情况一般在 1.5~2.50。随着对材料性能的了解，这一参数可能会减小，这样可以减少过于保守的估计从而减少设计费用。安全系数也是建立在实际管道安装的质量上的，这和现场的具体情况和施工工艺密切相关。

要从系统工程整体上考虑 CIPP 和 FFP/DRP 内衬对于管道静水压力能力的影响。管道修复可以通过增加或者减少管道流量来影响静水压力。管道尺寸的改变一般会减少管道流量的横截面积以及水力半径的计算参数。尽管这些因素减少了管道的横截面积，但是实际的流量会因为渗透量的减少和主管道粗糙度的减少而得到保持。一味强调管道局部的修复，会导致其他部位附加的破坏从而产生新的问题。

如果不能提供关于管道支路和窨井的充足信息，内衬系统的设计就会产生问题。内衬供应商必须要在内衬系统安装前、后定位所有的管道支路和窨井。远程控制切割技术和闭路电视技术可以用于打开和勘查需要修复的管道支路，机器人技术可以用于修复主管道的表面。如果设计要求减少渗流量，内衬必须保证在支路部位的绝对密封，从而确保管路没有渗流。

CIPP 的相应材料组成必须要仔细选定。管材必须和指定的树脂系统相容，这样才能保证分解、叠层以及其他的退化失效形式不会因为材料的不相容性而发生。同样要在径向和轴向留好配合公差。调整好合适的树脂饱和度以填补树脂的所有空隙。对于准确合适的修复技术，需要严密控制加热源、加热速率、温度分布以及加热时间。应该注意一些不合适的树脂修复的情况，包括管道的断裂、设备故障和对于温度观察设备的检测疏忽等。

现场树脂内衬样品的收集对于评估内衬的性质至关重要。现场安装和修复条件会使内衬的性质和实验室里测试的性质有较大差别。现场试样要进行安装厚度等其他性质的评估。施工相关事宜对于选择一个独特的修复技术也很重要。主要的施工相关事宜包括：安全评估、准备工作、施工方法和现场勘查。最重要的是工程施工人员和施工方要熟悉施工工艺，施工人员要经过系统训练或者有丰富的工作经验。

修复管道对于公众的告知也至关重要。对于受到管道修复施工气味、噪声以及交通等影响的单位，必须予以提前通知。

以下是两种原位修复技术的简单介绍：

原位固化法：在现存旧管内壁衬一层热固性物质，通过加热使其固化形成致密的隔水层。施工时检查欲修复管道的状况并将其清洗干净，将充填有树脂的编织管从入口通过绞车拉入或靠压力推入管中，靠气压或水压的作用使编织管紧贴旧管内壁。衬管就位后通入热气或水蒸气使树脂受热硬化，在旧管内形成一平滑无缝的内衬。

滑动内衬法：在欲修复的旧管中插入一条直径较小的管道，然后注浆固结。该法可适用在旧管中无障碍、管道无明显变形的场合，优点是简单易行、施工成本低，缺点是过流断面损失较大。

第八节　其他岩土工程施工方法

一、脉冲放电法

（一）概述

1.工作过程

在充满液相介质的钻孔中放入电极，通入高压电，形成放电现象，电能转变为机械波能，产生冲击波，扩孔（一般扩大两倍）并挤密周围土体。

2.特点

挤密土体；扩大桩身的任意部位；在狭窄的空间（小于2.5m的高度）使用小型钻机；绿色施工技术；若制桩，则承载力可提高2~3倍，成本降低20%~50%。

3. 应用领域

钻孔桩；永久性和临时性锚杆；边坡加固；建（构）筑物墙身或基础的加固；地基加固。

（二）工作原理

1. 放电原理

脉冲放电技术也即脉冲功率技术，就是把"慢"储存起来的具有较高密度的能量，进行快速压缩，转换或直接释放给负载的电物理技术。一般来说，脉冲功率技术装置包括初级能源、中间储能和脉冲形成系统、转换系统以及负载。所以就其实质来讲，脉冲功率技术最主要的就是能量的压缩和转换。脉冲水下放电主要是利用所谓的"液电效应"。

当外加电源接通后，电源通过整流器向电容器充电，当电容器的电压（也就是两极之间的电压）上升到两极间介质的击穿电压时，放电间隙被击穿，电容器快速放电，把储存的能量瞬间释放。一般放电时间为 1~10 μs，此时释放的能量（大约为 103~106 J）将放电室中的介质加热到高温，并产生极强的放电电流（可以达到数 kA 至数百 kA），这就是所谓强流脉冲放电效应。由于巨大能量瞬间释放于放电通道内，通道中的水就迅速汽化、膨胀并引起爆炸，爆炸所引起的冲击压力可达（103~105）× 10^2kPa，这种水中放电产生强烈爆炸的效应又称为液电效应。

（1）力学效应

液体中放电时，放电通道周围的液体瞬时气化并形成气泡，高速剧烈膨胀而爆炸，产生强烈的冲击波，其压强可达到 100 kPa 以上，有的高达 10 GPa。冲击波的前沿速度达 10~50 km/s，同时施加给不可压缩的液体以及其中的物质。可用于薄壁工件的快速成型、冲压、冲孔、切断、拉伸等，也可用来粉碎材料、破碎岩石、清洗零件、强化材料表面、杀菌、粉碎细胞、细胞融合等。

（2）电磁效应

液体中放电时，会产生极大的冲击大电流，可达到几百到数百万安培，会伴随产生几百到几千万高斯的强磁场和极大的磁场梯度，以及频率很宽的电磁波辐射。对带电粒子会产生极强的电动力、磁力等作用，可用于工件的成型，加速化学反应，干扰、诱发和破坏生物体及细菌、病毒的生活能力，可用来研究强磁场中物质（生物或非生物）的基本特征等。

（3）热学效应

在放电通道内，由于等离子体（带电粒子）的高速运动，相互碰撞，会产生大量的热，使通道温度相当高。通道中心可成上万度甚至几千万度的高温等离子流。当然通道内的温度分布是不均匀的，一般由通道中心向边缘逐渐降低。但由于放电通道极小，如果短时或少数几次放电，对整个液体而言，尤其在液体介质流动的情况下，其整体温升并不高，一般不会因热学效应而引起液体介质特性的变化。

（4）声学效应

放电通道中的高温等离子体流，除了使液体介质气化、热分解气化以外，也会使两电极表面材料熔化、气化。这些气化后的液体介质和金属蒸汽瞬时间体积猛增，迅速膨胀，具有火药、爆竹点燃后爆炸的特性，并发出清脆的爆炸声。伴随的强力超声波，可用于海底矿藏的探测，或作为电火花的振源等。

（5）光学效应

液体中放电时会发光和产生电晕现象，尤其是高压液体中放电，还会产生极强的紫外光，起强烈的灭菌作用。

2. 电能的转换和传递

整个脉冲放电过程的能量转换过程包括：电能转变为冲击波能；放电中电能转变为气泡能；电能向放电区的传递。

二、管幕钢管施工法

（一）概述

随着经济发展，人口增加，以及城市不断扩张，交通已日趋拥挤。为缓解不断增大的交通压力，立交结构越来越多地出现在城市里，下穿地道就是一种常用的立交形式。管幕法就是在下穿地道施工中应用较多的一种非明挖施工方法，这种工法也常用于下穿已建高速公路或铁路线的地道施工中。

管幕法，也叫排管顶进法，是一种新型暗挖法施工技术。管幕法的施工原理为在始发井与接收井之间，利用顶管设备顶进钢管到土体中，各单管间依靠锁口在钢管侧面相接形成管排，并在锁口空隙注入止水剂以达到止水要求，形成超前支护，然后在管幕的保护下，施做地下箱涵结构。管幕可以为各种形状，包括半圆形、圆形、门字形、口字形等。采用管幕法时，由于开挖土体或者推进箱涵是在管幕的保护下进行的，因此，地面沉降可以显著减少，施工时开挖面的稳定性也大大增加，同时，由于管幕具有隔离地下水的作用，故施工时无须降低地下水位。

管幕法的优点：① 不影响地面的正常交通，地面道路不用改道；② 无须进行道路改建，即不需开挖道路和重新铺设路面；③ 无须进行管线改接（指地面 5m 以内的各种管线的位移、复位等），从而不会发生断电、断水、断气等影响市民生活的情况；④ 由于不抽取地下水，地面沉降较小；⑤ 由于管幕法施工技术没有对附近建筑物产生不良影响，故无须加固房屋地基和桩基；⑥ 无噪声、无振动，可以 24 h 连续施工；⑦ 管幕钢管锁口注浆后可有效防止渗漏水。

管幕法的主要缺点：① 使用小型顶管机进行施工，要求顶管机具有较高的顶进精度和顶进速度，顶管机研制或购置费用较高，埋入的钢管不能回收，工程投入大，单位延米造价高；②当管幕钢管顶进距离较长，箱顶覆土较薄，顶管精度控制不好时，容易引起上层路面的隆起破坏，存在一定的施工风险；③箱涵与管幕之间空隙不好控制，如果空隙过大且填充不密实，容易在施工过程中局部路面发生沉降，产生跳车现象。

（二）管幕法的设计内容

管幕法的设计计算以管幕的变形为主要设计依据，国外工法以变形量 5mm 为设计标准。工程实践表明，通常情况下，管幕变形量小于 5mm 时，地表沉降可控制在 20mm 以内。

管幕设计包括管幕施工中钢管幕接头设计、钢管的配置、钢管顶进过程中的一些力学计算；地下构筑物施工中采用开挖方案时支撑的布置、开挖顺序、开挖边坡稳定性评价、地表沉降分析与控制、土体加固设计，以及采用箱涵方案时出洞口地基加固、开挖面稳定计算、顶进力计算、切土网格的结构计算等内容。

（三）管幕法的施工

以管幕钢管施工为例。管幕钢管施工采用钢拉索单向拉进贯通施工工法为主。钢拉索单向拉进贯通施工是利用水平定向钻机在钢管设计管位内铺设两根高强度钢索，将钢拉索一端与待铺管道相连，另一端与穿心千斤顶相连，利用千斤顶的顶力将钢管拉进直至贯通。考虑到管幕之间的锁接结构，为防止拉管施工过程中锁接结构咬死，在拉进困难时可采用高频振动器在管尾施加高频振动。管幕施工结束后，进行管幕内土体水平旋喷桩加固施工，待土体固结一定强度（0.5~0.8MPa）后进行土体开挖，边开挖边设置围桩支撑。管幕内混凝土结构采用预拌混凝土现浇施工工艺。

钢管拉索定位测量采用全站仪导线测量；地下连续墙洞口开凿采用小型金刚石钻机环钻小孔切除；钢管进出洞洞口采用止水橡胶板止水；钢拉索铺设采用水平定向钻有线控向系统进行定位回拉铺设。钢管回拉采用空心千斤顶进行回拉铺设。管内土塞利用高压水枪跟进清除。

1. 拉索孔平面与立面定位测量

钢管拉进的拉索孔平面位置布置精度直接关系到钢管拉进及后期的通道标高控制，因此拉索孔孔位的测放精度较高，平面位置控制可在 2 cm 以内。同时测量要为后期拉索导向孔施工提供坐标参考点。导向孔施工参考点在每根拉索水平投影线上按 2m 设置一个点，每个点的水平坐标与高程同时测出，以利于在导向孔施工过程中的方向控制。

2. 钢管进出洞口开凿及止水板安装

钢管进出洞口开凿利用水平电钻配合金刚石钻头进行环状钻孔切除地下连续墙混凝土，形成钢管进出洞的洞口。开凿的洞口直径稍大于钢管外直径，以利于钢管进出洞口时可以调节方向。

3. 水平定向钻机施工平台搭建

在拉索铺设过程中，钻机的工作井主要根据现场的施工道路与工况条件决定。但在施工前，钻机平台的搭建有以下要求：① 为满足水平定向钻机的施工安装定位空间，地下连续墙在开挖以后不能进行内饰墙壁施工，同时对地墙施工时产生的外延部分要进行凿除，以满足钻机就位的要求。② 施工平台搭建时要求能承受水平定向钻机施工时的整体荷载，同时要将平台与地连墙之间牢固连接。③ 平台标高计算要根据水平定向钻机的底部与钻机水平状态下钻杆中心高度来确定，在施工过程中不可高出该标高。④ 为安全考虑，整个工作井内平台须满堂铺设，且整体刚度要满足钻机移位要求。依据上述要求，可采用水平定向钻机或非开挖水平定向钻机进行钢拉索铺设。另一工作井主要是为钢管拉进时的施工平台，考虑施工过程中平台堆放两套钢管，两套钢管质量为12t。依据以上对平台的承重要求，采用脚手架与 25# 工字钢结合搭设，脚手架采用满堂架搭设。由于工程施工过程中，依据两侧的钢管定位，平台面标高在不断变化，所以在施工过程中考虑平台施工，顶部的平台面利用型钢作为钻机承重与移位的平台，顶部型钢与脚手架桁架安装为配合施工，不能进行焊接施工。

4. 反力墙型钢架设

根据工程钢管拉进时的阻力计算单次拉进拉力，单次施工的拉力必须大于钢管本身与地层之间的摩阻力。每根钢管设置两个拉点，每个拉点拉力为总拉力的二分之一。拉力的支点选择为已建的地下连续墙，为增强地下连续墙的刚度，同时为后续拉管时千斤顶的定位，在地下连续墙上利用 300mm × 500mm "H" 形钢搭设一只立面钢架，使钢架、地下连续墙、墙后加固土体组成反力墙。

反力墙型钢与地下连续墙连接采用膨胀螺栓连接或与地下连续墙中主体结构钢筋焊牢，型钢与型钢连接采用电焊进行焊接，注意不得使型钢扭曲变形。型钢与地下墙之间的空隙用砂浆填平。在施工过程中，部分型钢根据现场情况进行调整。

5. 先导孔施工

拉索孔施工钻机位于地下空间主体结构内部，施工时拉索孔要穿过主体结构地下连续墙，可能还要穿越连续墙外部的水泥土搅拌桩。考虑这两部分的研磨性和导向板的强度，同时为了稳定钻头进入土体的位置相对固定，防止钻进时发生抖动，在地下连续墙和水泥土搅拌桩体上拉索孔位置处利用人工电钻预先开孔，先导孔中心与钢拉索中心重合，长度必须穿过地下连续墙体与搅拌桩体，先导孔直径与导向孔造斜板直径一致。先导孔施工时注意将水泥土搅拌桩体钻穿，同时注意先导孔施工的位置与方位，施工过程中要严格控制。

三、能量桩技术

（一）概述

1. 能量桩的定义

在建筑物建造时，直接将地源热泵系统地埋管换热器的换热管埋设在建筑物的混凝土桩基中，使其与建筑结构相结合，这样就成为一种新型的地埋管换热器，称为桩基埋管地热换热器，也称为能量桩。能量桩的直径远大于土壤源热泵换热井的直径，混凝土的导热系数高于土壤的导热系数，这使能量桩的换热性能优于土壤源热泵技术；同时利用混凝土桩储热，可以省去常规的土壤源换热管打井及灌浆回填工序，从根本上避免因打井造成的施工费用。同时，可实现建筑物冬季零能供暖，夏季零能制冷，是节约化石能源，减少温室气体排放，高效开发与利用地下热能的一种新方法。

这些能量桩是建筑物的基础部件（桩基、墙基），与地下土壤相接触，桩基可现场浇筑，在混凝土浇筑之前，在桩内埋设热交换管。同样也可以在预制的混凝土冲击桩内安设热交换管，以适用于有孤石的砂砾石层、漂石层、坚硬土层、岩层等。

2. 能量桩的埋管形式

目前，我国的建筑物基础以钻孔灌注桩为主要形式，能量桩多为钻孔灌注桩中埋设塑料管换热器而成。换热管埋于建筑物桩基础中的主要方式：将换热管（一般是 PE 管）先固定在预制空心钢筋笼壁的内侧，然后随钢筋笼一起下到桩井中，再浇筑混凝土。目前，桩基埋管主要采用五种形式：单 U 形、串联双 U 形（W 形）、并联双 U 形、并联三 U 形和单螺旋形。

桩基埋管换热器主要延用钻孔埋管的 U 形或 W 形布管技术。由于桩基的深度远小于竖直钻孔埋管的深度，在相对较短的桩中埋设单 U 形管，埋管的传热面积太少，不能充分发挥桩基础的作用；埋设并联双 U 形和三 U 形塑料管虽然增加了埋管在桩基础中的总传热面积，但是流体单程的行程仍偏短，多个 U 形管并联设置造成循环液的流通截面过大，换热器进出口的温差偏小，使循环水泵的功耗和运行费用增加。螺旋形埋管比直管传热系数高，在相同空间里容易布置更大的传热面积。

（二）能量桩技术材料选取

由于将换热管埋设到桩基中，换热管的存在会对桩基原有力学要求产生较大影响，如果建筑物在既有混凝土配比的基础上，直接将换热管加入桩中进行浇筑，这不但对建筑安全性产生严重后果，而且也很难满足能量桩的储热要求。

1. 能量桩的力学和热力学性质

现阶段能量桩施工仅对建筑基桩原设计加入换热管是极不可取的，建筑原有基桩设计一般为普通混凝土加钢筋的构件，加入换热管后，其力学性质将受到严重影响，以螺旋埋管为例，在桩中加入换热管后其构件的抗压极限承载能力、抗弯极限承载能力等都会产生不同程度的影响。

目前，国内建筑基桩材料多为普通硅酸盐混凝土加钢骨，硅酸盐混凝土在长时间高温和外部环境作用下，其化学和力学稳定性较差，并且和换热管的热膨胀系数不同会导致空气薄膜存在，使能量桩导热受阻，由于以上诸多因素存在，故要对现有混凝土各组分选择配比进行研究，从而提高能量桩储热系统的工作效率。

2. 能量桩材料选取

能量桩材料选取上应满足以下几点要求：在长时间高温和外部环境作用下能量桩有很好的化学和力学稳定性；在换热管和土壤之间的能量桩应具有较高的导热系数；具有较低的热膨胀系数，使桩与换热管有很强的结合力，防止由于导热管与混凝土热膨胀系数不同，造成空气薄膜存在，而使导热完全受阻；基桩在整个使用历程对环境不会产生影响，对生态不会产生破坏。

（1）增强材料的选取

混凝土抗拉、抗弯、抗冲击、抗爆以及韧性差。纤维混凝土作为一种新型复合建筑材料，具有抗拉、抗弯、抗剪、抗裂、阻裂、耐冲击、抗疲劳、高韧性等特点，其应用可以改善建筑构件力学特性。目前纤维增强混凝土主要有两种：一种是高弹模量短纤维增强混凝土，以钢纤维为代表；另一种是低弹模量短纤维增强混凝土，以聚丙烯和尼龙纤维为代表。

（2）储热材料的选取

满足能量桩热力学性质的储热材料选取主要为铝酸盐水泥、玄武岩、工业废铜矿渣、石墨。以铝酸盐水泥作为胶凝剂，可以确保储热材料在工作温度下具有较强的稳定性及使用寿命，且其硬化后不含铝酸三钙，不析出游离的氢氧化钙，对地下矿物水的侵蚀抵抗作用明显优于硅酸盐水泥；选用玄武岩及工业废渣、铜矿渣等热容大的作为集料，既解决了工业废渣的环境污染，又使改性混凝土的体积热容得到大幅提高；同时掺入导热性能优越的石墨能使混凝土储热材料的导热系数得到明显提高。

（3）其他材料选取

其他材料的选取为复合高效减水剂、膨胀剂。性能优异的复合高效减水剂可以有效降低施工用水量并提高混凝土的强度。加入适当量的膨胀剂可以密实混凝土，从而减少因温度和干湿度变化导致基桩自身体积发生较大变化，进而影响换热管与混凝土的结合。

（三）能量桩施工技术

1. 能量桩埋管换热器的优点及注意事项

（1）能量桩埋管换热器的优点

首先，可避免受后期扩建工程施工时对地下换热器的不利影响，更稳定安全；其次，换热管安装在建筑物桩基内，桩基用混凝土浇实后换热管与桩基混凝土融为一体，由换热管与周围土壤的热交换变为桩基混凝土浇筑体与土壤热交换，扩大了换热管与周围土壤的热交换面积（混凝土的换热性能优于土壤的换热性能），也增强热交换效率；再次，因换热器插管与建筑桩基同时进行，具有工期优势；并且施工的先期性也使换热器的安装不需要避让给排水、电缆等，因此设计更简单，施工更便利，缩短总工期。

（2）需要注意的事项

第一，因交叉作业多，需要跟土建方密切配合；第二，安装过程中需要做好对换热管的保护，以免受给排水、电缆等施工时对换热管的破坏。不过，只要业主和土建方对换热器施工配合，换热器的安装一般不会影响土建的施工。而且，在地下室安装换热器比在地上安装时受给排水、电缆等施工的破坏的风险要小得多。

2. 桩埋管施工工艺

桩埋管属于垂直地埋管换热器的一种，早在 20 世纪 80 年代起就开始在国外得到广泛利用，如工厂、体育馆、展览大厅、办公楼、学校、宾馆、博物馆和住宅楼等。它通过在建筑物钢筋混凝土灌注桩中埋设各种形状的管状换热器装置进行承载、挡土支护、地基加固的同时，可以进行浅层低温地热能转换，起到桩基和地源热泵预成孔直接埋设管状换热器的双重作用。这样也就省却钻孔工序，节约施工费用，更能有效地利用建筑物底板下的面积。这种技术的推广将为绿地面积小、容积率高的建筑物提供新的应用空间，必将成为垂直埋管方式新的应用典范。

在混凝土灌注桩内敷设换热管的桩基可以现场浇筑。在混凝土浇筑前，在钢筋笼内沿绑扎 U 形管状换热器，随沉桩至土（岩）层中。预制钢筋混凝土桩内的管状换热器与地表管路连接，换热器管路内充填交换流体，通过管状换热器系统中的交换流体与钢筋笼、桩身混凝土、桩周进行热交换，形成封闭式地源热泵的地下低温地热能交换器。

总而言之，在进行岩土工程设计的过程中，可能对工程安全造成影响的因素非常多，如图纸的测绘、边坡的支护、支护结构的设计等。在实际工程建设过程中，应当结合岩土工程的工程地质理论、力学理论、岩土力学等知识，通过对现场地质条件、水文条件进行详细的勘察，抓住工程各个建设阶段的特征并结合工程建设积累的丰富经验，提出具有建设性的解决方案，以保证岩土工程建设的安全性。

第八章　岩土工程勘察与质量控制

第一节　岩土工程勘察设计

岩土工程工作包括岩土工程勘察、设计、施工、检验、监测和监理等。岩土工程勘察是整个岩土工程的重要组成部分之一，也是一项基础性的工作，它的成败将对后续环节的工作产生极为重要的影响。

一、岩土工程勘察等级与阶段划分

岩土工程勘察总的原则是为工程建设服务，因此勘察工作必须结合具体建（构）筑物的类型、要求和特点，工作要有明确的针对性和目的性。例如，在地质条件复杂地区，对场地的地质构造、不良地质现象、地震烈度等这些因素是评价场地稳定性。另外，不同的建（构）筑物的重要性也不同，其破坏后产生的后果严重性也不同。因此针对工程重要性的不同及场地和地基复杂程度的差异，岩土工程勘察也要划分为不同的等级，针对不同的勘察等级，各个勘察阶段的工作内容、方法及详细程度也会具有显著的差别。

（一）岩土工程勘察等级划分

1.岩土工程重要性等级

从工程勘察的角度看，岩土工程重要性等级划分主要考虑工程规模大小、特点，以及由岩土工程问题而造成破坏或影响正常使用时所引起后果的严重程度。总体来说，根据工程的规模和特征，以及工程破坏或影响正常使用所产生的后果，可以将岩土工程分为三个重要性等级。

一级工程：根据工程性质又可称为重要工程，工程规模大，工程破坏所造成的后果严重。

二级工程：根据工程性质又可称为一般工程，工程规模较大，工程破坏所造成的后果严重，但严重程度不及一级工程。

三级工程：根据工程性质又可称为次要工程，工程规模较小，工程破坏所造成的后果一般不严重。

2. 岩土工程场地等级

根据岩土工程场地的复杂程度，可分为三个等级。

一级场地：处于建筑抗震危险的地段；不良地质作用强烈发育；地质环境已经或可能受到强烈破坏；地形地貌复杂；有影响工程的多层地下水、岩溶裂隙水或其他复杂的水文地质条件，需要专门研究。以上特征条件满足一条及以上的场地即称为一级场地，也叫复杂场地。

二级场地：处于建筑抗震不利地段；不良地质作用一般发育；地质环境已经或可能受到一般破坏；地形地貌较复杂；基础位于地下水位以下。以上特征条件满足一条及以上的场地称为二级场地，也叫中等复杂场地。

三级场地：抗震设防烈度小于等于6度，或处于建筑抗震有利地段；不良地质作用不发育，地质环境基本未受破坏；地形地貌简单；地下水对工程无影响。满足以上全部条件的场地，称为三级场地，也叫简单场地。

3. 岩土工程地基复杂程度等级

一级地基：岩土种类多，很不均匀，性质变化大，需特殊处理；存在严重湿陷、膨胀、盐渍、污染的特殊性岩土，以及其他情况复杂、需作专门处理的岩土。以上条件满足一条及以上的地基称为一级地基，也叫复杂地基。

二级地基：岩土种类较多，不均匀，性质变化较大；存在除一级地基规定外的其他特殊性岩土。以上条件满足一条及以上的地基称为二级地基，也叫中等复杂地基。

三级地基：岩土种类单一，均匀，性质变化不大；无特殊性岩土。满足以上全部条件的，称为三级地基，也叫简单地基。

（二）岩土工程勘察阶段划分

岩土工程勘察的阶段划分是与工程设计及施工的阶段密切相关的，针对工业与民用建筑工程设计的场址选择、初步设计和施工图三个阶段，岩土工程勘察一般可分为可行性研究勘察、初步勘察及详细勘察三个阶段。可行性研究勘察应符合选址或确定场地的要求；初步勘察应符合初步设计或扩大初步设计的要求；详细勘察应符合施工图设计的要求。对地质条件复杂或有特殊施工要求的重要工程地基，必须进行施工勘察。而对地质条件简单、面积不大或有较多经验积累的地区，则可简化勘察阶段。

由于具体工程的种类、特征、用途各不一样，工程中所关注的问题也会有一定区别，因此岩土工程勘察的内容也不尽相同。但总体而言，一般岩土工程勘察阶段划分如下。

1. 可行性研究勘察

① 搜集区域地质、地形地貌、地震、矿产、当地的工程地质、岩土工程和建筑经验等资料。

②在充分搜集和分析已有资料的基础上，通过踏勘了解场地的地层、构造、岩性、不良地质作用和地下水等工程地质条件。

③当拟建场地工程地质条件复杂，已有资料不能满足要求时，应根据具体情况进行工程地质测绘和必要的勘探工作。

④当有两个或两个以上拟选场地时，应进行比选分析。

2. 初步勘察

①搜集拟建工程的有关文件、工程地质和岩土工程资料及工程场地范围的地形图。

②初步查明地质构造、地层结构、岩土工程特性、地下水埋藏条件。

③查明场地不良地质作用的成因、分布、规模、发展趋势，并对场地的稳定性做出评价。

④对抗震设防烈度等于或大于6度的场地，应对场地和地基的地震效应做出初步评价。

⑤季节性冻土地区，应调查场地土的标准冻结深度。

⑥初步判定水和土对建筑材料的腐蚀性。

3. 详细勘察

详细勘察应按单体建筑物或建筑群提出详细的岩土工程资料和设计、施工所需的岩土参数；对建筑地基作出岩土工程评价；并对地基类型、基础形式、地基处理、基坑支护、工程降水和不良地质作用的防治等提出建议。

①搜集附近有坐标的建筑总平面图，并把场区的地面整平标高。同时还搜集建筑物的性质、规模、荷载、结构特点、基础形式、埋置深度、地基允许变形等资料。

②查明不良地质作用的类型、成因、分布范围、发展趋势和危害程度，提出整治方案的建议。

③查明工程范围内岩土层的类型、深度、分布、工程特性，分析和评价地基的稳定性、均匀性和承载力。

④查明埋藏的河道、沟坎、墓穴、防空洞、孤石等对工程不利的埋藏物。

⑤查明地下水的埋藏条件，提供地下水位及其变化幅度。

二、岩土工程勘察报告

（一）岩土工程勘察报告基本要求

①岩土工程勘察报告所依据的原始资料，应首先进行整理、检查、分析，确认无误后方可使用。

②岩土工程勘察报告应资料完整、真实准确、数据无误、图表清晰、结论有据、建议合理、便于使用和适宜长期保存，并应因地制宜，重点突出，有明确的工程针对性。

③ 岩土工程勘探报告应根据任务要求、勘察阶段、工程特点和地质条件等具体情况编写。同时应包括以下内容：a. 勘察目的、任务要求和依据的技术标准。b. 拟建工程概况。c. 勘察方法和勘察工作布置。d. 场地地形、地貌、地层、地质构造、岩土性质及其均匀性。e. 各项岩土性质指标，岩土的强度参数、变形参数、地基承载力的建议值。f. 地下水埋藏情况、类型、水位及其变化。g. 土和水对建筑材料的腐蚀性。h. 可能影响工程稳定的不良地质作用的描述和对工程危害程度的评价。i. 场地稳定性和适宜性的评价。

④ 在岩土工程勘探报告中，应附下列图件：勘探点平面布置图；工程地质柱状图；工程地质剖面图；原位测试成果图表；室内试验成果图表。需要时可附综合工程地质图、综合地质柱状图、地下水等水位线图、素描、照片、综合分析图表，以及岩土利用、整治和改造方案的有关图表，岩土工程计算简图与计算成果图表等。

⑤ 对岩土的利用、整治和改造的建议，宜进行不同方案的技术经济论证，并提出对设计、施工和现场监测的建议。

⑥ 岩土工程勘察报告的文字、术语、代号、符号、数字、计量单位、标点，均应符合国家有关标准的规定。

（二）可行性研究勘探报告

① 可行性研究阶段勘察报告，一般情况下包括勘察的任务、目的和要求；工岩土和水文地质条件；不良地质作用和地质灾害；场地稳定和适宜性的评价等内容。

② 在叙述勘察任务、目的和要求时，应以勘察任务书或勘察合同为依据，并应写明委托单位名称和勘察阶段。

③ 在叙述区域地质、地震概况时，应简要阐明场地的区域地貌、地层、构造和地震背景，明确是否有地震断裂或全新活动断裂，明确场地地震的基本烈度。

④ 在阐述场区地质、岩土和水文地质条件时，应详细描述场地的地层、构造、岩土性质、地下水类型、水位等。当场地内有特殊性岩土和不良的水文地质条件时，应有针对性的深入论证。

⑤ 当场区或场区附近有不良地质作用时，应详细阐述和论证不良地质作用的种类、分布和发展阶段、发展趋势与对工程的影响，并提出避让或防治方案。

（三）初步勘察阶段报告

初步勘察阶段的勘察报告，应在可行性研究阶段勘察报告的基础上进一步阐述、论证和评价。如未做过可行性研究勘察，则初步勘察报告应首先符合可行性研究勘察的要求。

初步勘察阶段报告，一般情况下包括勘察任务、目的和要求；工程概况；勘察方法和勘察工作量；场区地形、地貌、地质构造和环境地质条件；场地各层岩土的性质；场区地下水情况；岩土参数的分析和选用；场地稳定性和适宜性的评价等内容。

（四）详细勘察阶段报告

详细勘察阶段的勘察报告应有明确的针对性。对地质和岩土条件相似的一般建筑物和构筑物，可按建筑群编写报告；对于地质和岩土条件各异或重要的建筑物与构筑物，宜按单体建筑物或构筑物分别编写；不分阶段的一次勘察，应按详细勘察阶段的要求执行。

详细勘察阶段报告，一般情况下包括勘察任务、目的和要求；拟建工程概况；勘察方法和勘察工作布置；场地地形、地貌；场地各层岩土的性质；场地地下水情况；岩土参数的统计、分析和选用；岩土工程的分析和评价；工程施工和使用期间可能发生的岩土工程问题的预测和监控及预防措施等内容。

三、工程地质测绘

工程地质测绘是工程地质勘察中一项最重要、最基本的勘察方法，也是各勘察工作中走在前面的一项勘察工作。它是运用地质、工程地质理论对与工程建设有关的各种地质现象，进行详细观察和描述，以查明拟定工作区内工程地质条件的空间分布和各要素之间的内在联系，并按照精度要求将它们如实地反映在一定比例尺的地形地图上，配合工程地质勘探编制成工程地质图，作为工程地质勘察的重要成果提供给建筑物设计和施工部门。

（一）前期准备

1. 现有资料搜集

在室内查阅已有资料，如区域地质资料、遥感资料、气象资料、水文资料、地震资料、水文地质资料、工程地质资料及建筑经验，并依据研究成果，制订测绘计划。

① 查明地形、地貌特征及其与地层、构造、不良地质作用的关系，划分地貌单元。

② 岩土的年代、成因、性质、厚度和分布；对岩层应鉴定其风化程度，对土层应区分新近沉积土、各种特殊性土。

③ 查明岩体结构类型，各类结构面（尤其是软弱结构面）的产状和性质，岩、土接触面和软弱夹层的特性等；新构造活动的形迹及其与地震活动的关系。

④ 查明地下水的类型、补给来源、排泄条件，井泉位置，含水层的岩性特征、埋藏深度、水位变化、污染情况及其与地表水体的关系。

⑤ 搜集气象、水文、植被、土的标准冻结深度等资料，调查最高洪水位及其发生时间、淹没范围。

⑥ 查明岩溶、土洞、滑坡、崩塌、泥石流、冲沟、地面沉降、断裂、地震灾害、地裂缝、岸边冲刷等不良地质作用的形成、分布、形态、规模、发育程度及其对工程建设的影响。

⑦ 调查人类活动对场地稳定性的影响，包括人工洞穴、地下采空、大挖大填、抽水排水和水库诱发地震等。

2. 现场踏勘

现场踏勘是在搜集研究资料的基础上进行的，其目的是了解测绘区地质情况和问题，以便合理布置观察点和观察路线，正确选择实测地质剖面位置，拟定野外工作方法。

① 根据地形图，在工作区范围内按固定路线进行踏勘，一般采用"Z"字形，曲折迂回而不重复的路线，穿越地形地貌、地层、构造、不良地质现象等有代表性的地段。

② 为了了解全区的岩层情况，在踏勘时选择露头良好且岩层完整有代表性的地段做出野外地质剖面，以便熟悉地质情况和掌握地区岩层的分布特征。

③ 寻找地形控制点的位置，并抄录坐标、标高资料。

④ 搜集洪水及其淹没范围等情况。

⑤ 了解工作区的供应、经济、气候、住宿及交通运输条件。

3. 编写测绘纲要

测绘纲要一般包括在勘察纲要内，其内容一般包括工作任务情况，包括目的、要求、测绘面积及比例尺；工作区自然地理条件，包括位置、交通、水文、气象、地形、地貌特征；工作区地质概况，包括地层、岩性、构造、地下水、不良地质现象；工作量、工作方法及精度要求；人员组织、物资器材及经济预算等内容。

（二）测绘方法

1. 建立坐标系统

一个完整的坐标系统是由坐标系和基准两个方面要素所构成的。坐标系指的是描述空间位置的表达形式，而基准指的是为描述空间位置而定义的一系列点、线、面。所谓坐标系指的是描述空间位置的表达形式，即采用什么方法来表示空间位置。人们为了描述空间位置，采用了多种方法，从而也产生了不同的坐标系，如直角坐标系、极坐标系等。

2. 布置观测点及观测线路

（1）定位观测点

为保证观测精度，需要在一定面积内满足一定数量的观测点。一般以在图上的距离为2~5cm加以控制。比例尺增大，同样实际面积内观测点的数量就相应增多，当天然露头不足时则必须布置人工露头补充，所以在较大比例尺测绘时，常配以剥土、探槽、坑探等轻型坑探工程。观测点的布置不应是均匀的，而是在工程地质条件复杂的地段多一些，简单的地段少一些，但都应布置在工程地质条件的关键地段。例如，不同岩层接触处（尤其是不同时代岩层）、岩层的不整合面；不同地貌单元分界处；有代表性的岩石露头（人工露头或天然露头）；地质构造断裂线；物理地质现象的分布地段；水文地质现象点等。

工程地质观察点定位时所采用的方法，对成图质量影响很大。根据不同比例尺的精度要求和地质条件的复杂程度，可采用目测法、半仪器法、仪器法、GPS（全球定位系统）定位法等方法。

（2）布置观测线路

①路线法：垂直穿越测绘场地地质界线，大致与地貌单元、地质构造、地层界线垂直布置观测线、点。路线法可用最少的工作量获得最多的成果。

②追索法：沿着地貌单元、地质构造、地层界线、不良地质现象周界进行布线追索，以查明局部地段的地质条件。

③布点法：在第四纪地层覆盖较厚的平原地区，天然岩石露头较少，可采用等间距均匀布点形成测绘网格，大、中比例尺的工程地质测绘也可采用此种方法。

第二节　岩土工程勘察技术

一、岩土工程地质勘探

工程地质勘探是在工程地质测绘基础上，为进一步查明地表以下工程地质情况，如岩土层的空间分布及变化情况、地下水的埋深和类型，以及对岩土参数开展原位测试时需要进行的工作。

勘探包括钻探、井探、槽探、洞探、触探及地球物理勘探等多种方法，在实际工程中，依据勘察目的和勘探区岩土特性选择合适的勘探方法。

（一）钻探

工程地质钻探是一种常见且很重要的工程地质勘察方法，又是采取岩样、土样及进行原位测试不可或缺的手段之一。钻探是勘察资料可信性和准确性的保证，特别是在碎石土、砂土较厚地层及特殊土地层中，钻探更为重要。如果钻探技术不过关，便不能准确地揭露地层结构，也不能获得岩土的客观物理力学参数，甚至会导致一些不真实的参数及资料出现在勘察报告上，从而影响工程建设的质量，甚至还可能产生上部拟建结构的安全隐患。

1.钻探的目的和任务

钻探指用钻机来破碎地壳岩石或土层，从而在地壳中形成一个直径较小、深度较大的钻孔的过程。工程地质钻探是岩土工程勘察的基本手段，其成果是进行工程地质评价和岩土工程设计、施工的基础资料。工程地质钻探的目的是为解决与建筑物（构筑物）有关的岩土体稳定问题、变形问题、渗漏问题提供资料。

在勘察过程中，钻探的任务有：①探察建筑场区的地层岩性、岩层厚度变化情况，查明软弱岩土层的性质、层数、产状和空间分布。②了解基岩风化带的深度、厚度和分布情况。③探明地层断裂带的位置、宽度和性质，查明裂隙发育程度及随深度变化的情况。④查明地下含水层的层数、深度及其水文地质参数。⑤利用钻孔进行灌浆、压水试验及土力学参数的原位测试。⑥利用钻孔进行地下水位的长期观测，或对场地进行降水以保证场地岩土的相关结构的稳定性。

2. 钻探的基本程序

钻探过程包含三个基本程序，具体如下：

（1）破碎岩土

要在地壳中形成钻孔。首先要进行破碎岩土的钻进工作，钻进可以采用人力或机械力（绝大多数情况下采用机械钻进），以冲击力、剪切力或研磨形式使小部分岩土脱离母体而成为粉末、小岩土块或岩土芯的现象就称为破碎岩土。

（2）采取岩土芯或排除破碎岩土

这一过程有三种方法，具体如下：① 机械法：用取样器、勺钻等取出岩土芯或碎块粉末。②混合抽取法：将岩粉或岩土碎块与水混合成岩粉浆或泥浆后，用抽筒抽出地表。③循环输送法：用流体（泥浆、清水、乳化液或空气）作为循环介质，将破碎的岩屑、土块输送到地表。

（3）加固孔壁

当在地壳中形成钻孔之后，钻孔周围原来的地层平衡稳定状所用材料，加固的方法有以下三种：①循环液：借助于循环液的静水压力来平衡地层的侧向压力以维持其稳定，这种方法在现代的反循环钻进中得到了充分利用。②惰性材料或化学材料：常用的惰性材料有水泥、黏土，化学材料有混入循环液中的泥浆处理剂，还有如直接注入钻孔中的堵漏剂，如氰凝、丙凝等。③套管：用金属或非金属的套管下入钻孔中以支撑孔壁，这种方法虽然可靠，但成本较高。

3. 钻探方法

工程地质钻探根据岩土破碎方法的不同，可分为四种钻进方法。

① 冲击钻进。该法利用钻具重力和下落过程中产生的冲击力使钻头冲击孔底岩土并使其产生破坏，从而达到在岩土层中钻进的目的。

② 回转钻进。此法采用底部焊有硬质合金的圆环状钻头进行钻进，钻进时一般要施加一定的压力，使钻头在旋转中切入岩土层以达到钻进的目的。

③ 振动钻进。采用机械动力产生的振动力，通过连接杆和钻具传到钻头，因为振动力的作用使钻头能更快地破碎岩土层，因而钻进较快。该方法适合于土层，特别是颗粒组成相对细小的土层。

④ 冲洗钻进。利用高压水流冲击孔底土层，使之结构破坏，土颗粒悬浮并最终随

水流循环流出孔外的钻进方法。由于是靠水流直接冲洗，因此无法对土体结构及其他相关特性进行观察鉴别。

（二）坑探

坑探工程也称掘进工程、井巷工程，它是用人工或机械的方法在地下开凿挖掘一定的空间，以便直接观察岩土层的天然状态及各地层之间的接触关系等地质结构，并能取出接近实际的原状结构的岩土样或进行现场原位测试。它在岩土工程勘探中占有一定的地位。与一般的钻探工程相比较，其特点是：勘察人员能直接观察到地质结构，准确可靠，且便于素描；可不受限制地从中采取原状岩土样和用作大型原位测试。尤其对研究断层破碎带、软弱泥化夹层和滑动面（带）等的空间分布特点及其工程性质等，具有重要意义。坑探工程的缺点是：使用时往往受到自然地质条件的限制，耗费资金大而勘探周期长，尤其是不可轻易采用重型坑探工程。

1. 坑探工程的分类及特点

岩土工程勘探中常用的坑探工程有探槽、试坑、浅井、竖井（斜井）、平硐和石门（平巷），前三种为轻型坑探工程，后三种为重型坑探工程。

①探槽：在地表垂直岩层走向或构造线方向，深度小于 3~5m 的长条形槽子。其一般用于追索构造线、断层，探察残积坡积层及风化岩层的厚度和岩性。

②试坑：由地表向下，深数十厘米，形状不定的小坑。其用途为局部剥除地表覆土，揭露基岩。

③浅井：从地表向下垂直，断面呈圆形或方形，深 5~15m 的圆形或方形井。其用途为确定覆盖层及风化层的岩性及厚度，取原状土样，进行载荷试验、渗水试验等。

④竖井（斜井）：形状与浅井相同，但深度可超过 20m，一般在平缓山地、漫滩、阶地等岩层较平缓的地方，有时需要进行支护。其主要用于了解覆盖层厚度及性质、构造线、岩石破碎情况，岩溶、滑坡等，对岩层倾角较缓时效果较好。

⑤平硐：在地面有出口的水平坑道，深度较大，有时需要支护。其用途为调查斜坡地质结构，查明河谷地段的地层岩性、软弱夹层、破碎带、风化岩层等。其一般布置在地形较陡的山坡地段。

⑥石门（平巷）：不出露地面而与竖井相连的水平坑道，垂直岩层走向，与平巷平行。其一般用于了解河底地质结构，进行相关试验等。

2. 探槽工程

探槽是坑探的一种类型。其特点是人员可进入工程内部，能对所揭露的地质与矿产现象进行直接观测及采样，检验钻探和物探资料或成果的可靠程度，获得比较精确的地质资料，探明精度较高的矿产储量。探槽是勘探地质构造复杂的稀有金属、放射性元素、有色金属及特种非金属矿床时常用的手段。

（1）探槽工程的规格

通常的深度为 1~3m，较深的可达 5m。槽口的宽度视地表土稳固程度和探槽深度而定，但必须大于槽底的宽度，使探槽两帮的坡度保证在安息角内。探槽底部看见基岩后，应再向下挖 0.3~0.8m，矿体和矿化部位应适当加深，尽可能地揭露比较新鲜的露头。槽底力求平缓，底宽应为 0.8~1.0m，以便采样。探槽的长度则视设计要求而定，一般应系统地揭露矿体、矿化带或含矿层，同时必须穿透矿化层，两端进入围岩的长度为 1.0~2.0m。

（2）探槽工程的目的

① 揭露矿化带、蚀变带，矿层（体）和物、化探，重砂等异常现象。

② 揭露表土不厚的矿（化）体及其他特定地质体，了解矿体地表部分的规模、产状、构造、矿石类型及其品位等情况。

（3）探槽的分类

探槽按其施工目的和控制范围不同，可分为干槽、主槽、辅助槽。

① 干槽

干槽布设在主要剖面线上，其长度穿过所有的矿体群、矿化带和含矿层、各物探异常带。其目的是在查明矿区地质构造的基础上，了解各矿体群、各矿化带或含矿层、各物探异常带之间的相互关系，以利于认识矿床的成矿规律、找矿标志，探索新的成矿部位。但由于干槽动用工程量较多，过少、过短容易漏矿，过长、过多又造成浪费，因此设计时要周密安排。通常根据矿床地质条件的复杂程度布设 1~3 条干槽，遇到地质情况较好的矿区可以不设干槽。

② 主槽

主槽的施工目的是系统地揭露矿体、矿化带和含矿层，并提供矿产勘查所必需的地质资料。主槽应按一定间距布置，其密度和数量取决于矿床地质构造的复杂程度及不应用阶段的工作要求。在施工条件不利于探槽时，可选用井探、短坑或浅钻来代替探槽，取得应有的资料。

③ 辅助槽

辅助槽的目的是配合干槽查明矿床地表部分的地质构造及矿化带或含矿层、主矿体的情况，配合主槽进一步控制矿体的规模、产状与质量。对矿体有较大破坏的断层、火成岩体，以及与矿体评价有关的重要地质现象与地质界线都可修筑辅助槽。

3. 地球物理勘探

地球物理勘探简称物探，它是基于不同的地层岩性、不同的地质单元具有不同物理学性质的特点，以地球物理的方法来探测地层的分界线、面及地质构造线、面，以及异常点（区域）的探察方法。物探主要通过岩土介质的电性差异、磁场差异、重力场差异、放射性辐射差异及弹性波传播速度差异等，来解决地质学问题的方法。物探的具体方法有很多种，主要可分为电法勘探、磁法勘探、地震波勘探及地球物理测井法等几大类。

① 电法勘探：指以各种岩土层的电学性质差异为前提，来探测地下的地质情况的勘探方法。一般分为自然电场法、充电法、电阻率测深、电阻率剖面、高密度电阻率、激发极化法。

② 磁法勘探：利用特殊岩土体的磁场异常或电磁波的传播异常情况进行勘探的方法。其主要包括频率测探、电磁感应法、地质雷达、地下电磁波法等。

③ 地震波勘探：根据弹性波在不同介质中传播速度的差异，以及弹性波在具有不同声阻抗介质交界面处的反射、折射特征进行勘探的方法。其主要分为折射波法、反射波法、直达波法、瑞利波法、声波法、声呐浅层剖面法。

④ 地球物理测井法：在探井中直接对被探测层进行不同的地球物理测量，从而了解其各种物理性质差异的方法。

二、原位测试技术

岩土工程原位测试是在天然条件下原位测定岩土体的各种工程性质的技术。由于原位测试是在岩土原来所处的位置进行的，因此它不需要采取土样，被测土体在进行测试前不会受到扰动而能基本保持其天然结构、含水量及原有应力状态，因此所测得的数据比较准确可靠，尤其是对灵敏度较高的结构性软土和难以取得原状土样的饱和砂质粉土、砂土，现场原位测试具有不可替代的作用。

原位测试的方法有很多种，较为常用的有静力载荷试验、静力触探试验、圆锥动力触探试验、标准贯入试验、旁压试验、十字板剪切试验、扁铲侧胀试验、岩体原位应力测试等方法。

（一）静力载荷试验

静力载荷试验就是在拟建建筑场地上，在挖至设计的基础埋置深度的平整坑底放置一定规格的方形或圆形承压板，在其上逐级施加荷载，测定相应荷载作用下地基土的稳定沉降量，分析研究地基土的强度与变形特性，求得地基土容许承载力与变形模量等力学数据。

1. 试验目的

地基静力载荷试验的目的有四个：① 确定地基土的承载力，包括地基的临塑荷载和极限荷载。② 推算试验荷载影响深度范围内地基土的平均变形模量。③ 估算地基土的不排水抗剪强度。④ 确定地基土基床反力系数。

2. 试验装备

静力载荷试验的设备主要由四个部分组成：承压板、加荷系统、反力系统和观测系统。

（1）承压板

承压板的用途是将所加的荷载均匀传递到地基土中。承压板多采用钢板制成，也有采用钢筋混凝土或铸铁板制成。承压板的形状一般以方形和圆形为主，也可根据需要采用矩形或条形。

（2）加荷系统

加荷系统的功能是借助反力系统向承压板施加所需的荷载。最常见的加荷系统采用油压千斤顶构成，施加的荷载通过与油压千斤顶相连的油泵上的油压表来测读和控制。

（3）反力系统

反力系统的功能是提供加载所需的反力。最常见的反力系统有两种，一是采用地锚反力梁（桁架）构成，加荷系统的千斤顶顶升反力梁，地锚产生抗拔反力，以达到对承压板加载的目的；二是采用堆重平台构成，由平台上重物的重力提供加载所需反力。

（4）观测系统

观测系统一般分为两部分，一是压力观测系统，由于千斤顶的油泵所配压力表可以指示所加的压力，因此一般不需要再专门设立压力观测系统，而仅需利用油泵压力表的读数进行换算即可得到所加的荷载大小；二是沉降观测系统，一般用脚手钢管构成观测支架，再在支架上安装观测仪表即可构成沉降观测系统。观测仪表有百分表和位移传感器两种。

（二）静力触探试验

1.试验目的

① 根据贯入阻力曲线的形态特征或数值变化幅度划分土层。

② 评价地基土的承载力。

③ 估算地基土层的物理力学参数。

④ 选择桩基持力层、估算单桩承载力，判定沉桩的可能性。

⑤ 判定场地土层的液化。

2.基本原理

静力触探试验的基本原理是通过一定的机械装置，用准静力将标准规格的金属探头垂直均匀地压入土层中，同时利用传感器或机械测量仪表测试土层对触探头的贯入阻力，并根据测得的阻力情况来分析判断土层的物理力学性质。静力触探试验的贯入机理是个复杂的问题，目前虽有很多的近似理论对其进行模拟分析，但尚没有一种理论能够圆满解释静力触探试验的贯入机理。目前工程中仍主要采用经验公式将贯入阻力与土的物理力学参数联系起来，或根据贯入阻力的相对大小做定性分析。

3.试验设备

（1）探头

常用的静力触探探头分为单桥探头、双桥探头两种，此外还有能同时测量孔隙水压力的孔压探头，它们是在原有的单桥探头或双桥探头上增加测量孔压的装置而构成的。

① 单桥探头

单桥探头在锥尖上部带有一定长度的侧壁摩擦筒，它只能测定一个触探指标，即贯入阻力比，这是一个反映锥尖阻力和侧壁摩擦力的综合值。

② 双桥探头

双桥探头是将锥尖和侧壁摩擦筒分开，因而能分别测定锥尖阻力和侧壁摩擦力，其可以分别模拟单桩的桩端阻力和桩侧摩擦力。

（2）贯入装置

贯入装置由两部分构成，一是给触探杆加压的压力装置，常见的压力装置有三种：液压传动式、手摇链条式及电动丝杆式；二是提供加压所需反力的反力系统，反力系统主要有两种，第一种是利用旋入地下的地锚的抗拔力提供反力，第二种是利用重物提供加压反力，常见的是利用物探车的自重作为压重反力。当需要贯入阻力比较大时，可以将上述两种反力系统结合起来使用，即给物探车配备电动下锚装置以增加反力，通常情况下单个地锚可提供 10~30kN 的抗拔力。

（3）测量装置

触探头在贯入土层的过程中其变形柱会随探头遇到的土阻力大小产生相应的变形，因此通过测量变形柱的变形也就可以反算出土层阻力的大小。变形柱的变形一般是通过贴在其上的应变片来测量的，应变计通过配套的测量电路及位于地表的读数和自动记录装置来完成整个测量工作。一般而言，自动记录装置可以绘制出贯入阻力随深度的变化曲线，因而可以直观地反映出土层力学性质随深度的变化情况。

（三）圆锥动力触探试验

锥动力触探是利用一定的落锤能量，将一定尺寸、一定形状的圆锥探头打入土中，根据打入的难易程度来评价土的物理力学性质的一种原位测试方法。圆锥动力触探以落锤冲击力提供贯入能量，不像静力触探那样需要专门的反力设备，因此其设备简单，操作方便。此外由于冲击力比较大，因而它的适用范围更加广泛，对于静力触探难以贯入的碎石土层及密实砂层，甚至较软的岩石也可应用。

1. 试验目的

圆锥动力触探试验的目的主要有两个：① 定性划分不同性质的土层，查明土洞、滑动面和软硬土层分界面，检验评估地基土加固改良效果。② 定量估算地基土层的物理力学参数，如确定砂土孔隙比、相对密度等，以及土的变形和强度的有关参数，评定天然地基土的承载力和单桩承载力。

2. 基本原理

圆锥动力触探试验中，一般以打入土中一定距离（贯入度）所需落锤次数（锤击数）来表示探头在土层中贯入的难易程度。同样贯入度条件下，锤击数越多，表明土层阻力越大，土的力学性质越好；反之，锤击数越少，表明土层阻力越小，土的力学性质越差。通过锤击数的大小就很容易定性地了解土的物理力学性质。再结合大量的对比试验，进行统计分析，就可以对土体的物理力学性质进行评价。

3. 试验设备

圆锥动力触探试验设备较为简单，主要由探头、穿心落锤和触探杆三部分构成。根据设备规格，可分为轻型、重型和超重型。

（四）标准贯入试验

标准贯入试验原来被归入动力触探试验一类，实际上，它在设备规格上与重型圆锥动力触探试验具有很多相同之处，不同的只是将原来的圆锥形探头换成了由两个半圆筒组成的对开式管状贯入器。此外，与重型圆锥动力触探试验的不同点还在于，规定将贯入器贯入土中 30cm 所需要的锤击数（又称为标贯击数）作为分析判断的依据。标准贯入试验具有圆锥动力触探试验所具有的所有优点，另外它还可以通过贯入器采取扰动的土样，可以对土层的颗粒组成情况进行直接鉴别，因而对于土层的分层及定名更为准确可靠。标准贯入试验一般都结合钻探进行。

1. 试验目的

标准贯入试验的目的主要有如下几方面：① 采取扰动土样，鉴别和描述土类，按照颗粒分析试验结果给土层定名。② 判别饱和砂土、粉土的液化可能性。③ 定量估算地基土层的物理力学参数，如判定黏性土的稠度状态、砂土相对密度及土的变形和强度的有关参数，评定天然地基土的承载力和单桩承载力。

2. 基本原理

与圆锥动力触探试验类似，标准贯入试验中，也是采用标准贯入器打入土中一定距离（30cm）所需落锤次数（标贯击数）来表示土阻力大小的，并根据大量的对比试验资料进一步得到土的物理力学性质指标。

3. 试验设备

标准贯入试验设备基本与重型动力触探设备相同，主要由标准贯入器、触探杆、穿心锤、锤垫及自动落锤装置等组成。所不同的是标准贯入使用的探头为对开管式贯入器，对开管外径为 $51 \pm 1mm$，内径为 $35 \pm 1mm$，长度大于 457mm，下端接长度为 $76 \pm 1mm$、刃角为 $18° \sim 20°$，刃口端部厚 1.6mm 的管靴；上端接一内、外径与对开管相同的钻杆接头，长 152mm。

（五）旁压试验

1. 试验目的

① 测定土的旁边模量和应力应变关系。

② 估算黏性土、粉土、砂土、软质岩石和风化岩石的承载力。

2. 基本原理

旁压试验是通过旁压器在竖直的孔内加压，使旁压膜膨胀，并由旁压膜（或护套）将压力传给周围土体（或软岩），使土体产生变形直至破坏，同时通过测量装置测得施加的压力与岩土体径向变形的关系，从而估算地基土的强度、变形等岩土工程参数的一种原位试验方法。旁压试验适用于黏性土、粉土、砂土、碎石土、残积土、极软岩和软岩等。

3. 试验设备

旁压试验按旁压器在土中设置的方式分为预钻式旁压试验、自钻式旁压试验和压入式旁压试验。预钻式旁压试验是在土中预先钻一竖向钻孔，再将旁压器下入孔内试验标高处再进行旁压试验。自钻式旁压试验是在旁压器下端组装旋转切削钻头和环形刃具，用静压方式将其压入土中，同时用钻头将进入刃具的土破碎，并用泥浆将碎土冲入地面，等钻到预定试验位置后，由旁压器进行旁压试验。压入式旁压试验又分为圆锥压入式和圆筒压入式两种试验方法。圆锥压入式是在旁压器的下端连接一圆锥，利用静力触探压力机，以静压方式将旁压器压到试验深度再进行旁压试验。在压入过程中，对周围有影响。圆筒压入式是在旁压器的下端连接一圆筒（下有开口），在钻孔底以静压方式压入土中一定深度再进行旁压试验。

（六）十字板剪切试验

1. 试验目的

十字板剪切试验的目的主要有如下两方面：① 测定原位应力条件下软黏土的不排水抗剪强度。② 估算软黏土的灵敏度。

2. 基本原理

十字板剪切试验是将具有一定高径比的十字板插入待测试土层中，通过钻杆对十字板头施加扭矩使其匀速旋转，根据施加的扭矩可以得到土层的抵抗扭矩，从而可进一步换算成土的抗剪强度。

3. 试验设备

（1）机械式

机械式十字板的力的传递和计量均依靠机械，因此其需配备钻孔设备，在成孔后下放十字板进行试验。

（2）电测式

电测式十字板是用传感器将土抗剪破坏时的力矩大小转变成电信号，并用仪器测量出来，常用的有轻便式十字板、静力触探两用十字板，不用钻孔设备。试验时直接将十字板头以静力压入土层中，测试完后，再将十字板压入下一层继续试验，从而实现连续贯入，其比机械式十字板测试效率高 5 倍以上。

（七）扁铲侧胀试验

1. 试验目的

扁铲侧胀试验的目的主要有如下几方面：①用于划分土类。②估算静止侧压力系数、不排水抗剪强度、土的变形参数。③为侧向受荷桩的设计提供所需参数。

2. 基本原理

该方法是将带有膜片的扁铲压入土中预定深度，然后充气使扁铲两侧的膜片向土中侧向扩张，同时测得不同压力下的侧向变形，根据测得的应力应变关系，可以得到土的模量及其他有关指标。

3. 试验设备

扁铲侧胀试验的设备主要为扁铲探头，其他的探杆和加压贯入装置可借用静力触探的设备进行。探头的尺寸为长 230~240mm，宽 94~96mm，厚 14~16mm，探头前缘刃角为 12°~16°，探头侧面钢膜片直径为 60mm。

（八）岩体原位测试

岩体原位测试是在现场制备岩体试件模拟工程中对岩体施加外荷载，进而求取岩体力学参数的试验方法。

1. 岩体变形测试

（1）静力法

静力法的基本原理是，在选定的岩体表面、槽壁或钻孔壁面上施加一定的荷载，并测定其变形，然后绘制出压力变形曲线，计算岩体的变形参数。静力法又可分为承压板法、狭缝法、钻孔变形法及水压法等。

承压板法是通过刚性承压板对半无限空间岩体表面施加压力并测量各级压力下岩体的变形，按弹性力学公式计算岩体变形参数的方法。该方法的优点是简便、直观，能较好地模拟建筑物基础的受力状态和变形特征。

狭缝法又称刻槽法，一般是在巷道或试验平硐底板及侧壁岩面上进行。其基本原理是，在岩面开一道狭缝，将液压枕放入，再用水泥砂浆填实；待砂浆达到一定强度后，对液压枕加压；利用布置在狭缝中垂线上的测点测量岩体的变形，进而利用弹性力学公式计算岩体的变形模量。该方法的优点是设备轻便、安装较简单，对岩体扰动小，能适应各方向的压力，且适合各类坚硬完整岩体，是目前工程上经常采取的方法之一。它的缺点是当假定条件与实际岩体有一定出入时，将导致计算结果误差较大，而且随测量位置不同测试结果也有所不同。

（2）动力法

动力法是用人工方法对岩体发射或激发弹性波，并测定弹性波在岩体中的传播速度，然后通过一定的关系式求出岩体的变形参数。据弹性波的激发方式不同，其又分为声波法和地震法。

2. 岩体强度测试

岩体强度测试所获参数是工程岩体破坏机理分析及稳定性计算不可缺少的依据，目前主要依靠现场岩体力学试验求得。特别是在一些大型工程的详细勘查阶段，大型岩体力学试验占有很重要的地位，是主要的勘察手段。岩体原位强度试验主要有直剪试验、单轴抗压试验和三轴抗压试验等。由于岩体原位测试考虑了岩体结构及其结构面的影响，因此其试验结果较室内岩块试验更符合实际。

岩体原位直剪试验一般在平硐中进行，如在试坑或在大口径钻孔内进行时，则需设置反力装置。其原理是在岩体试件上施加法向压应力和水平剪应力，使岩体试件沿剪切面剪切。岩体原位直剪试验一般需制备多个试件，并在不同的法向应力作用下进行试验。岩体原位直剪试验又可细分为抗剪断试验、摩擦试验及抗切试验。

岩体原位三轴抗压试验一般是在平硐中进行的，即在平硐中加工试件，并施加三向压力，使其剪切破坏，然后根据摩尔理论求出岩体的抗剪强度。

3. 岩体原位观测

岩体现场简易测试主要有岩体声波测试、岩石点荷载强度试验及岩体回弹锤击试验等几种。其中，岩石点荷载强度试验及岩体回弹锤击试验是对岩石进行试验，而岩体声波测试是对岩体进行试验。

（1）岩体声波测试

岩体声波测试是利用岩体试件激发的不同的应力波，通过测定岩体中各种应力波的传播速度来确定岩体的动力学性质。此项测试有独特的优点：轻便简易，快速经济，测试内容多而且精度易于控制，因此具有广阔的发展前景。

（2）岩石点荷载强度试验

岩石点荷载强度试验是将岩石试件置于点荷载仪的两个球面圆锥压头间，对试件施加集中荷载直至破坏，然后根据破坏荷载求出岩石的点荷载强度。此项测试技术的优点是：可以测试岩石试件及低强度和分化严重的岩石的点荷载强度。

（3）岩体回弹锤击试验

岩体回弹锤击试验的基本原理是利用岩体受冲击后的反作用，得到弹击锤回跳的数值，即为回弹值。此值越大，表明岩体弹性越强，越坚硬；反之，说明岩体软弱，强度低。用回弹仪测定岩体的抗压强度具有操作简便及测试迅速的优点，这是岩土工程勘察对岩体强度进行无损检测的手段之一。特别是在工程地质测绘中，使用这一方法能较方便地获得岩体抗压强度指标。

第三节　岩土工程水文勘察

一、岩土工程水文勘察概述

（一）水文地质勘察的目的

水文地质勘察工作的目的是运用各种技术方法和手段揭示一个地区的水文地质条件，掌握该地区地下水的形成、赋存、运动特征和水质、水量变化规律。水文地质勘察的任务是为国民经济建设、发展规划或工程项目设计提供水文地质资料。

水文地质勘察是一项复杂而重要的工作。其复杂性是因为地下水具有流动性，水质、水量随时空变化，并且其所使用的勘察方法种类较多。

（二）岩土工程水文勘察的重要性

其重要性包括：① 认识来源于实践。人们对一个地区水文地质条件的认识，对各项生产建设中所提出的水文地质问题的解答，都要通过各种水文地质勘察来完成，即水文地质资料来源于勘察。一切水文地质生产和科学研究成果质量的高低与结论的正确与否，主要取决于占有资料的多少及其是否正确可靠。② 水文地质勘察与勘探是一项费用高、工期长的工作，如果勘探工程布置不当，或不按规范（程）的技术要求进行，其后果将是既浪费勘察费用，又不能提供工程设计所需要的水文地质资料；如果据其得出错误的结论，将会给工程建设、国家财产、生产环境等诸多方面造成巨大的损失。

具体到岩土工程中，随着城市建设的高速发展，特别是高层建筑的大量兴建，地下水的赋存和渗流形态对基础工程的影响越来越突出。

（三）水文地质勘察的分类

水文地质勘察工作，按其目的、任务和勘察方法的特点，可分为三类。

1. 区域性水文勘察

区域性水文勘察指中小比例尺的综合性水文地质勘察，亦称综合水文地质勘察。其勘察目的是为国民经济建设和某项国民经济的远景规划提供水文地质依据。有时，这种勘察也可能是为某项专门性的水文地质勘察任务（如城市供水、矿山排水、环境水文地质勘察等）提供区域性的水文地质背景资料。例如，为一些大型供水项目提供几个水源地比较方案；为查明水源地的补给范围、补给来源、补给边界位置和性质，均需进行区域性水文地质勘察工作。

区域性水文地质勘察的主要任务是，概略查明区域性宏观的水文地质条件，特别是区域内地下水的基本类型及各类地下水的埋藏分布条件，地下水的水量及水质的形成条件，以及地下水资源的概略数量。区域性水文地质勘察的范围一般较大，可以是数百、数千平方千米。其具体范围视任务需要而定，可以是某个自然单元，一个或数个较大的水文地质单元，也可以是某个行政区域，多是按国际地形图进行勘察，勘察图件的比例尺一般小于 1 ： 100 000。

2. 专门性水文地质勘察

专门性水文地质勘察是为专门目的或某项生产建设而进行的勘察工作，其勘察的目的是为其提供所需的资料。有时为了进行地下水某方面的科学研究（如城市供水、矿山排水、环境水文地质等）也要开展专门性水文地质勘察。专门性水文地质勘察的任务是，较详细地查明勘察区的水文地质条件，解决所提出的生产问题，为工程建设项目或其他专门目的的项目提供水文地质资料和依据。专门性水文地质勘察的范围，视工程项目的规模或科研的需要而定。例如，供水水文地质勘察的范围，要根据需水量的大小来确定，一般应包括水源地在开采条件下可能的补给范围；矿床水文地质勘察的范围，应根据矿井在最大疏干深度条件下可能补给矿坑（井）的补给范围来确定；环境水文地质勘察的范围，至少应把地下水污染区和污染源包括在内。专门性水文地质勘察的比例尺，一般要求大于 1 ： 50 000。

3. 地下水监测

任何类型的水文地质勘察和研究工作，在定性或定量评价水文地质条件时，都需要地下水动态和均衡方面的资料，因此，这些工作都应进行地下水动态和均衡的监测。地下水动态和均衡要素监测工作的持续时间有长有短。如果为区域或专门性水文地质勘察提供地下水动态和均衡资料的监测工作，则可仅在某一段时间内进行，一般只要求 1~2 年；如果为国民经济建设长远规划和综合目的（包括地下水资源管理及保护）而进行的监测工作，则是长期性的。

随着地下水资源的大规模开发利用，与地下水有关的环境地质问题也越来越多。因此，地下水动态和均衡的监测意义日益重要。其监测项目主要包括地下水位、水量、水质、水温，以及环境地质项目等。

（四）水文地质勘察的要求

1. 水文地质勘察的基本要求

岩土工程对地下水的勘察应根据工程需要，通过搜集资料和勘察工作，查明以下水文地质条件：① 地下水的类型和赋存状态。② 主要含水层的分布规律。③ 区域性气象资料，如降水量、蒸发量及其变化对地下水位的影响。④ 地下水的补给、径流利排泄条件，地表水与地下水的补排关系及其对地下水位的影响。⑤ 除测量地下水水位外，还应调查历史最高水位、近 5 年最高地下水位。查明影响地下水位动态的主要因素，并预测未来地下水变化趋势。⑥ 查明地下水或地表水污染源，评价污染程度。⑦ 对缺乏常年地下水位监测资料的地区，在高层建筑或重大工程的初次勘察时，宜设置长期观测孔，对地下水位进行长期观测。

地下水的赋存状态是随时间变化的，不仅有年变化规律，也有长期的动态规律。一般情况下详细勘察阶段时间紧迫，只能了解勘察时刻的地下水状态，有时甚至没有足够的时间进行规定的现场试验。因此，除要求对地下水长期动态规律的资料进行收集和分析外，还应在初期勘查阶段预设长期观测孔和进行专门的水文地质勘察工作。

2. 专门水文地质勘察的要求

对高层建筑或重大工程，当水文地质条件对地基评价、基础抗浮和工程降水有重大影响时，宜进行专门的水文地质勘察，其要求如下：① 查明含水层和隔水层的埋藏条件、地下水类型、流向、水位及其变化幅度；当场地范围内分布有多层对工程有影响的地下水时，应分层测量地下水位，并查明不同含水层之间的相互补给关系。② 查明场地地质条件对地下水赋存和渗流状态的影响，必要时应设置观测孔或在不同深度处埋设孔隙水压力计，用以测量水头随深度的变化。地下水对基础工程的影响，实质上是水压力或孔隙水压力场的分布状态对工程结构影响的问题，而不是水位问题；了解基础受力层范围内孔隙水压力场的分布情况，在高层建筑勘察与评价中是至关重要的。因此，宜查明各层地下水的补给关系、渗流状态及测量水头压力随深度变化的情况，有条件时宜进行渗流分析，并量化评价地下水的影响。③ 通过现场试验，测定含水层渗透系数等水文地质参数。渗透系数等水文地质参数的测定，有现场试验和室内试验两种方法。一般室内试验误差较大，现场试验比较切合实际，因此，一般宜通过现场试验测定。当需要了解某些弱透水性地层的参数时，也可采用室内试验。

二、岩土工程水文测定试验

（一）抽水试验

抽水试验的目的包括如下内容：① 测定含水层的水文地质参数，如渗透系数、导水系数、导压系数、给水度、储水系数及影响半径等，为评价地下水资源提供依据。② 测定钻孔涌水量和单位涌水量，并判断最大可能涌水量，了解涌水量与水位下降的关系。③ 利用多孔（孔组）试验，绘制出下降漏斗断面，并求得影响半径。④ 判断地下水运动性质，了解地下水与地表水及不同含水层之间的水力联系。

一般来说，钻孔、竖井、大口井、大锅锥井、管井、钻井，以及某些流量较大的上升泉、深潭式的地下暗河、截潜流工程、方塘等，都可以进行抽水试验。根据不同的水文地质勘察阶段、目的任务、精度要求和水文地质条件，可采用不同的试验方法。

普查阶段：只做单井抽水试验，获得含水层（组）渗透系数、钻孔涌水量与水位下降的关系。

详查阶段：以单孔抽水试验为主，结合多孔抽水试验，获得较准确的渗透系数、影响半径、补给带宽度、合理井距和干扰系数。

开采阶段：结合农田灌溉进行井群开采抽水试验，获得区域水位下降与开采水量的关系、总水量、干扰系数、总的平均水位削减值，以提供合理的布井方案、取水设备、灌溉定额、灌溉效益等。

抽水试验可以分为试验抽水与正式抽水、单孔抽水和多孔抽水、完整井抽水与非完整井抽水、分层抽水与混合抽水、稳定流抽水与非稳定流抽水等不同的类型。根据水文地质勘察工作的目的和水文地质条件的差异，抽水试验的类型也不相同。

1. 单孔抽水

（1）圈定富水地段

进行一次水位降低延续短时间（8h 左右）的试验抽水，可以求得水井或钻孔的单位涌水量，根据大量的水井和钻孔试验抽水的结果，可以圈定出不同含水层的富水地段。

（2）确定水井和天然水点的出水量

进行 2~3 次水位下降，每次降低延续较长时间（1~3 个昼夜）的正式抽水，可以了解水位下降与灌水量的变化关系，通过数学分析，可以计算出水井或天然水点的涌水量。这是评价水井或天然水点最大出水量的主要成果，也是确定水泵型号、规格的重要依据。

（3）检查止水效果

利用分层抽水时，对所采水样进行分析，可以了解含水层的水质特征，判断止水效果。

2. 多孔抽水

多孔抽水是由主孔与观测孔组成的抽水孔组，确定水文地质参数，进行 1~3 次水位降低，每次降低延续 1~5 个昼夜，可以确定含水层不同方向的渗透系数、影响半径、含水层的给水度和地下水实际流速等水文地质参数。这些参数是评价地下水资源的重要依据。

3. 干扰抽水

干扰抽水是由两个以上的主孔组成的抽水孔组同时抽水，从而确定合理井距的活动，在距离比较近的两个管井（一般相距 5~30m）中，分别进行 2~3 次水位降低的抽水试验，每次降低延续 1~2 个昼夜，从而可以求出不同的井距和不同降深的干扰系数。干扰系数是确定合理井距、计算干扰出水量的重要数据。这种抽水要求各主孔结构相同，水位下降一致。

4. 分层抽水

在山间盆地、冲积平原、滨海平原地区，利用不同深度钻孔，进行分层（组）抽水，可以取得不同埋深的含水层水位、水量和水质等资料，为开采淡水或改造咸水提供分层水文地质资料。

5. 混合抽水

在钻孔深度大、含水层数较多、各含水层间的水力特征基本一致的地区，可以进行混合抽水，概略地确定某一含水层组（或含水段）的水文地质参数及水化学特征。

6. 大型开采抽水

为研究生产井的生产能力和评价其地下水资源，利用现有工农业供水生产井，结合生产进行 2~3 次水位降低，每次降低延续 10~100 个昼夜的生产性抽水试验，从而可以比较精确地确定生产井的生产能力和评价其地下水资源。

7. 完整井抽水与非完整井抽水

完整井抽水是钻井深度在相对的隔水层中终孔，井底不进水的情况下抽水试验，这样进行抽水试验，计算含水层的水文地质参数较为方便，所以在一般情况下尽可能地施工完整井；相反，钻井深度在含水层中终孔，井底进水，在这种情况下抽水即为非完整井抽水。

8. 正向抽水与反向抽水

正向抽水是在弱透水性细粒岩层中，由较小降深值逐次加大降深值的抽水试验；反向抽水是由最大降深至最小降深逐次进行的，其多在强透水性岩层或基岩中采用。

9. 疏干抽水

疏干抽水是在沼泽、盐渍地区及矿区，为规划排水方案和确定排水设备而进行的抽水试验。

上述各种类型抽水试验均属于稳定流抽水，即在一定的抽水时间内，水位下降和涌水量的波动值不超过最大允许误差范围，在含水层导水性能较好、补给来源充足地区，并且在确定水文地质参数时，抽水历经的时间不参与计算过程。相反，在抽水过程中，水位降深或涌水量，其中有一项趋于相对稳定，如经常控制涌水量保持常量，而水位不断下降，则称为非稳定流抽水试验，并且在确定水文地质参数时，时间参与计算过程。

（二）抽水试验地段的选择

抽水试验布置与工作量的多少，均应按国家水文地质规范和水文地质勘察设计进行。其试验地段的选择原则如下：① 根据区域水文地质条件，选择具有代表性、控制性和估计地下水动态日变幅较小的地段。② 要考虑地下水资源评价和计算方法的需要，在一个水文地质单元上，特别是边界地段应设置抽水试验孔，并考虑试验孔排列方向尽可能地与地下水流向平行或垂直。③ 选择含水层渗透性比较均匀、地下水水力坡度较小或池面较平坦的地段。④ 选择含水层层位清楚的地段，抽水试验钻孔尽可能地布设在完整井上。⑤ 选择地面无其他阻碍物，抽水时排水条件较好，并且尽量结合农田灌溉的需要。⑥ 在已开采地下水的井灌区试验，应尽可能地选择现有生产井进行抽水试验，具体布置抽水试验，应根据不同水文地质勘探类型（洪积扇、河谷地区等），因地制宜地进行。

（三）抽水试验钻孔布置原则

1. 单孔抽水试验的原则

单孔抽水试验的原则：主要在面上控制，要照顾到不同地貌单元和不同含水层；在详查阶段，主要是布置相互垂直的两条勘探线，在各不同水文地质单元上的钻孔数量与距离应符合水文地质勘察设计要求。

2. 多孔抽水试验的原则

多孔抽水试验的原则是在基本查明含水层（组）分布及富水性的基础上，在不同水文地质单元选择有供水意义的主要含水层（组）的典型地段上进行，并尽可能地布置在计算地下水资源的断面上，一般垂直于地下水流向，主孔的一侧布置两个以上的观测孔。

观测孔的布置，应根据试验的目的和计算公式所需要具备的条件确定。在一般情况下应符合下列要求：① 以抽水孔为中心，布置1~2排观测线。一般在均质等厚含水层中，可垂直地下水流向布置一排观测线；在非均质不等厚的含水层中，应平行和垂直（在下游）地下水的流向，或在主孔的两侧或沿岩层变化的最大方向，布置2~3排观测线。每排观测线上的观测孔，一般为2~3个。② 观测孔距抽水孔的距离及各观测孔之间的孔距，取决于含水层的透水性和地下水的类型。由于下降漏斗距抽水孔越近则越陡，越远则越平缓，因此每一排上观测孔之间的距离应是靠近主孔处较密，远离主孔则较稀，以控制下降漏斗的变化和范围。强透水岩层中观测孔较密，弱透水岩层中观测孔较稀。观测孔与抽水孔的距离，可以采取几何级数设置，如5、10、20、40、80等。在水位下降值小，有越流补给的情况下，观测孔与抽水孔之间的距离可以近些，各观测孔间的距离可以小些，反之亦然。观测孔的深度，一般要求深入试验段5~10m；若为非均质含水层，观测孔的深度应与抽水孔一致。各观测孔的滤水管应尽量安置在同一含水层和同一深度上，各观测孔滤水管的长度尽量相等。至于观测孔的具体间距，则主要决定于含水层透水性的好坏，并与地下水的类型有关，相关参数可参考行业规范。

3. 干扰抽水试验的原则

井群干扰抽水试验是在大面积水文地质单元上，选择有代表性的典型地段或准备推荐作为水源地的富水地段，按水文地质勘察设计提出的开采方案，布置干扰抽水试验工作。这种抽水试验，有时也是为了排水目的（如人工降低地下水位）而进行的，以便求出合理井距。两个干扰孔应垂直地下水流向布置，间距以能使水位削减值达到主孔抽降的 20%~25% 为准，抽降次数可以适当减少，但抽降量要大。稳定延续时间至少为单孔抽水试验的两倍。在勘探过程中最好用同样的钻孔结构，同样的抽水设备进行分层干扰抽水试验。

4. 开采井群抽水试验的原则

在大量开发地下水进行灌溉的井灌区，其布置应结合农业灌溉生产井进行，也可参照供水水源地开采井群布局来布置井群试验。

供水水源地开采井群系由若干管井，以及连接各管井的集水管、集水池、输水管、抽水设备及其附属建筑物等所组成。井群的形式，如按管井的分布形状，可分为直线井群和梅花井群两种。直线井群适于地下水流坡度较大的地区，梅花井群适于地下水流坡度平缓的地区，其中以直线井群应用较广。直线井群又可分为单侧式和对称式两种。

井群常布置成一条线。在无压水中管井的排列线，应尽可能地与地下水流向垂直，但在承压水中却不一定如此要求。如果井群布置成一排受到限制时，可布置成两排。排间具体的距离应根据地层的富水性、抽水设备能力、基建投资及生产经营费用等因素，经过详细的经济比较计算后才能确定。

5. 分段抽水试验的原则

在大厚度、强富水的含水层地区，采用"分段开采，集中布井"的方式开采地下水，既可增大总的取水量，又可减少地表输水布线，从而节省投资，便于管理。

6. 分层抽水试验的原则

为了观测各含水层的水文地质参数、水化学特征及各含水层之间的水力联系，以及构造破碎带的导水性等问题，应在主要含水层（组）进行抽水的同时，观测附近地表水体及其他含水层中观测孔内的水位变化。这类抽水试验的布置原则取决于任务的本身和具体的水文地质条件。

在水文地质勘察工作中，正确地规定抽水试验的任务和确定抽水试验的种类，并据此合理布置各个抽水试验孔，这是取得评价区域水文地质条件所需资料的重要条件。为此，必须详尽地搜集和研究区域的地质资料和水文地质资料。

（二）压水试验

在坚硬及半坚硬岩土层中，当地下水距地表很深时，常用压水试验测定岩层的透水性，其多用于水库、水坝工程。压水试验孔位应根据工程地质测绘和钻探资料，结合工程类型、特点确定，并按照岩层的不同特性划分试验段，试验段的长度宜为 5~10m。

压入水量是在某一个确定压力作用下，压入水量呈稳定状态的流量。当控制某一设计压力值呈现稳定后，每隔 10mm 测读压入水量，连续 4 次读数，其最大差值小于最终值 5% 时为本级压力的最终压入水量。根据压水试验成果可计算渗透系数 K。

当试验段底板距离隔水层顶板的厚度大于试验段长度时，按下式计算：

$$K = 0.527 \frac{Q}{L \times P} \log \frac{0.6L}{r}$$

式中：K 为渗透系数（m/d）；Q 为钻孔压水的稳定流量（L/min）；L 为试验段长度（m）；P 为该试验段压水时所加的总压力（N/cm^2）；r 为钻孔半径（m）。

当试验段底板距离隔水层顶板的厚度小于试验段长度时，按下式计算：

$$K = 0.527 \frac{Q}{L \times P} \log \frac{1.32L}{r}$$

（三）注水试验

注水试验不同于人工回灌试验，它的目的是测定岩土的透水性和裂隙性及其随深度的变化情况。注水试验不用机械动水压力，仅在钻孔内利用抬高水头的压力进行试验，即向钻孔中注水，使进入钻孔的水具有一定的压力。这样，具有不同裂隙性和渗透性的岩土，就会表现出不同的吸水性。吸水性用单位吸水量来表示，即在1m高水柱的压力下，在钻孔中1m长的试验段内，岩土每分钟吸收水的体积。

在岩溶地区中的水位埋深大、抽水困难地区可用注水试验估算 K 值。注水试验一般适用于地下水位较深，甚至钻孔中未见地下水的干孔。通过注水试验可求得地下水位以上或某一深度井段岩土的渗透性。

注水试验可按下述计算方法求出单位吸水量。当计算渗透系数 K 或其他有关指标时，可用抽水试验的有关公式，但需将式中抽水的水位降低值换为注水的水位升高值。

当地下水位埋藏在孔底以下较深时，可采用下式计算渗透系数。

$$K = 0.423 \frac{Q}{h^2} \log \frac{4h}{d}$$

式中：h 为注水造成的水头高（m）；d 为钻孔或过滤器直径（m）；Q 为吸水量（t/d）；K 为渗透系数（m/d）。

三、岩土工程水文勘察的评价

在岩土工程勘察、设计、施工及监测过程中，应充分考虑地下水对各类岩土工程的影响及作用。在进行岩土工程勘察时，不仅要查明地下水赋存条件和天然状态，还要对地下水对各类岩土工程的作用进行分析评价和预测，并提出预防措施的建议。

（一）地下水的作用与评价

1. 地下水对岩土工程的作用

地下水对岩土体和建筑物的作用，按其机制可以划分为两类：一类是力学作用；另一类是物理和化学作用。地下水的力学作用包括浮托作用、渗流作用（潜蚀、流沙、管涌和流土等）、地面沉降和回弹作用、动水压力作用和砂土液化等。物理和化学作用包括地下水对混凝土、金属材料的腐蚀作用，地下水对岩土的软化、崩解、湿陷、胀缩、潜蚀和冻融作用等。

2. 地下水作用的评价

地下水作用的评价包括定量评价和定性评价，力学作用一般是能定量计算的。通过测定有关参数和建立力学模型，用解析法或数值法给出满足工程要求的评价结果，复杂的力学作用，可以简化计算，得到满足工程要求的定量或半定量评价结果。岩土特征的复杂性，使其物理和化学作用通常是难以定量评价的，但可以通过分析给出定性的评价。

（1）力学作用的评价内容

① 对基础、地下结构物筑挡土墙，应评价在最不利组合情况下，地下水对结构物的上浮作用，原则上应按设计水位计算浮力，对节理不发育的岩石和黏土具有地方经验或实测数据时，可根据经验确定；有渗流时，通过渗流计算分析评价地下水的水头和作用。② 计算边坡稳定时，应评价地下水及其动水压力对边坡稳定的不利影响。③ 在地下水位下降的影响范围内，应考虑地面沉降及其对工程的影响，当地下水位回升时，应考虑可能引起的回弹和附加的浮托力。④ 当墙背填土为粉砂、粉土或黏性土，验算支挡结构物的稳定时，应根据不同排水条件评价静水压力、动水压力与支挡结构物的作用。⑤ 在有水头压力差的粗细砂、粉土地层中，应评价产生潜蚀、流沙、涌土、管涌的可能性。⑥ 在地下水位以下开挖基坑或地下工程时，应根据岩土的渗透性、地下水补给条件，分析评价降水或隔水措施的可行性及其对基坑稳定和邻近工程的影响。

（2）物理和化学作用的评价内容

① 对地下水位以下的工程结构，应评价地下水对混凝土、金属材料的腐蚀性。② 对软质岩石、强风化岩石、残积土、湿陷性土、膨胀岩土和盐渍岩土，应评价地下水的聚集和散失所产生的软化、崩解、湿陷、涨缩和潜蚀等有害作用。③ 在冻土地区，应评价地下水对土的冻胀和融陷的影响。

（二）浮托作用评价

地下水对水位以下的岩土体有静水压力的作用，并产生浮托力。在透水性较好的土层中或节理发育的岩石地基中，浮托力可以用阿基米德原理进行计算，即当岩土体的节理裂隙或孔隙中的水与岩土体外界地下水相通，岩石体积部分或土体积部分的浮力，被称为浮托力。

建筑物位于粉土、砂土、碎石土和节理发育的岩石地基时，按设计水位的100%计算浮托力；当建筑物位于节理不发育的岩石地基时，按设计水位的50%计算浮托力；当建筑物位于透水性很差的黏性土地基时，很难确定地下水的浮托作用及浮托力，此时，可根据当地经验确定。

地下水的存在，特别是当地下水在水头差作用下发生渗流时，对边坡稳定可能构成威胁。

在这种情况下，应考虑水对地下水位以下岩土体的浮托作用。在土坡稳定验算时，地下水位以下岩土体的重度应用浮重度。

根据《建筑地基基础设计规范》（GB 50007-2011），在确定地基承载力的设计值时，无论是基础底面以下土的天然重度，还是基础底面以下土的加权平均重度，在地下水位以下部分均取有效重度。

（三）潜蚀作用评价

潜蚀作用分为机械潜蚀作用和化学潜蚀作用两种。

机械潜蚀作用指地下水渗流时所产生的动水压力，使土粒受到冲刷，将土中的细颗粒带走，从而使土的结构发生破坏。

化学潜蚀作用指地下水溶解土中的易溶盐成分，从而使土颗粒的胶结及结构受到破坏，进而降低土粒间的结合力。

机械潜蚀和化学潜蚀一般是同时进行的，潜蚀作用降低岩土地基土强度，甚至在地下形成洞穴，以致产生大地塌陷，影响建筑物的稳定。

第四节　岩土工程勘察的质量控制

一、岩土工程勘察质量控制的必要性及依据

（一）岩土工程勘察质量控制的必要性

虽然在目前，我国建筑规模和工程数量都在世界上名列前茅。但实际上我国在建筑施工方面不论技术，还是规范都与发达国家有一定距离。经过调查发现，在很多工程作业中，岩土工程勘察被当作应付国家规范、标准检查的一项任务，勘察缺乏有效性和准确性，草草了事，勘察质量难以得到保障。对整个岩土工程勘察过程缺乏重视，导致了岩土工程勘察质量和岩土工程勘察有效性与准确性不高。岩土工程勘察对建筑影响不容小视，建筑工程质量影响因素众多，一些小细节就可能给整个建筑工程埋下安全隐患，岩土工程勘察就是其中最关键的影响因素之一。

（二）岩土工程勘察质量控制的依据

工程项目的质量目标与水平，是通过设计使其具体化的，设计是施工的依据，而勘察又是设计的重要依据，同时对施工有重要的指导作用。勘察设计质量的优劣，直接影

响工程项目的功能、使用价值和投资经济效益，关系国家财产和人民生命的安全。勘察工作不仅要满足设计的需要，更要以科学求实的精神保证所提交勘察报告的准确性、及时性，为设计的安全、合理提供必要的条件。实践证明，不遵守有关法规和相关技术标准，就有可能使工程存在重大的事故隐患和质量缺陷，从而给业主造成极大的危害和损失。

建设工程勘察的质量控制工作决不单纯是对其报告及成果的质量进行控制，而是要从整个社会发展和环境建设的需要出发，对勘察的整个过程进行控制，其中也涉及法律、法规、合同等必须遵守的规定。

岩土工程勘察质量控制依据主要有以下几个方面：① 有关工程建设及质量管理方面的法律、法规、城市规划；国家规定的建设工程勘察深度要求；铁路、交通、水利等专业建设工程，还应当依据专业规则的要求。② 有关工程建设的技术标准，如勘察和设计的工程建设强制性标准规范及规程、设计参数、定额、指标等。③ 项目批准文件，如项目可行性研究报告、项目评估报告及选址报告。④ 体现建设单位建设意图的勘察、设计规划大纲、纲要和合同文件。⑤ 反映项目建设过程中和建成后所需要的有关技术、资源、经济、社会协作等方面的协议、数据与资料。

二、岩土工程勘察质量的影响因素

（一）人为因素

随着我国社会经济的不断发展，勘察行业也引起了人们的广泛关注，并得到了相应的提升。但是随着勘察市场的升温，很多公司出现了勘察技术人员不足的情况，为了缓解这种情况，有些公司使用不具备实际勘察经验的技术人员负责项目实施，这些人员缺乏相应的技术和经验，没有充分掌握勘察流程，对地质的认识也非常的粗浅，只能照搬勘察报告。同时，勘察单位作为生产实体，虽然已经注重了对技术人员的培养，但是对勘察队伍的建设等却并没有给予足够的关注，这样也就降低了技术人员队伍建设的效果。岩土工程勘察工作是具有高度专业性和规范性的工作，在一些工程中，有些公司为了追赶施工进度，工作人员采取了违反操作规范的方法来进行钻探取样，在这种施工方法下，很容易造成孔深偏大以及垂直度不足等问题。加之一些孔位被随意改动，这对勘察质量控制造成严重的危害，甚至因为勘察结果的不准确、不科学，导致建设工程使用的是错误的岩土体参数，进而影响工程质量，遗留安全隐患。

（二）市场因素

勘察市场属于建筑市场中必不可少的组成部分，其市场的规范与否会直接影响勘察质量。当前，勘察市场中存在着不同类型的勘察企业，同时也衍生出了许多的外挂企业。这种情况加大了勘察市场中的企业竞争，同时，一些企业为了获取最大的经济效益，虽然自身在技术上没有足够的优势，但是却从价格上来提升自身的竞争力，并将其作为夺取市场份额的手段。

但是，勘察市场及勘察结果受建设单位的影响，如很多建设单位对勘察工作操作不规范，甚至一些建设单位一味追求利益，恶意压低勘察价格，利用低价中标。有些建设单位甚至在实际的勘察工作中，违背客观需要，追求短工期，从而造成时间紧迫，影响勘察结果质量。例如，从设备上来说，在勘探市场中一些企业并没有自己的钻机，而对于操作工人以及一些私人老板来说，为了提升钻机的使用效率获取更大的经济利益，要求钻机不停歇地进行工作，但是在这一情况的影响下，使得勘探的结果并没有真正满足相关标准的要求，同时也影响到了施工的质量与工期，严重的还会引发安全风险的出现，甚至威胁到施工人员的人身安全。

（三）监理机制因素

导致勘察质量偏低的另一个影响因素是勘察监理制度存在问题。我们国家的勘察起步较晚，而建设发展迅速，从而导致相关法律法规略显滞后，加之地质勘察制度相对不完整，只能对勘察成果进行一定的控制，却无法对勘察过程加以控制，因此造成工程勘察只注重数据分析的合理性，而忽略了勘察施工过程中数据采集的准确性，导致很多勘察报告的形式及分析合理、合规、合法，但严重偏离了实际情况。

三、岩土工程勘察质量控制途径

（一）工程勘察工作程序

工程勘察的主要任务是按勘察阶段的要求，正确反映工程地质条件，提出岩土工程评价，为设计、施工提供依据。工程勘察工作一般分三个阶段，即可行性研究勘察、初步勘察、详细勘察。当工程地质条件复杂或有特殊施工要求的重要工程，应进行施工勘察，各勘察阶段的工作要求如下：① 可行性研究勘察，又称选址勘察，其目的是要通过搜集、分析已有资料，进行现场踏勘。必要时，进行工程地质测绘和少量勘探工作，对拟选场址的稳定性和适宜性做出岩土工程评价，进行技术经济论证和方案比较，从而满足确定场地方案的要求。② 初步勘察是在可行性研究勘察的基础上，对场地内建筑地段的稳定性做出岩土工程评价，并为确定建筑总平面布置、主要建筑物地基基础方案及对不良地质现象的防治工作方案进行论证，从而满足初步设计或扩大初步设计的要求。③ 详细勘察，应对地基基础处理与加固、不良地质现象的防治工程进行岩土工程计算与评价，从而满足施工图设计的要求。

施工勘察，不仅包括在施工阶段对与施工有关的工程地质问题进行勘察，并提出相应的工程地质资料以制订施工方案，还包括工程竣工后一些必要的勘察工作（如检验地基加固效果等）。工程勘察的工作程序一般为承接勘察任务、搜集已有资料、现场踏勘、编制勘察纲要、出工前准备、野外调查、测绘、勘探、试验、分析资料、编制图件和报告等。对于大型工程或地质条件复杂的工程，工程勘察单位要做好施工阶段的勘察配合、地质编录和勘察资料验收等工作，如发现有影响设计的地形、地质问题，应进行补充勘察和过程监测。

（二）人员专业性控制

1.工程勘察资质等级

工程勘察资质分为综合类、专业类和劳务类，其范围包括建设工程项目中的岩土工程、水文地质勘察和工程测量等专业，其中岩土工程涉及工程的勘察、设计、测试、监测、检测、咨询、监理、治理等内容。

（1）资质等级设立。综合类包括工程勘察所有专业，其资质只设甲级；专业类指岩土工程、水文地质勘察、工程测量等专业中某一项，其中岩土工程专业类可以是五项中的一项或全部，其资质原则上设甲、乙两个级别，确有必要设置丙级的地区经相关部门批准后方可设置；劳务类指岩土工程治理、工程钻探、凿井等专业，劳务类资质不分级别。

（2）承担任务范围和地区。综合类承担业务范围和地区不受限制。专业类甲级承担本专业业务范围和地区不受限制；专业类乙级可承担本专业中、小型工程项目，其业务地区不受限制；专业类丙级可承担本专业小型工程项目，其业务限定在省、自治区、直辖市所辖行政区范围内。劳务类只能承担业务范围内劳务工作，其工作地区不受限制。

2.技术人员责任控制途径

每个技术人员都应具备基本的职业操守，还要熟悉岩土工程勘察规范及相关技术要求，为勘察质量提供保障。

（1）强化个人质量意识

技术工作关乎建筑质量，建筑质量直接关乎人民生命财产安全。每个从事勘察工作的人员在做任一个决定时，都应考虑到这个决定可能产生的后果。

（2）明确质量岗位职责

工程勘察企业的最高管理者、总工程师、审定人、审核人、项目负责人（含注册岩土工程师）等相关人员都应对工程勘察设计文件负相应的质量责任。

（三）施工过程监理控制

1.工作方案审查和控制

工程勘察单位在实施勘察工作之前，应结合各勘察阶段的工作内容和深度要求，按照有关规范、规程的规定，结合工程的特点编制勘察工作方案（勘察纲要）。勘察工作方案要体现规划、设计意图，如实反映现场的地形和地质概况，满足任务书上质量和合同工期的要求，工程勘察等级明确，勘察方案合理，人员、机具配备满足需要，项目技术管理制度健全，各项工作质量责任明确、勘察工作方案应由项目负责人主持编写，由勘察单位技术负责人审批、签字并加盖公章。

监理工程师应按上述编制要求对勘察工作方案进行认真审查。勘察工作方案除应满足上述要求外，根据不同的勘察阶段及工作性质，还应提出不同的审查要点，如初步勘察阶段，要按工程勘察等级确认勘探点、线、网布置的合理性，控制性勘探孔的位置、数量、孔深、取样数量是否满足规范要求等。

2. 勘察阶段监理质量控制

协助建设单位选定勘察单位。按照国家的有关规定，凡是在国家建设工程设计资质分级标准规定范围内的建设工程项目，建设单位均应委托具有相应资质等级的工程勘察单位承担勘察业务工作，委托可采用竞选委托、直接委托或招标三种方式，其中竞选委托可以采取公开竞选或邀请竞选的形式，招标也可采用公开招标和邀请招标形式，但其规定了强制招标或竞选的范围。

建设单位原则上应将整个建设工程项目的勘察业务委托给一个勘察单位，也可以根据勘察业务的专业特点和技术要求分别委托几个勘察单位。在选择勘察单位时，监理工程师除重点对其资质进行控制外，还要检查勘察单位的技术管理制度和质量管理程序，考察勘察单位的专职技术骨干素质、业绩及服务意识。

3. 勘察现场作业质量控制

勘察工作期间，监理工程师应重点检查以下几个方面的工作：① 现场作业人员应进行专业培训，重要岗位要实施持证上岗制度，并严格按勘察工作方案及有关操作规程的要求开展现场工作并留下印证记录。② 原始资料取得的方法、手段及使用的仪器设备应当正确、合理，勘察仪器、设备、试验室应有明确的管理程序，现场钻探、取样、机具应通过计量认证。③ 原始记录表格应按要求认真填写清楚，并经有关作业人员检查、签字。④ 项目负责人应始终在作业现场进行指导、督促检查，并对各项作业资料检查验收签字。

（四）成果控制

1. 岩土工程评价

（1）基本原则

应保证地基不发生强度破坏而丧失稳定性，保证建筑不会产生影响其安全与正常使用的过大或不均匀沉降。

（2）分析方法

① 定性分析：工程选址及场地对拟建工程的适宜性、场地地质条件的稳定性、岩土性状的描述。

② 定量分析：岩土体的变形性状及其极限值；岩土体的强度、稳定性及其极限值；其他各种临界状态的判定问题。

③ 反分析：多用于对场地地基稳定性和地质灾害评价。

2. 勘查文件质量控制

监理工程师对勘察成果的审核与评定是勘察阶段质量控制最重要的工作，应检查勘察成果是否满足以下条件：① 工程勘察资料、图表、报告等文件要依据工程类别按有关规定执行各级审核、审批程序，并由负责人签字。② 工程勘察成果应齐全、可靠，满足国家有关法规及技术标准和合同规定的要求。③ 工程勘察成果必须严格按照质量管理有关程序进行检查和验收，质量合格方能提供使用。对工程勘察成果的检查验收和质量评定应当执行国家、行业和地方有关工程勘察成果检查验收评定的规定。

工程勘察的最后结果是工程勘察报告，监理工程师必须详细审查，其报告中不仅要提出勘察场地的工程地质条件和存在的地质问题，更重要的是结合工程设计、施工条件以及地基处理、开挖、支护、降水等工程的具体要求，进行技术论证和评价，提出岩土工程问题及解决问题的决策性具体建议，并提出基础、边坡等工程的设计准则和岩土工程施工的指导性意见，为设计、施工提供依据，并服务于工程建设的全过程。

针对不同的勘察阶段，监理工程师应对工程勘察报告的内容和深度进行检查，看其是否满足勘察任务书和相应设计阶段的要求。例如，在可行性研究勘察阶段，要得到建筑场地选址的可行性分析报告，对拟建场地的稳定性和适宜性做出评价；在初步勘察阶段，要注明地层、构造、岩土物理力学性质、地下水埋藏条件及冻结深度，描绘出场地不良地质现象的成因、分布、对场地稳定性的影响及其发展趋势，对抗震设防烈度等于或大于 7 度的场地，应判定场地和地基的地震效应；在详细勘察阶段，要提供满足设计、施工所需的岩土技术参数，确定地基承载力，预测地基沉降及其均匀性，并且提出地基和基础设计方案建议。

（五）后续服务质量控制

勘察文件交付后，监理工程师应根据工程建设的进展情况，督促勘察单位做好施工阶段的勘察配合及验收工作，对施工过程中出现的地质问题要进行跟踪服务，做好监测、回访。特别是及时参加基础工程验收和工程竣工验收及地基基础有关的工程事故处理。

岩土工程勘察后续服务最主要的工作是现场检验，当现场检验与原勘察成果不符时，及时分析原因，根据施工的实际情况，对勘察资料进行补充修改，现场检验应在施工期内进行。

当现场检验结果与原勘察成果相差较大时，应修改岩土工程设计或采取相应措施进行处理。对于天然地基，没有挖到位的，一定不签字；基槽底下埋有砂层，且承压水头高于坑底时，应特别慎重，以免造成冒水涌砂；对于处理过的地基，一定有质检部门出具的承载力试验报告单，达到设计荷载要求才签字；对于大直径桩，一定要逐桩底检验是否到达持力层。没有亲自去验槽验桩的，一定不轻易承诺签字。

工程项目完成后，监理工程师应检查勘察单位技术档案管理情况，要求将全部资料，特别是质量审查、监督主要依据的原始资料，分类编目，归档保存。

第九章　岩土工程设计与质量控制

第一节　岩土工程设计与质量控制概述

一、岩土工程设计概述

（一）岩土工程设计的概念

岩土工程设计就是在考虑建设对象对自然条件的依赖性、岩土性质的变异性以及经验与试验的特殊重要性的基础上，从适用、安全、耐久和经济的原则出发，全面考虑结构功能、场地特点、建筑类型及施工条件（环境、技术、材料、设备、工期、资金）等因素，依据所占有的资料，经过多种方案的比较与择优，采用先进、合理的理论方法，遵守现行建筑法规和规范的要求，对建筑涉及的各种岩土工程问题做出满足使用目标的定性、定量分析，在具体与可能的土、水、岩体综合条件和可能的最不利荷载组合下，提出岩土工程系统（地基、基础与上部结构）能够满足设计基准期内建筑物使用目标和环境的要求，以及土体足够且不过分变形的地基、基础、结构及其在施工、监测等方面的最优组合方案，还要实施这种方案在质量、步骤和方法上的各种具体要求。岩土工程设计一般包括方案设计与具体设计（地基设计、基础设计、施工设计、环境设计、观测设计以及结构的原则设计）。这两种设计相互联系，相互依赖，但方案设计往往起主导作用。上述关于岩土工程设计的综合表述，包括了岩土工程设计的依据、原则、条件、方法、目的、内容和要求。

（二）岩土工程设计特点

1.天然性

岩土工程设计以地质勘查资料为基础，与自然界的关系十分密切，设计时要充分结合水文、地质、气象、地下条件及动态变化等情况，其中包括潜在地质灾害及其可能造成的严重后果。

2. 不确定性

岩土参数是随机变量，加之，不同测试方式得到的测量值不一样，差异性很大，具有明显的不确定性。进行岩土工程设计时，必须掌握岩土参数及其概率分布情况，了解各种测试方法，能够熟练应用测量方法得到科学准确的测量数值，加强数据归集与分析，提高岩土参数的准确性。

3. 地域性

因为岩土性质复杂多变，岩土与结构之间的相互作用变得更为复杂，这使得预测结果与实际差异很大。鉴于此，人们对岩土工程设计工作经验，特别是地方经验尤为注重，因为地方经验是经过大量实践而积累下来的，基本反映了地方工程成果和经验，对增强岩土工程设计质量有重要作用。

（三）岩土工程设计的原则

岩土工程设计的原则是必须保证工程的适用性、安全性、耐久性和经济性，并根据这个原则进行多种方案的比较分析与择优选取。

所谓适用性，就是要满足工程预定的使用目标；所谓安全性，就是要使工程在施工期和使用期内一切可能的最不利条件与荷载组合下都不会出现影响正常工作的现象；所谓耐久性，就是保证工程各部分及其相互之间具有在预定使用年限内都满足使用目标的条件；所谓经济性，就是在确保上述要求条件下要尽可能地减少投资，缩短工期。这几个方面是互相关联的一个整体。最佳的设计必须经过多种可能方案的比较，而在方案比较中，引入先进的理论、方法和技术，往往是获得最优方案的重要途径。现行的规范是一把有效而神圣的尺子，但不应该把它视为四海皆准而不容触动的教条，很多地方还需要在具有充分试验分析依据的基础下进行补充与修正。

1. 岩土工程设计所需的资料

岩土工程设计要以最少的投资、最短的工期，达到设计使用年限内安全运行，满足所有预定功能，其中包括安全性、耐久性、经济性等目标。为了实现以上目标，必须认真进行地质勘查，全面掌握岩土工程设计需要的相关资料，确保工程设计科学合理。

岩土工程设计资料包括：①地形、气候、水文等资料；②岩土工程勘察资料；③工程设计资料；④其他各项资料。实际工作中，设计人员了解国家现行规范制度，掌握岩土工程设计方法，在此基础上通过各种渠道收集整理相关的资料，如地方地理文献、原位测试等。然后，从诸多数据中提取出有价值的信息，如岩土性质、岩土参数等，支持岩土工程设计。

2. 岩土工程的文件设计

岩土工程设计必须提出清晰完整的设计文件。以文字表述的文件，多用于方案设计，着重进行可行性论证，辅以方案所必要的图表（包括平面图、剖面图、工程项目一览表、材料统计表、概算表等）；以图件表述的文件，多用于施工设计阶段，辅以简要的文字说明。设计文件包括综合设计文件和分类设计文件。另外在说明书中应包括任务来源、设计依据、设计的基础资料和基本数据、技术方案与计算、施工注意事项、检验与监测及概算等，一般还需附以存档备查的计算书。分类设计文件应针对不同项目（如天然地基、预制桩、灌注桩、降水疏干工程、开挖支护工程、边坡工程、地基处理等）分别提出。视具体情况，必要时还可做出与设计相关的专门性的技术文件（如各种试验报告、检验报告、监测报告、调查报告、分析评价报告等）。

二、岩土工程设计与质量控制的内容

（一）岩土工程设计的质量控制

岩土工程的设计要求及目标决定了其技术要求及设计工作的具体内容，根据岩土工程设计需求，在设计过程中应考虑使用技术的先进性与可靠性，还应考虑施工周边环境及工程环境对设计与施工的影响，如室内高层建筑深基坑设计中应考虑市政地下管线对施工的影响。通过岩土工程设计中新技术、新理念及新材料的应用，提高工程设计水平和岩土工程设计质量，为指导工程施工奠定基础。同时，强化岩土工程技术试验与应用，借助我国现代基础工程建设高速发展带来的大量经验，不断提升设计单位的综合事例，为促进岩土工程设计工作的开展奠定基础。在做好基础准备工作后，施工企业还应建立健全、完善的岩土工程设计管理体系。通过组织架构的健全与完善，实现分工明确、职责权限明确的管理目标。在此基础上，完善相关管理体系，并将岗位职责与设计要求、设计原则等相结合，以岗位职责指导设计工作的各个环节。另外，在管理体系及制度的建设中还应加强监督机制及奖惩机制的引入，以此强化企业设计管理能力，实现岩土工程设计管理目标。

（二）岩土工程设计与质量控制中应注意的问题

岩土工程设计在工程建设中扮演着重要角色，是保证工程质量的关键。要保证岩土工程施工质量，需要注意以下几个方面问题。

1. 施工操作性与质量可控性

优质工程以优秀的工程设计为基础，只有工程设计科学合理，工程质量才有保障。因此，岩土工程设计要充分考虑施工的可操作性和质量的可控性，围绕工程建设需求着手设计工作。当有多种工法可选时，应当选择施工方便、操作简单，且施工单位熟悉的工法，从而降低岩土工程设计复杂性，提高施工的可操作性，保证工程施工质量。众所周知，岩土工程基本都是隐蔽工程，质量控制和检查难度大，为使岩土工程质量可控，岩土工程设计必须考虑质量可控性需求。有的工法优势明显，但是施工质量不易控制，所以岩土工程设计应放弃这种工法。例如，粉喷桩是一种深层搅拌加固桩，是饱和软土地基加固的一种新型方法，能增强软基稳固性。粉喷桩适合淤泥、淤泥质土、粉土及一些含水量较高的黏性土，其他类型的地基土不适合采用粉喷桩。从这一点来看，岩土工程设计要符合工程地质条件，根据实际情况选用适合的工法。而且，粉喷桩设计要严格遵守《建筑地基处理技术规范》中的相关规定，准确计量粉体量和搅拌深度，使施工质量具有可控性。

2. 技术的有效性与适用性

工程施工技术方法是否有效、是否适用，是岩土工程设计要给予高度重视的一个问题。施工技术方案是岩土工程施工的依据，所有施工都要依靠施工技术方案，若施工技术方案缺乏适用性，岩土工程各项施工工作都会失序，影响正常的施工工作。例如，软黏性土的透水性弱，孔隙水压力消散难度大，不适合采用强夯法和挤土桩法。特别是挤土桩施工过程中可能因为挤土效应出现歪桩、断桩等问题。为此，要根据地质情况设计岩土工程施工技术方案，提高岩土工程设计的适用性。所谓的有效性，其实指的是施工技术能达到预期的效果。例如，在软土地基上建造高层建筑，由于天然地基自身的工程地质条件较差，不能直接被采用，因此其需进行软基础处理。同时，高层建筑基坑深度一般较深，若采用悬臂桩围护结构，可能出现变形超限问题，从而不能达到预期支挡效果。某种施工技术方案的有效性评价，要以实际情况为基础，经科学计算加以验证，当然有时也可以利用直观经验判断，但不能完全依靠主观经验，以免适得其反。

3. 施工环境影响

在岩土工程设计工作中，环境条件是设计工作中必须考虑的重要因素。对于岩土工程而言，一般环境条件越严，可选择的施工技术方案越少。任何一种施工技术方案都有自身的优点、缺点，对周围环境的负面影响或多或少。例如，锤击式预制桩和沉管式灌注桩施工时，噪声大，对土体的扰动大；注浆材料污染地下水；基坑开挖破坏地下管线；等等。为此，岩土工程设计时要充分考虑环境条件，注意分析施工技术方案可能带来的负面影响，最好选择符合环境条件，对环境负面影响小的施工技术方案。岩土工程涉及基坑开挖、桩基施工等操作，对土体结构原有稳固性影响很大，若不考虑这样的负面影响，可能引发地质灾害，后果不堪设想。基于此，岩土工程设计时要根据岩土性质、参数等选择适合的施工技术方案，对基坑围护、桩基的承载力、强度及周围土体结构的稳定性进行严格计算和监控，从而降低岩土工程带来的负面影响。

4. 基础资料的完整可靠

基础资料是岩土工程设计的依据，但不是每一个岩土工程设计基础资料都十分完整，概念设计时要加以重视。例如，岩溶发育地区地基条件复杂，塌陷、洞隙及岩基面高度不一等因素危及岩土工程稳定。由于岩基面高度变化无序，因此没有办法将岩基面勘察得十分清楚，这就需要岩土工程设计留有余地，以便后期施工予以补充基础资料，对设计做出局部调整，完善岩土工程施工技术方案。

在岩土工程设计中，直接、间接地应用工程实体的试验或监测成果，完善和修改岩土工程设计是一个未得到重视与发展的新途径。由于岩土工程的影响因素复杂，数学公式或数学模型的建立往往需经过相当的简化假定，而且地质条件难以完全摸清，岩土参数不易准确测定，测试条件与工程原型之间的差别往往很大，即使是模型试验，也会由于模型材料与尺寸效应等问题很难完全作为定量的手段。因此，以实体试验原型观测为依据，或者建立经验公式，或者用经验系数修正理论公式（如由桩的静载试验建立桩的端承力、侧阻力的经验值，用土的静载试验建立地基承载力的经验值，用沉降观测数据修正试验建立地基承载力的经验值，用沉降观测数据修改沉降计算公式等），或者直接作为岩土工程设计的依据（如足尺静载试验、桩墩的现场试验、现场堆载试验、现场试开挖试验、现场疏干排水试验、现场地基处理试验、锚杆抗拔试验等），或者进行动态设计即信息化设计（如根据堤坝下软土地基土的位移和孔压观测数据调整加荷速率；根据开挖过程中土的应力和位移调整施工程序，根据沉降观测数据确定高层与裙房间后浇带的浇筑时间，根据深开挖或地下开挖过程中岩土和结构的应力、变形、地下水情况采取补强或其他应急措施等），或者通过数值反分析方法反演岩土体的参数以便检查设计的合理性，查明工程事故的技术原因及进行科学研究等，都是常用的良好技术和手段。

应该强调，反分析必须以工程原型为基础，以原型观测为手段，将观测数据与数学模型相联系，通过计算分析所得的参数与设计所用参数的对比，查验设计的合理性。因此，它要求勘察资料详细，有初始状态和应力历史的数据，有系统、全面、可靠的观测数据，且计算模型边界条件及排水条件合理。在进行理论解析、量纲分析和统计分析时注意反分析工程与设计工程之间在尺寸上的差异。而且，除非在确有把握时可用外延方法外，一般只能在内插范围内选取参数。反分析毕竟还有一定的假设条件，因此，一般不应作为涉及责任问题的查证手段。目前，在实际应用中，可以进行非破坏性的反分析，也可以进行破坏性的反分析。

（三）岩土工程质量控制的动态技术

1. 设计输入阶段的质量动态控制

设计输入应当根据设计合同或任务委托书中明确的设计目标及设计基础资料，明确设计要求，如基坑支护及降水的深度和范围、地基处理及桩基础工程承载力要求、沉降要求、边坡工程的防治内容。

分析设计重点、难点及注意事项，包括施工现场的周边环境要求及可能产生的影响。例如，设计项目场地土层力学性质，新近沉积层或淤泥质层具体厚度；基坑周边临近管线埋深及距离，基坑周边建筑物需要安全保护的建筑物；地基处理及桩基础设计中除承载力满足设计要求外，软弱下卧层的验算及沉降控制要求，以及周边建筑物沉降预警；边坡防治中支护结构与相邻建筑物基础关系，坡上施工因素影响；减小边坡变形、控制滑坡的难点，以及施工要求；等等。其均应清晰、具体、完整地填入设计表格中，以便在后期设计过程中，对重点、难点及注意事项一目了然，从而使后续设计能切中要点，更快、更准地掌控设计质量，此步骤是岩土工程设计良好动态管理及有效质量控制的先决条件。

对于工期较长且场地建筑物增减以及施工通道有变道现象的岩土工程设计，应实时跟踪并及时更新设计。

2. 设计验证阶段的质量动态控制

设计文件输出之前，应当实行各级校审的设计验证方法。校审的内容包括：计算数据的准确性，计算过程、结果的正确性、合规性以及设计方案或设计施工图的可行性，校审同时签署校审人员姓名及日期。

校审的内容应当从勘察资料的土层参数、设计基础资料的确认以及周边环境的布置开始，对于计算过程中出现的折减取值问题应当核实，必须查验计算过程是否忽略相关结构杆件的强度验算，计算结果是否满足相关规范要求的安全系数，计算数是否全面等。对于方案阶段经过相关专家组评审的设计方案，校审内容还应当包括专家组评审意见的采纳程度及具体修正内容。校审过程中，对于计算错误、安全系数达不到规范要求、施工不可行等设计方案，审定人员应当严格把关，及时否决。校审应贯穿于整个设计过程中，其作用不容小觑，校核人、审定人应落实责任制，对其管控程序及内容应严格把关。

3. 设计确认阶段的质量动态控制

设计确认分方案阶段的设计确认和施工图阶段的设计确认。对于安全等级为三级的岩土工程设计项目，方案阶段的确认和施工图阶段的确认可以二合一，可由甲方组织乙方设计，施工方及监理等相关人员参加会议，并以乙方设计为主，最终确认岩土工程设计方案。

对于安全等级高于三级的岩土工程设计项目，设计方案要经相关专家组评审，会议要求甲方、乙方设计者、施工方、监理等多方人员参加与旁听，并以相关专家组为主，就设计方案的经济、安全、施工可行性等方面做出论断，因此评审会议可作为方案阶段的确认；施工图审查可以作为施工图阶段的确认。在设计确认阶段中，在考虑安全、经济、施工等因素确定好方案后，不应因甲方经费、施工不便等借口降低安全标准，要严格把住设计安全关。

4. 设计输出阶段的质量动态控制

设计输出应当满足客户要求及相关规范、规程的要求，经设计校审验证、审核、审定并经相关程序审批，进行质量评定后方可生效，对外提供。设计输出应当包括：施工图设计图纸及相应说明书、施工安全的重点部位及环节、环境保护的重点部位、预警值以及紧急预案。其中，施工图设计图纸应当符合建筑制图标准，绘图应当明晰、准确，并应当加盖设计出图专用章、技术成果专用章、注册工程师章，以及设计、校审、审核、审定等各个程序的个人手写签名。设计输出以纸质图交付为主，并由交付方和接收方签署最终成果交付单。

5.设计变更的质量动态控制

岩土工程项目多因场地布置变化、基础图调整、施工变动等其他设计不可控的因素而导致岩土工程设计变更，此时应当明确变更的原因及措施，出具变更单，且变更内容应经评审、验证、审核及审定后执行。

6.资料文件的电子化归档

验证、设计确认、设计输出及设计变更阶段所涉及的基础资料、设计方案、评审意见、施工图设计以及相应的记录表格，均应整理归档。

由于岩土工程设计，涉及较多的地质资料图、建筑平面图、基础详图及岩土工程施工图等，且这些图多由计算机辅助制得，图幅较大，纸质的资料及图表不能详细表现，质量控制的具体过程也不能详尽表现，且查阅费力费时，因而其应该提倡纸质科技归档的同时，辅以电子资料科技归档，以便查阅。科技归档资料是质量、环境以及职业健康安全管理体系三标认证审查的重要资料，同时也是设计部门交流设计专业知识、总结设计经验的重要资料，完善的归档资料也是管控水平良好的体现。

第二节　岩土工程的地基设计与质量控制

一、地基设计概述

（一）地基设计

岩土工程地基设计，是指在岩土工程特殊的施工环境下对建造的建筑物的地基工程的设计内容。通常来讲，地基结构会作为上层建筑物结构的重力负载体，一旦地基结构因为周围环境因素变化产生了土层压缩、湿陷及收缩等诸多变形现象，而且超过了地基结果规定的变形值，地基结构的承载力将会遭受破坏，甚至直接影响上层建筑结构的使用和安全，从而导致建筑结构发生塌陷等现象。岩土工程的地质信息和环境特征情况复杂，地基结构周围环境变化特征快、变化情况复杂，在进行地基设计的工作时必须综合考虑这些问题。

（二）地基设计需要重视的问题

1.地基勘察资料

地基设计中施工设计人员要详细了解建筑工程的周围地质环境，由于不同的区域包含的土体特征是不同的，因此不同的地基周围施工环境具备的土体性质也是不同的，有很大的差别，地基设计需要详细的检测和勘探地基周围土质，并制作出详细的勘察报告，为后期的地基设计提供详细的数据支持，能够优化基础设计方案，选择合适的基础持力层，提升设计方案的针对性和合理性。在施工中不建议选择两种性质不同的土质作为同一结构单元的基础持力层，因为如果使用性质不同的土质，很容易造成建筑物后期产生不均匀沉降现象，从而影响建筑工程的施工质量。地基施工建设的承载力一定要达到地基设计要求，还需要从其他角度加固地基，确保地基能够具备足够的承载力，提升建筑工程施工稳定性。

2. 沉降缝设计

在工程施工过程中要重视沉降缝设计的应用，如果出现不均匀的沉降，那么就会导致建筑物出现墙体开裂等问题，因此需要在建筑工程施工中考虑沉降缝设计。现代化建筑工程基本上都属于高层建筑，不同的建筑有不同的楼层，因此会造成建筑物出现不同程度的沉降现象。如果沉降现象出现但没有得到有效的解决，就会导致后期建筑物出现墙体开裂现象，严重影响居民人身财产安全，因此需要针对建筑物设计沉降缝。在实际的施工过程中很多建筑物并不适合使用沉降缝，沉降缝无法从根本上提升建筑物的安全性，同时对于建筑后期的维护工作也会产生一定影响，因此很多设计工作人员会选择使用沉降后浇带的方法（在建筑工程施工后期，用混凝土浇筑的一种施工预留带）来减少基础之间差异性沉降的出现，减轻建筑基础部分对上部分的建筑物的影响。建筑工程中一般会把裙房和基础设计成为一个整体，在使用混凝土浇筑带之后，就需要暂时把这两部分进行分开施工，主体结构施工完成之后，建筑物的沉降量基本已经出现了一半以上，这时候再使用高一级的混凝土浇筑器连接部分，能够确保使建筑高低层成为一个整体。建筑基础设计需要考虑不同建筑阶段承受的不同受力，要综合考虑连成整体之后对于沉降产生的附加内力、地基施工最重要的就是地基土和结构的问题，建筑工程和地基属于同一个工程项目，在满足了工程所有变形协调条件的基础上，提升工程地基的施工质量。高层建筑的地下室设计需要充分的考虑地下底板的受力问题，同时结合地下室的具体使用用途，机动车及分机动车的库活荷载、消防水池水自重等多种情况，优化工程地基施工设计方案。

（三）地基设计的方式

承载力较强的地基设计相对较为简单，其设计方式一般多采取框架结构、筏板结构及十字交叉梁条结构等形式，这能够提升地基的稳定性，上述结构对建筑所在地的地质要求较高，多应用于沉降值较小、建筑结构简单及防水要求较低的多层建筑之中。

针对承载力较弱的区域，在地基设计过程中应予以格外重视，并采取行之有效的方式提升建筑所在地区地质承载力，如采用多层内框架结构、柱型地基结构、箱型结构等形式，能够有效避免上部建筑对地基的影响，从而上述结构形式更为适宜用作承载力较低的区域，有效提升地基稳定性与可靠性。另外，在地基设计之中，设计单位需重视地基设计的合理性，降低地基施工及未来使用中对周围环境所造成的影响，尤其是对周围原有建筑物的影响，进而保障建筑物地基差异沉降问题得以合理解决。

针对不同功能的建筑物，其地基的设计形式有所区别，在高层建筑地基设计中，需重点加强地基的承载力，以保障整个高层建筑的稳定性。在具体设计之中，设计人员应根据建筑所在地的岩土勘察情况，并结合建筑物的形态，针对钢节点进行设计，并着重分析地基结构形式，重视地基工程施工材料及人员、成本，优化建筑物地基的性价比，从而更为全面地进行地基设计。在多层浇筑地基设计中，应在岩土工程勘察的基础之上，针对不同土质采取差异性地基设计，尤其是在膨胀土、软土、混合土质等区域中，其地基建设应加强建筑物稳定性，对其进行特殊处理，并采用钢筋混凝土框架结构地基形式，以保证多层建筑物的质量。

二、地基设计质量控制

（一）地基设计的质量问题

1. 忽视环境变化

在地基设计的过程中，设计单位只顾着满足工程的要求，对周围环境的情况只做出了寥寥的应对，忽略了地基周围环境变化情况会对地基造成影响。事实上，地基承受的作用力来自工程和环境两个方面，而且某种程度上来自于环境的压力比来自工程的压力更加的变化莫测和复杂，因此在工程地基设计的过程中一定要注意对周围环境变化采取针对性措施。

2. 与勘察部门缺乏沟通

在岩土工程勘察和地基设计领域之间，通常是采用纸质媒介传输资料的方式，这难免存在彼此之间的沟通不足的现象，而且容易出现工作的差错现象，无法确保彼此之间的信息资源共享和有效的利用。同时，由于岩土工程勘察人员不能参与地基设计工作，因此地基设计人员对岩土工程勘察的实际情况了解存在延误，而主要是依靠地基设计工作人员的经验，缺乏全面的信息来源的支撑，这就使建筑工程项目的质量受到影响。

（二）地基设计的质量控制措施

1. 充分考虑各种因素

岩土工程地基设计的质量直接影响到后续的施工及工程的施工质量，在岩土工程的地基设计过程中设计单位应该在勘察报告的基础上综合工程要求、国家规定的工程建设规范及工程现场周围环境变化和土质信息的情况进行设计工作，对地基的承受力及地基变形的诸多影响因素都有针对性的解决和改善措施，从而保证地基设计的结果能够符合相关的要求。

2. 加强部门之间沟通联系

要针对岩土工程勘察与地基设计脱节的现象和问题，确保岩土工程勘察与地基设计联系紧密，使两者之间的信息可以保持通畅和共享，使地基设计人员可以及时、准确地获取岩土工程勘察信息，还应注重提高工作人员的综合素质，提升相关工作人员的专业技术和计算机应用技术水平，进而使信息的采集、表达、描述、传递等方面具有更高的诠释性，从而减少对资源的浪费，更好地促进岩土工程勘察和地基设计。

三、天然浅基础的设计

（一）天然浅基础设计的基本原则

在地基工程的基础设计中，天然地基和浅基础工程是设计需要首先考虑的对象，各种基本资料的汇集是设计工作的基础，最可能方案的选择是设计内容的核心，正确地分析计算是设计决策的依据。地基设计的主要任务是为一定形式、埋深、底面积和基底压力的基础配一个能够保证对变形、抗滑、抗倾斜具有足够稳定性的地基形式，使它们协调工作，从而满足使用目标的要求；基础设计的主要任务是为具体地基条件配一个形式、埋深、底面尺寸最适宜的基础，并从基础的材料、结构、内力和构造等方面给出合理的建议。因此，地基和基础的设计既有各自的侧重，又有彼此的联系，它们应该是一个有机的整体。对地基和基础的设计一般可以采取如下的步骤：① 调查研究，搜集分析资料，弄清建筑物、建筑场地和施工的基本条件。在建筑物方面，应了解它的用途、工作特点、结构形式、荷载分布和平面布置等，以便确定建筑物的等级，计算的控制情况，要求稳定安全系数、容许沉降差等；在建筑场地方面，应了解场地的位置、地形、地质、土性、水文、气象、地下水位等，从而确定地质剖面图、土的计算指标、相邻建筑物的影响、冻结深度、最大冲刷深度、地下水及侵蚀性；在施工基本条件方面，应了解可用的建筑材料、施工期限、技术装备力量、施工经验等，以便确定主要建筑材料及采用不同方案的可能性。② 分析可能采取的地基及基础形式，并考虑地基、基础、上部结构的共同作用和施工的可能性，进而提出几种可能的比较方案。③ 初步确定各比较方案相应的地基与基础的形式、有关尺寸、埋深，验算地基对于变形、强度和渗透的稳定性，并经过反复调整，直至满足设计要求为止。④ 初步完成各比较方案的基础结构设计与施工设计，再对它们进行技术经济比较，从中选择在技术可行性、经济合理等方面综合最优的方案。

以上各步骤，应根据设计的不同阶段，由浅入深，逐步完善，最后选定，并提出设计图纸与说明书。同时，进行必要的试验研究及现场观测，以进一步检验设计方案的合理性，必要时再对原设计方案进行适当的修改。

（二）浅基础的构造与选择

由于目前在计算上的简化和困难，对浅基础在构造方面的要求仍然具有重要的意义。现在分别针对不同类型的基础概述如下：

1. 柱下单独基础和墙下条形基础

柱下单独基础和墙下条形基础，一般做成锥形或台阶形。对锥形基础，边缘高度通常不小于200mm，锥台坡度为1：3；对台阶形基础，每阶高度为300~500mm。基础下常设置垫层，厚度不小于100mm。基础底板的受力钢筋，直径不宜小于8mm，间距不大于200mm。如果地基不均匀需考虑墙体纵向弯曲的影响时，常需增加纵向钢筋或做成带肋梁的基础。此外，柱下的独立基础与立柱连接时，对现浇的基础，可将立柱的钢筋伸入基础；对预制的基础，立柱应插入基础杯口内一定的深度，杯口的底和壁部都应满足一定的厚度要求，都与柱截面长边的尺寸有关。

2. 柱下条形基础

柱下条形基础，可以做成等截面的，也可以做成局部扩大的（即在柱位处局部扩大加高），以适应柱与基础梁的荷载传递和牢固连接。条形基础的端部应外伸（边跨距的0.25~0.30倍），这不仅可用以增大基底面积，而且可用以调整底面形心位置，使基底反力分布更加合理。为了提高纵向刚度，横截一般取倒"T"形（高度由抗弯计算规定，一般取柱距的1/8~1/4；翼板宽度由地基承载力确定，翼板厚度不宜小于200m；当厚度大于250mm时，宜用变厚度翼板）。由于基础梁受力复杂（纵向整体弯曲，柱间局部弯曲），在梁的上下均需配筋，且上下纵向受力钢筋应有2~4根通长配置，其面积不少于纵向钢筋面积的1/3。当地基土比较均匀，上部结构刚度好，荷载较均匀，基础梁较高时，地基反力可取直线分布。当上部结构刚度不大，荷载分布不均匀，基础梁高度不大时，地基反力不均匀，可按弹性地基梁计算内力。此外，若为交叉条形基础，则应将交叉点上的柱荷载沿两个方向按刚度大小或变形协调的原则进行分配，再分别按两个方向进行计算，当存在扭矩时，应作抗扭计算。

3. 筏板基础

筏板基础可分为墙下筏板基础和柱下筏板基础。墙下筏板基础宜为等厚度的钢筋混凝土平板，长度不宜过长。无埋深时，四周常设置封闭式边梁，可悬挑墙外适当的长度，厚度按抗冲切和剪切要求确定。如果地基均匀，上部结构刚度较好，则可不考虑整体弯曲，端部两个基反力计算局部弯曲，并作抗裂验算；如果筏板厚度较大（大于1/6墙间距），可取单位宽度按地基反力应线分布计算内力，否则，用弹性地基梁计算。柱下筏板基础也可在柱荷载较大时局部加厚，以承受较大的负弯矩和剪切力。柱荷载很大和柱间加大时，可作成带肋梁的筏板或设置暗梁（加强板带），以承受较大的弯曲应力。筏板的厚度，按抗冲切、抗剪切的要求确定，按最大柱荷载校核。内力的计算，或按由相邻柱列中线分割而成的、相互垂直的条带计算（强度中等的黏性土），或按弹性地基梁、板方法计算（不考虑两个柱距以外各柱的影响）。

4. 箱形基础

箱形基础的平面形状应力求简单、对称。外墙沿建筑物四周布置，厚度应根据实际受力与防水要求确定（不小于250mm），一般不在外墙上设置窗井。内墙一般沿上部结构柱网和剪切力纵横均匀布置，厚度不小于200mm。为保证基础的刚度，墙体的水平面积率不宜小于1/10，纵墙的面积率不小于1/18（计算时基础面积不考虑悬挑部分），底板厚度按实际受力、整体刚度和防水要求确定（不得小于300mm）；顶板厚度一般为200~400mm。箱形基础作为单层地下室且受上部结构传来的内力时，顶板应有传递上部结构的剪切力至地下室墙体的承载能力（厚度不小于150mm），箱形基础的倾斜可视为整体倾斜，在纵、横向均应加以控制，其平均沉降量对工程危害不大。为了防止倾斜，应尽量使结构竖向永久荷载的重心与基底平面形心相重合，并具有足够的埋深（由自然地面起算时为建筑物高度的1/15或8%等）。箱形基础的高度，由使用要求、结构强度与刚度的要求确定，不小于基础长度的1/20或3m。除非承受较大的偏心和水平荷载，或建在山坡上，或临近河岸等附近有临空面的地方，箱形基础一般不进行地基稳定性计算，以沉降量计算为主。箱形基础内力计算时，基底反力是关键。为考虑箱形基础与上部结构刚度对地基反力的影响，最好用实测基底反力系数的方法。由上部结构传至箱形基础顶部的总弯矩和总剪切力的设计值应分别按受力方向上墙身的弯曲刚度与剪切刚度分配至各道墙上。箱形基础的顶板与底板设计时，其内力视为上部结构与箱形基础的刚度，或者按局部弯曲作用，并使纵、横方向支座的配筋率达到0.15%和0.10%，以考虑整体弯曲的影响，或者按局部弯曲与整体同时作用，在底层柱与箱形基础交接处，应验算箱形基础墙体的局部承压强度。底层柱的主筋应伸入箱形基础一定深度。外柱与剪力墙相连的柱及其他内杆，其主筋均应通到基底。

5. 锚杆基础

锚杆基础设计中的主要计算是确定单根锚杆所承受的最大抗拔力设计值。抗拔力应通过现场试验确定。锚杆的破坏主要分三种情况。一是杆体的受力钢筋不足而拧断；二是钢筋与锚固注浆体之间因黏结力不足使得钢筋从锚固体中拔出；三是因锚固体与锚杆孔壁因黏结强度不足而拔出。因此一个优化的锚杆设计应使三者相匹配。目前锚杆基础主要的破坏形式为第三种，其主要问题是清孔不干净和注浆不密实所引起的。非一级建筑物的锚杆抗拔力设计值可按锚孔表面积及砂浆与岩石间黏结强度的乘积确定。对于可能在地下水体中工作的锚杆，其锚头和杆体的抗腐蚀性应予以重视。

第三节 岩土工程的桩基础工程设计与质量控制

一、桩基础工程设计概述

桩基础是由基桩和连接于桩顶的承台共同组成的。若桩身全部埋于土中，承台底面与土体接触，则称为低承台桩基；若桩身上部露出地面而承台底位于地面以上，则称为高承台桩基。建筑的桩基通常为低承台桩基础。

桩基础适用于如下条件：① 高层建筑或重要的和有纪念性的大型建筑，不允许地基有过大的沉降和不均匀沉降；② 重型工业厂房，如设有大吨位重级工作制吊车的车间和荷载过大的仓库、料仓等；③ 高耸结构，如烟囱、输电塔，或需要采用桩基来承受水平力的其他建筑；④ 需要降低振动影响的大型精密机械设备基础；⑤ 以桩基作为抗震措施的地震区建筑；⑥ 软弱地基或某些特殊性土上的永久性建筑物。

桩基础设计的内容包括：① 选择桩的类型和几何尺寸；② 确定单桩竖向和水平承载力设计值；③ 确定桩的数量、间距和平面布置方式；④ 验算桩基的承载力和地基变形；⑤ 桩身结构设计；⑥ 承台设计；⑦ 绘制桩基础施工图。

除了以上所述内容，桩基础在设计之前，还应根据建筑物的特点和有关要求，完成岩土工程勘察、场地环境、施工条件等资料的收集工作。设计时还应考虑与本桩基础工程有关的其他问题，如桩的设置方法及其影响等。

二、桩基础设计的影响因素

（一）静载荷试验

目前的桩基础设计过程，往往受到时间的约束，常根据地质报告提供的参数确定单桩承载力设计值，并根据这个估算的单桩承载力直接进行桩基础设计并施工，等工程桩施工结束后再挑选试桩进行静载荷试验。这个过程具有很多的不科学性，结果符合估算要求，则皆大欢喜，否则因工程已施工完毕补桩会变得很困难，且有时因地质报告有出入还会给施工带来相当的不便。这里主要有两个问题，其一根据地质报告提供的桩周土摩擦力标准值及桩端土承载力标准值由相关规范计算的场区单桩承载力标准值，这是一个经验数值，不宜直接采用；其二当场地不均匀或地质报告数值有偏差的情况下，不进行试桩而直接按地质报告进行工程桩施工将给施工带来巨大的困难且造成不必要的浪费。

由上可见，桩基础设计过程中静载荷试验是一个十分重要的环节。因为此项工作质量直接影响到桩基形式、桩规格和桩入土深度的确定，同时也对施工难易有密切影响。通过科学试验，取得准确数据，能使设计方案更加合理、可行和经济，远远超过缩短工期所获得的效益。

（二）桩型、桩长、桩径比设计

选择不同的桩型直接决定成桩质量的好坏，工期是否延期，材料用量多少，施工成本能否降低。

桩侧摩阻力和桩端阻力的发挥程度并不是随着桩长、桩径、桩长比的增加而成比例增加的。增加桩侧表面积可以提高桩侧摩阻力的承载能力，扩大底直径可以增加桩端阻力的发挥程度。桩侧表面积和桩端表面积所占总面积的比例不同会影响到桩的总承载力，即随着桩长比逐渐增加，桩侧摩阻力增长幅度会随着土层深度的增加而逐渐减小，也就是说，桩侧摩阻力随着桩长比的增加而增加到极限值，最后维持在一个定值，即当长径比为 10~15 时，桩侧摩阻力随着入土深度迅速增长；当长径比为 20~40 时，桩侧摩阻力增长幅度减小；当长径比大于 40 时，桩侧摩阻力增长率接近一定值；当长径比大于 80 时，桩侧摩阻力不再随着深度增加而增加，而是接近于一个常数。在设计中，要根据土层性质，选择合适的桩长、桩径、长径比，不要为了选择较坚硬的持力层而选择太长的桩长，这样可能获得桩的承载力不会太大。

（三）桩偏差的控制和处理

桩基施工中对桩的偏差必须严格控制，特别是对于承台桩及条形桩，桩位的偏差都将产生很大的附加内力，而使基础设计处于不安全状态。对于桩位偏差主要控制两个方面，其一，竖向偏差，控制桩顶标高的允许偏差为 -50~+100mm，但实际施工中偏差这么大将引起繁重的施工任务及损失。其二，当桩顶标高高于设计标高，则需要劈桩，特别对于预应力管桩等空心桩来说，桩顶有桩帽，劈桩既困难又不经济；而当桩顶标高低于设计标高时，又需要补桩头，这既影响工期又浪费金钱。这就要求施工单位在施工过程中必须严格控制桩顶标高，尽可能地使工程桩标高同设计一致，特别是施工过程中必须考虑到桩在卸载后的回降量，若不加考虑，则每根桩都将高于设计标高。当然桩位偏差满足规范或设计要求仅仅代表桩基本身验收合格，而对于由此引起的承台整体偏心或基础高度损失必须另行处理。对于桩偏心可以采取增加承台刚度或加大拉梁刚度、配筋来解决，这在实际工程中需针对具体情况相应处理。

三、桩基础设计质量控制

（一）桩基的设计与计算

设计桩基第一步是选择桩基材料。根据建筑物的具体情况，包括施工条件和地质要求来选择桩的尺寸和型号，还有计划承台的尺寸、埋深和桩基的数量与布置情况，计算各桩基的承受能力以及参考荷载标准。减少沉桩是因为承载力虽然符合理论要求，但沉降量对于实际承受力却过大，所以要通过减少桩量来减少沉降，这种称为减沉桩。通过减少土中应力来达到减沉的目的。减沉的幅度小，一般减少的数量很少，即使这样减沉后地基的沉降情况相对于单桩的沉降量还是大很多，有些桩基沉降可以是150mm，有些短桩沉降一般就小于50mm。

城市地表上有高层建筑、下有水道或地铁，活动太过剧烈以致地表非常脆弱，所以很多情况属于软土地基。软土地基属于不良地基，其中软土强度低、透水性差、压缩性高。在软土地上建设建筑物，要重视地基的稳定情况、防止变形的不良影响。在软土地上进行建筑工程，首先要认识地基强度和变形情况，处理地基使其满足建筑要求。处理是为了提高软土地基的强度，保持地基稳定，从而减少软土沉降或不均匀沉降、降低软土压缩性，可以使用换土、排水固结等方法。其中厚的软土地基用钢筋混凝土处理，含水较多的用砂桩、堆载预压等方法处理。每种方法都有特定的作用，所以要合理选择，才能正确处理好地基。

桩基础的历史使用时间悠久，在古时候经常用木桩来解决建筑在软土地上的建造问题。桩一端承接着建筑物上层的荷载，另一端连接着土地或基岩，把上方的载荷力移到下方岩土中，这既有效地承载了负荷又降低了上部结构，防止建筑物沉降。运用桩来保证建筑物的稳定，减少地基或其他振动对建筑物的影响。总的来说，桩基础是脆弱地区建筑物广泛应用的方式，具有抗倾覆能力还有抗震的作用。

（二）地基模型分析

地基模型，是用来反映土体受外力作用时，地基土应力和应变关系变化特点的数学表达式。选择地基模型，要依据建筑物的地基承载力和性质、负载能力等情况进行合理选择。模型既要形象准确描述受力情况，又要便于计算和分析。在计算中应注意实际的基础刚度处于柔性和绝对性基础两者之间，没有一个绝对值。运用结构和基础分析得出地基反力的分布。如果建筑物荷载小而地基承受力大，可用线性弹性地基模型分析，常用的是分层地基模型。此方法分析地基土分散和变形的特点，着重考虑土层非均质性，根据深度变化而分层，计算结果比较可靠。确定场地和建筑物形式后，综合分析荷载力、建筑类型和其他地质条件来选择地基模型。分析材料、荷载力、几何形状以及其他因素来选择模型的参数，一般要考虑土层分布、土地变形和荷载在地基中引起的应力、上层结构刚度和埋置深度等因素。

（三）地基沉降变形模型分析

桩基设计要充分考虑沉降量，作为评价地基设计适用的标准。先估计地基在静荷载力作用后的沉降量，可用三部分相加进行计算：沉降量 = 畸变沉降量 + 固结沉降量 + 次压缩沉降量。

在实际情况中，固结致使部分饱和土中桩发生沉降，一部分沉降和消散的孔隙水压有关系，这部分变形称为流变，所以计算时要考虑固结和流变两种情况。从以上论述可以看出，合理建立桩基础模型，要全面分析土的特点、孔隙水压的变化和结构应力、桩基和建筑物的变形与受力变化。认识这些才能合理设计桩基、预测建筑物的安全。

计算桩基沉降的模型，一般有以下两种模型：① 实体深基础模型，它把桩与桩之间的地基土假设成一个实体，所以建筑物的沉降就是整个实体在地基下部分的压缩变形。② 连续体模型，它把桩和土当作两个参数进行分析计算，建筑物的沉降是桩和土两个介质一起垂直变形，跟实际情况比较吻合。这两种模型的计算方法则有简易理论法和半理论半经验法。

第十章　岩土工程的施工与质量控制

第一节　岩土工程的地基处理与质量控制

一、地基处理

（一）置换法

利用物理力学性质较好的岩土材料、人造材料或二者联合使用置换天然地基中部分或全部软弱土或不良土，形成双层地基或改良地基，以达到提高地基承载力减少沉降的目的。

置换法包括：换土垫层法、挤淤置换法、振冲置换法（振冲碎石桩法）、沉管碎石桩法、强夯置换法、砂桩法、石灰桩法、CFG桩法、钢渣桩法、二灰桩法、钢筋混凝土疏桩法、褥垫及泡沫苯乙烯超轻质料填土法等。

在松散的土被排除而用其他材料替换时，应考虑用重量轻的填料代替原来的土体，以增加加固效果。回填材料的单位容重最好是小于原来土的单位容重。这种方法在国内外的许多工程中得到应用。如国内外采用非常轻（容重为 0.2~0.4kN/m³，是土容重的 1/100~1/50）的聚苯乙烯块作垫层堆砌和彼此嵌锚（块的尺寸为 0.5m×1m×3m），施工速度快，且非常经济。其抗压强度为 100kPa~350kPa，变形模量为 2.5MPa~11.5MPa，其吸水率为 0.5%。

其适用范围为黏性土、粉土、冲填土、杂填土、膨胀土、红黏土、湿陷性黄土。一般用于 7 层以下民用建筑。

1.换垫土层法

（1）垫土层材料

砂、砂石垫层的材料，宜采用级配良好，质地坚硬的粒料，其颗粒不均匀系数最好不小于 10，以中、粗砂为好，可掺入一定数量的碎（卵）石，但要分布均匀。细砂也可作为垫层材料，但不易压实，而且强度也不高，使用时也宜掺入一定数量的碎（卵）

石，含泥量不应超过 5%。

（2）换垫土层施工

① 砂垫层的施工关键是将砂加密到设计要求的密实度。加密方法有多种，这些方法要求在基坑内分层铺砂，然后逐层振密或压实，分层厚度视振动力大小而定，一般为 15~20cm。

② 铺筑前，应先行验槽。浮土应清除，边坡必须稳定，防止塌土。基坑（槽）两侧附近若有低于地基的孔洞、沟、井和墓穴等，则应在未做垫层前加以填实。

③ 开挖基坑铺设砂垫层时，必须避免扰动软弱土层的表面，否则坑底土的结构在施工时遭到破坏后，其强度就会显著降低，以致在建筑物荷重的作用下，将产生很大的附加沉降。因此，基坑开挖后应及时回填，不应暴露过久或浸水，并应防止践踏坑底。

④ 砂、砂石垫层底面应铺设在同一标高上，如深度不同时，基坑底面处的土面应挖成踏步或斜坡搭接，各分层搭接位置应错开 0.5~1.0m 距离，搭接处应注意捣实，施工应按先深后浅的顺序进行。

⑤ 人工级配的砂石垫层，应将砂石拌和均匀后，再进行铺平捣实。

⑥ 捣实砂石垫层时，应注意不要破坏基坑底面和侧面土的强度。因此，对基坑下灵敏度大的地基土，在垫层最下一层宜先铺设一层 15~20cm 的松砂，只用木夯夯实，不得使用振动器，以免破坏基底土的结构。

⑦ 采用细砂作为垫层的填料时，应注意地下水的影响，且不宜使用平振法、插振法和水撼法。

⑧ 以水撼法施工时，在基槽两侧设置样桩，控制铺砂厚度，每层为 25cm。铺砂后，灌水至水面与砂面齐平，然后用钢叉插入砂中摇撼十几次，若砂已沉实，便将钢叉拔出，在相距 10cm 处重新插入摇撼，直至这一层全部结束，经检查合格后铺第二层（不合格时需再插撼）。每铺一次，灌水一次进行摇撼，直至达到设计标高为止。

2. 石灰桩法

（1）施工材料

石灰桩的材料以生石灰为主，选用现烧的（新鲜）生石灰需过筛，粒径一般为 50mm，含粉量不得超过总质量的 10%，CaO 含量不得低于 80%，其中夹石含量不大于 5%。

生石灰中掺入适当粉煤灰或火山灰等含硅材料时，粉煤灰或火山灰与生石灰的质量配合比一般为 3：7。粉煤灰应采用干灰，含水量小于 5%，使用时要与生石灰拌和均匀。

（2）施工顺序

石灰桩在加固范围内施工时，先外排后内排；先周边后中间；单排桩应先施工两端后施工中间，并按每间隔 1~2 孔的施工顺序进行，不允许由一边向另一边平行推移。

石灰桩在施工时，若对既有建筑物地基进行加固，其施工顺序应由外及里地进行；若其邻近建筑物或紧贴水源边，可以先施工部分"隔断桩"将邻近建筑与水源和施工区隔开；对很软的黏性土地基，应先按较大间距打石灰桩，4 个星期后再按设计间距补桩。

（3）灌料量控制

确定灌料量时，首先根据设计桩径计算每延米材料体积，然后将计算值乘以 1.4 的充盈系数作为每延米的灌料量。由于掺合料含水量变化较大，在现场宜采用体积控制。

（4）桩管直径选择

原则上应根据设计桩径确定，一般设计桩径为桩管直径的 1.3~1.5 倍。当校管直径较大时，由于反插后拔管力较大，要注意是否会造成拔管困难。

（5）成桩

① 成孔

石灰桩成孔可选用沉管法、冲击法、螺旋钻进法等。

沉管法是最常用的成孔方法。使用柴油或振动打桩机将带有特制桩尖的钢管桩打入土层中，达到设计深度后，缓慢拔出校管即成桩孔。沉管法成孔的孔壁光滑规整，挤密效果和施工技术都比较容易控制和掌握，成孔最大深度由于受桩架高度所限制，因此一般不超过 8m。

冲击法成孔是使用冲击钻机将 0.6~3.2t 锥形钻头提升 0.5~2.0m 高度后自由落下，反复冲击，在土层中成孔。冲击法成孔的孔径大，孔深不受机架高度的限制，同一套设备既可成孔，又可填夯。

螺旋钻进法成孔的优点是：不使用冲洗液，符合石灰桩施工要求；钻进时不断向孔壁挤压，可使孔壁保持稳定；可一次成孔，不需要升降工序，可进行深孔钻进，桩孔深度不受设备限制；钻进效率高，每小时效率可高达几十米。

② 投料

石灰桩的投料方法有管外投料法、管内投料法和挖孔投料法。

管外投料法：石灰桩体中含有大量掺合料，掺合料不可避免有一定含水量。当掺合料与石灰拌和后，生石灰和掺合料中的水分迅速发生反应，生石灰体积胀，极易发生堵管现象。管外投料法可以避免堵管，但也存在一定缺点：在软土中成孔，当拔管时容易发生塌孔或缩孔现象；在软土中成孔深度不宜超过 6m；桩径和桩长的保证率相对较低。

管内投料法：适用于地下水位较高的软土地区。管内投料法施工工艺与振动沉管灌注桩的工艺类似。

挖孔投料法：利用特制的洛阳铲人工挖孔、投料夯实。由于洛阳铲在切土、取土过程中对周围土体的扰动很小，在软土中成孔均可保持孔壁稳定。该法避免了振动和噪声，能在极狭窄的场地和室内作业，造价较低、工期短、质量可靠，适用的范围广泛。

挖孔投料法主要受到深度的限制，一般情况下桩长不宜超过 6m。石灰桩施工时应采取防止冲孔伤人的有效措施，确保施工人员的安全。

（6）封顶

可以在桩身上段夯入膨胀力小、密度大的灰土或黏土将桩顶捣实，亦称桩顶土塞，也可用 C7.5 素混凝土封顶捣实。封顶长度一般在 1.0m 左右，对于直径 500mm 的石灰桩，封顶长度取 1.5m。

（二）排水固结法

1. 铺设水平排水垫层

预压处理地基必须在地表铺设排水砂垫层，砂垫层厚度宜大于 0.5m，处于水下时宜大于 0.8m。砂垫层砂料宜用中粗砂、含泥量宜小于 5%，砂料中可以混有少量粒径小于 50mm 的砾石。砂垫层的干密度应大于 1.5t/m³，砂料的渗透系数不小于 10^{-3}cm/s，并能起到反滤作用，也可以采用连通砂井的砂沟来代替整片砂垫层。

在预压区内宜设置与砂垫层连接的排水盲沟，并把地基排出的水引出预压区。

根据原地基的情况，可以采用机械分堆摊铺法和顺序推进摊铺法；当地基表面很软时，先在表面铺放土工网等土工合成材料，然后再摊铺砂垫层。

无论采用何种施工方法，都应避免对软土表层的过大扰动，以免造成砂和淤泥混合，影响垫层的排水效果。另外，在铺设砂垫层前，应清除干净砂井顶面的淤泥或其他杂物，以利于砂井排水。

2. 竖向排水体施工

（1）砂井施工

砂井施工要求：① 保持砂井连续和密实，并且不出现颈缩现象；② 尽量减小对周围土的扰动；③ 砂井的长度、直径和间距应满足相关设计要求。

① 套管法

套管法是将带活瓣管尖或套有混凝土端靴的套管沉到预定深度，然后在管内灌砂、拔出套管形成砂井。根据沉管工艺的不同，又分为静压沉管法、锤击沉管法、锤击静压联合沉管法和振动沉管法。振动沉管法是目前常用的方法。

采用锤击静压联合沉管法施工，往往在提管时由于砂的拱作用及管壁的摩阻力，会将管内砂柱带上来，使砂井夹泥或缩颈，这就会影响砂井的排水效果。为了不使套管内的砂被带上来，保证砂井的连续性，一般采用辅以气压的施工艺。

采用振动沉管法，是以振动锤为动力，将套管沉到预定深度，灌砂后振动、提管形成砂井。采用该方法施工不仅避免了管内砂随管被带上来，保证砂井的连续性，同时砂受到振密，砂井质量较好。

② 射水法

射水法是指利用高压水通过射水管形成的高速水流对土体产生冲击或利用环刀的机械切削，使土体破坏，并形成一定直径和深度的砂井孔，然后灌砂而成砂井。

射水成孔工艺，对土质较好且均匀的黏性土地基是较适用的；但对土质很软的淤泥，因成孔和灌砂过程中容易缩孔，很难保证砂井的直径和连续性；对夹有粉砂薄层的软土地基，若压力控制不严，则易在冲水成孔时出现窜孔，对地基扰动较大。

射水法成孔的设备比较简单，对土地基的扰动较小，但在泥浆排放、塌孔、缩颈方面都还存在一定的问题。

③ 螺旋钻成孔法

螺旋钻成孔法以动力螺旋钻钻孔，属于干钻法施工，提钻后孔内灌砂成砂井。该方法适用于陆上工程；砂井长度在 10m 以内，土质较好，不会出现缩颈和塌孔现象的土层。该方法在美国应用较广泛，螺旋钻成孔工艺所用设备简单而机动，成孔比较规整，但灌砂质量较难掌握，对很软弱的地基也不太适用。

砂井的灌砂量，应按砂在中密状态时的干重度和井管外径所形成的体积计算，而实际灌砂量按质量控制要求，不得小于计算值的 95%。

为了避免砂井断颈或缩颈现象，可以用灌砂的密实度来控制灌砂量。灌砂时可以适当灌水，以利于密实。

砂井位置的允许偏差为该井的直径，其垂直度的允许偏差为 1.5%。

（2）袋装砂井施工

袋装砂井断面小，重量轻，减轻了施工设备重量，简化了施工过程，提高了打设效率。现在国内外均有专用的施工设备，一般为导管式的震动打设机械，只是在行进方式上有差异。我国较普遍采用的打设机械有轨道门架式、履带臂架式、吊机导架式等。

袋装砂井的施工程序包括立位、整理桩尖（有的是与导管相连的活瓣桩尖，有的是分离式的混凝土预制桩尖）、振动沉管、将沙袋放入导管、往管内灌水（减少沙袋与管壁的摩擦力）、灌砂振动拔管等。为确保质量，在袋装砂井施工中，应注意以下几个问题：① 定位要准确，砂井垂直度要好，这样就可确保排水距离和理论计算一致。② 砂料含泥量要小，这对于小断面的砂井尤为重要，因为直径小、长细比大的砂井，井阻效应较为显著，一般含泥量要求小于 3%。③ 袋中砂宜用风干砂，不宜采用潮湿砂，以免袋内砂干燥后，体积减小，严重时会造成袋装砂井缩短，与排水垫层不搭接或缩径、断井等质量事故。④ 袋中灌砂长度，要考虑饱水沉实量。⑤ 下袋时要慢，以免出现断井和缩径。⑥ 采用聚丙烯编织袋，在施工时应避免太阳光长时间直接照射。⑦ 沙袋入口处的导管口应装设滚轮，避免沙袋被挂破漏砂。⑧ 施工中要经常检查桩尖与导管口的密封情况，避免导管内进泥过多，影响加固效果。⑨ 确定袋装砂井施工长度时，应考虑袋内砂的体积，因饱水沉实而减小、袋装砂井在孔内的弯曲、超深及伸入水平排水垫层内的长度等因素，避免袋装砂井全部深入孔内，造成与砂垫层不连接。

（3）塑料排水带施工

塑料排水带施工步骤如下：① 使配备好的竖向排水带施工机械就位。② 定位：在排水砂垫层表面，做好桩位标记。③穿板：将竖向排水带经导管内穿出管靴，与桩尖连接后拉紧，使桩尖与管靴贴紧。④沉管：将导管沉入桩位，校准导管垂直度后随绳下沉，然后再开振动锤沉入设计深度。⑤拔管：首先将导管内排水带放松，使其在导管内自然下垂，边振动边拔管，当塑料排水带与软黏土黏结锚固形成后，停止振动静拔至地面。⑥在砂垫层上预留 20~30cm 剪断塑料排水带，并检查管靴内是否进入淤泥，而后再将排水带与拉尖连接、拉紧，移向下一桩位。⑦重复步骤③~步骤⑥。

3.施加固结压力

固结压力根据工程的类型和要求，可以分为 4 类：①利用建筑物自重加压，该方法可以用于堤坝、油罐、房屋等；②加水预压，该方法可以用于油罐、水池等；③加荷预压，一般用石料、砂、砖等效料作为荷载材料，大面积施工时通常用自卸汽车与推土机联合作业；④真空预压，用大气压力。前 3 类统称为堆载预压法。

（1）堆载预压

对堆载预压工程，当荷载较大时，应严格控制堆载速率，防止地基发生剪切破坏或产生过大塑性变形。为此，在堆载预压过程中应每天进行沉降、边桩位移及孔隙水压力等项的观测，沉降每天控制在 10~15mm；边桩水平位移每天控制在 4~7mm；孔隙水压力系数不大于 0.6。对监测数据进行综合分析，以确定堆载速率。

（2）真空预压

对真空预压工程，因土体是在等向固结压力下固结，土体内剪应力不变，不会剪切破坏，故真空度可以一次抽至最大。

真空预压时，根据场地大小、形状及施工能力，将加固场地分成若干区，各区之间根据加固要求可以搭接或有一定间距，每个加固区必须用整块密封膜覆盖。密封膜应采用抗老化性能好、韧性好、抗穿刺能力强的不透气材料。密封膜热合时宜用两条膜的热合黏结缝水平搭接，搭接宽度应大于 15mm。根据密封膜材料的厚度，可以铺设二层或三层，覆盖膜周边可以采用挖沟折铺、平铺并用黏土压边、围堆沟内覆水及膜上全面覆水等方法进行密封。真空预压的抽气设备宜采用射流真空泵，空抽时必须达到 95kPa 以上的真空吸力，其数量应根据加固面积确定，每个加固场地至少应设置 2 台真空泵。真空管路的连接点应严格进行密封，为避免膜内的真空度在停泵后很快降低，应在真空管路中设置止回阀和闸阀。真空预压区在铺密封膜前，要认真清理平整砂垫层，拣出贝壳和带尖角石子，填平打设袋装砂井或塑料排水带时留下的孔洞。每层膜铺好后，要认真检查及时补洞。待其符合要求后，再铺下一层。真空 - 堆载联合加固时，先按真空加固的要求进行抽气，当真空度稳定后再将所需的堆载加上，并继续抽气，堆载时需在膜上铺放编织布等保护材料。当接连 5 天实测沉降速率 < 2mm/d 时，可停止抽气。

二、地基处理质量控制

（一）施工准备的质量控制

施工单位应当在地基基础开始施工之前就进行全面的现场勘察作业，对作业场地内的水文地质情况、工程地质情况进行一定的了解，并依据实际的环境条件，制订出切实可行符合现场施工情况的施工方案。

施工当中的土方开挖是基础施工过程以及地下工程施工过程中最重要的环节之一，而在开挖的过程当中，最需要注意的就是位移和沉降的控制。由于开挖过程中，结构的布置和荷载的大小都在不断地变化，因此在施工当中应当注意做到设计与施工的协调一致，紧密配合，而且在施工中还应当注意加强施工管理和定时监测的工作，达到对基坑位移及时有效的控制。同时，为了加强在开挖过程中土体的抗剪强度和承载力，应当设计必要的地下水降水措施，因为地下水可能会引起不稳定，所以在实际的开挖过程中，必须有相应的地下降水设施。

（二）地基测量的质量控制

测量放线是指引工程正常施工最重要的工序，只有准确严密的测量放线工作才能够为工程的进行提供坚实的技术保障，才能够指导工程正确有序地进行，才能保证工程的质量。因为测量工作在施工质量管理工作中非常重要性，所以工程测量队的人员必须熟练掌握测量的设备，以及熟练掌握仪器的操作方法，不断学习最新的测量技术，从而确保能够更加准确高效地完成工程建设的测量任务，同时还要提高专业人员的素质，使人员充分认识到测量工作的重要性。施工企业应当做好科学管理，以使测量工作更好地为工程建设工作服务，为地基基础施工质量服务，提高施工的质量。

（三）材料质量控制

在工程建设当中，施工材料的选用和质量往往会直接影响施工质量的好坏。因此施工单位必须严格按照材料采购的要求和检测的流程对进场的原材料进行检测，首先应当对材料的外观以及性能进行检测，一旦发现不能够满足工程质量需要的材料就及时让其退场，坚决杜绝不合格材料在工程当中的使用。其次要对进场原材料的存放和保管进行严格的规定，保证其质量在使用期内符合规范的要求。最后还要在施工前对施工材料进行最后一次的检查，确保施工材料没有质量问题，只有切实在以上三个方面进行监控，才能够做好地基处理原材料的管理和控制。

（四）施工人员控制

在工程中，除去材料和测量的影响，施工人员的素质对工程质量的影响也是非常大的，每一个施工企业都应当重视对施工人员素质的管理和培训，应当培养施工人员的责任感，使他们重视地基处理这个工序，明白这个工序在整个建设过程中的重要性。如果忽视对施工人员的管理，容易导致施工人员对地基处理工作的认识不到位，从而忽视工作上出现的小问题，埋下安全隐患，甚至会引起施工现场的混乱，造成安全事故，还会造成施工人员的知识和技术落后，不能够妥善解决施工过程当中出现的各种问题，只有加强对施工人员的培训和管理，才能为地基处理工程质量的控制增加保障。

（五）CFG 桩复合地基处理的质量控制

1. 施工前检验

施工前的工艺试验主要是考察设计的施工顺序和桩距能否保证桩身质量。工艺试验也可结合工程桩施工进行，并需做如下两种观测。

① 新打桩对未结硬的已打桩的影响。在已打桩桩顶表面埋设标杆，在施打新桩时测量已打桩桩顶的上升量，以估算桩径缩小的数值，待已打桩结硬后，开挖检查其桩身质量并测量桩径。② 新打桩对变硬的已打桩的影响。在已打桩尚未变硬时，将标杆埋置在桩顶部的混合料中，待桩体变硬后，打新桩时观测已打桩桩顶的位移情况。对挤密效果好的土，如饱和松散的粉土，打桩振动会引起地表的下沉，桩顶一般不会上升，断桩可能性小，当发现桩顶向上位移过大时，桩可能发生断开。若向上的位移不超过1cm，断桩的可能性很小。

2. 施工监测

施工过程中的信息化管理能及时发现问题，可以使施工管理人员有根据地把握施工工艺的决策，对保证施工质量至关重要。

3. 逐桩静压

对重要工程或通过施工监测发现桩顶上升量较大，并且桩的数量较多，可采用逐个桩快速静压，以消除可能出现的断桩对复合地基承载力造成的不良影响。这一技术在沿海一带广泛采用，当地称为跑桩。

静压桩机就是用打桩的沉管机，在沉管机桩架上配适量压重，配重的大小按可施于桩的压力下小于 1.22 倍桩的设计荷载为准，当桩身达到一定强度后即可进行逐桩静压，每个桩的静压时间一般为 3min。

静压桩的目的是将可能发生已脱开的断桩接起来，使之能正常传递垂直荷载。这一技术对保证复合地基能正常工作和发现桩的施工质量问题很有意义。

第二节　岩土工程的桩基础施工与质量控制

一、桩基础施工原理

桩基础施工技术，指的是一种由桩基和与之连接的承台共同构成的地基土体结构处理施工技术。桩基础具有连接上层建筑工程与地面的功能，将上层建筑结构的荷载向下传递至地面，从而提高建筑结构抵抗外部荷载的能力和整体结构的抗震能力等，同时，也有助于提高基岩承载力，有效防止建筑结构沉降。桩基础施工技术主要有单桩基础施工技术、低承台桩基础施工技术和高承台桩基础施工技术。单桩基础施工技术是基础通过桩与桩相连而形成建筑结构基础的施工技术；低承台桩基础施工技术指的是桩基础、桩身全部在土中，承台的底面与土体进行连接而形成建筑结构基础的施工技术；高承台桩基础施工技术指的是桩露出地表，承台底面高于地表的一种施工技术。

桩基础施工技术作为施工过程中常用的一种技术，主要特点有：在施工过程中，桩基必须具备很强的承载能力，不管在坚硬的基岩、硬质黏土中，还是在中密砾石地层中，必须具备承载上部结构的承载力；每一个单桩的竖向承载力必须足够大，不会出现太大的沉降或者倾斜，必须保证上部建筑结构的稳定，并且具有一定的抵抗地震、台风等情况引起的水平荷载；在施工过程中，桩基础必须嵌固在坚硬基岩上，且具有不受浅土层下陷偏移影响的能力，并保证建筑结构不发生倾斜。

二、灌注桩施工

（一）孔施工

1.孔位测量

在使用钻孔装置进行钻孔作业之前，应该先将地面的杂物清理干净，并对地面进行平整处理，避免对测量定位造成干扰。然后根据工程要求及标准，结合施工环境，参照工程设计图纸，在施工现场准确设定桩孔基点和基线，保证两者之间的一致性。如果在测量定位工程中发现误差现象，要及时找出根本原因并立即加以修正，以确保测量定位的准确性。一般情况下，建筑工程中的钻孔灌注桩应该控制在1cm以下，并对固定好的桩孔位置进行二次检查，做好检查数据记录工作，在确认桩基位置准确无误后，才可以使用钻孔机进行钻孔作业。在钻孔过程中还需要时刻检查桩基位置，避免桩基出现偏移或者倾斜现象，以确保桩基位置的精准性。

2. 钻孔施工

在完成桩孔测量定位后，便需要开展钻孔作业。钻孔灌注桩施工中所用钻孔作业方式主要有人工和机械两种，在选择钻孔方式的时候，应该结合工程地基类型来确定，如果地基土质属于黏土，则应该优先选择人工方式完成钻孔作业，而其他类型地基土质中，通常使用钻孔机完成钻孔作业。并且，在选择钻孔作业方式的时候，除了依据地基土质类型外，还需要根据工程施工标准及施工规定，比较不同钻孔作业方式所耗费的具体时间，按照合同中规定的时间，选择最为合适的钻孔方式。钻孔之前，要再次核对桩孔位置是否准确，当遇到软土地基时，为了防止钻孔过程中桩孔出现偏移现象，需要先提高地基的稳固性。

3. 清孔

清孔工作需要两次分步实施，第一次实施于待终孔时，待清孔指标达到规范要求后分别吊装钢筋笼与导管，完成后实施第二次清孔至混凝土灌注。清孔任务的实施，最终需将孔底 50cm 范围内的泥浆比重控制在 1.15 之内，含砂率不得大于 8%，黏度不得大于 28s。清孔完成后，需对孔底沉渣进行现场测定，常用方法为锤球结合手感判定法，对于沉渣厚度的控制，端承桩小于或等于 50mm，摩擦桩小于或等于 100mm，抗拔、压桩小于或等于 200mm。

（二）钢筋笼制作与吊放

1. 钢筋笼制作

① 根据设计计算箍筋用料长度、主筋分段长度。将所需钢筋校直后用切割机成批切好备用。由于切断待焊的箍筋、主筋、螺旋筋的规格尺寸不尽相同，应注意分别摆放，防止用错。

② 在钢筋圈制作台上制作箍筋并按要求焊接。

③ 将支撑架按 2~3m 的间距摆放在同一水平面上的同一直线上，然后将配好定长的主筋平直地摆放在支撑架上。

④ 将箍筋按设计要求套入主筋（也可将主筋套入箍筋内），且保持与主筋垂直，进行点焊或绑扎。

⑤ 箍筋与主筋焊好或绑扎好后，将螺旋筋按规定间距绕于其上，用细铁丝绑扎并间隔焊接固定。

⑥ 焊接或绑扎钢筋笼保护层垫块。保护层厚度一般以 6~8cm 为宜。钢筋混凝土预制垫块或焊接钢筋"耳朵"，钢筋"耳朵"的直径不小于 10mm，长度不小于 15cm，高不小于 8cm，焊接在主筋外侧。

⑦ 将制作好的钢筋笼稳固地放置在平整的地面上，防止变形。

对制作好的钢筋笼应按图纸尺寸和焊接质量要求进行检查，不合格者，应返工。

2. 钢筋笼吊放

① 钢筋笼的吊放应设 2~4 个位置恰当的起吊点。钢筋笼直径大于 1 300mm，长度大于 6m 时，可采取措施对起吊点予以加固，以保证钢筋笼起吊不变形。

② 吊放钢筋笼入孔时，应对准孔位轻放、下放，不得左右旋转。若遇阻碍应停止下放，查明原因进行处理。严禁高提猛落和强制下放。

③ 钢筋笼过长时宜分节吊放，孔口焊接。分节长度应按孔深、起吊高度和孔口焊接时间合理选定。孔口焊接时，上下主筋位置应对正，保持钢筋笼上下轴线一致。

④ 钢筋笼全部入孔后，应按设计要求检查安放位置并做好记录。符合要求后，可将主筋点焊于孔口护筒上或用铁丝牢固绑扎于孔口，以使钢筋笼定位，防止钢筋笼因自重下落或灌注混凝土时往上窜动造成错位。

⑤ 桩身混凝土灌注完毕达到初凝后，即可解除钢筋笼的固定措施，以使钢筋笼在混凝土收缩时不影响固结力。

⑥ 采用正循环或压风机清孔时，钢筋笼入孔宜在清孔之前进行。若采用泵吸反循环清孔，钢筋笼入孔一般在清孔后进行。若钢筋笼入孔后未能及时灌注混凝土，且停隔时间较长，致使孔内沉渣超过规定要求，应在钢筋笼定位可靠后重新清孔。

（三）混凝土施工

1. 混凝土配比

① 混凝土的配合比应通过试验选定。在经济合理和节约水泥用量的原则下，所配制的混凝土拌和物应满足和易性、流动性、坍落度及凝固时间等工艺要求，并应达到设计标号强度及其他的特殊要求（抗冻、抗渗、抗侵蚀性等）。

② 混凝土试配前，应根据混凝土设计标号和所要求的坍落度进行配合比试验设计。考虑到施工条件与试验条件的差别，试配标号应比设计标号高 20%。若对混凝土还有其他技术性能要求，应在试配设计中增加相应的试验项目，以便取得有关数据，指导施工现场混凝土配制工作。

③ 混凝土试配应使用施工实际采用的混凝土材料并按下列要求试配：a. 水灰比宜为 0.5~0.6，最大水灰比不宜超过 0.65。确定水灰比应考虑砂石的含水率。b. 含砂率为 40%~50%；坍落度小于 10cm 时，可适当降低含砂率。c. 石料可按（1.2~1.5）∶1 的石砂比计算用量。如果用碎石，含砂率增加约 3%。d. 每立方米混凝土的水泥用量，若为水下灌注一般不得少于 420kg，若为干孔灌注不得少于 300kg。e. 水泥标号不宜低于 425 号。f. 保持坍落度降低至 15cm 的时间，不宜低于 1.0h。

④ 试配时，至少应采用三个不同的配合比。每一个配合比的水灰比差值为 0.02~0.03。每种配合比应至少制作一组（三块）试块，并模拟桩孔内条件进行养护，对 28 天龄期试块作轴心抗压强度测定，检查试配标号是否达到要求。若达不到要求，应调整配比继

续试配；若试配的各个配比均超过要求，选择其中合适的配比，做进一步的试配调整，以最终选定合理的配比。

⑤整理配比的试配资料数据，应填写"混凝土配合比试验报告单"，并通知现场施工人员认真遵守执行。

2. 混凝土拌制

①现场拌制混凝土时，材料的配合误差应符合下列规定：a. 按质量计，水泥和干燥状态的外掺剂，容许误差不得超过2%。b. 按质量计，砂、石料，容许误差不得超过5%。c. 视砂石的含水率调整水量，以保证混凝土的实际水灰比符合要求。d. 按质量计，水、外掺剂的水溶液，容许误差不得超过2%。

②混凝土应采用机械搅拌，并搅拌至各种组成材料混合均匀、颜色一致。搅拌时间计算，应从全部材料装入搅拌机开始搅拌起，至机内混凝土出黏为止。

③首批混凝土出料时应进行坍落度测定，检验混凝土配比，至灌注中期和后期，按灌注的不同部位，进行混凝土坍落度测定，检查混凝土配比的变化情况，并填入"水下混凝土重注记录表"。

④拌制好的混凝土应以最短距离运至待灌注的桩孔并尽快灌注。运送容器应无漏浆、不吸水、无泥土杂物和无严重锈蚀。

⑤搅拌机工作完毕应立即冲洗干净，擦净各运转部件的混凝土积物，添加润滑油，按要求做好检修保养。运送混凝土的容器应冲洗清除黏附的混凝土残渣。

3. 混凝土灌注

混凝土灌注前，复测孔底沉渣厚度。混凝土导管搭配及组装需根据孔深事先进行计算，确定合理的搭配有利于混凝土灌注和导管的拆卸，导管上口与混凝土储料斗下口直接相连，且高于泥浆面3m，储料斗内混凝土储存量必须满足剪塞要求，首次灌注时混凝土导管底端以一次埋入混凝土0.8~1.2m为准，混凝土应连续灌注，严禁中途停工，在灌注过程中经常用测锤探测混凝土面的上升高度，并适时提升逐级拆卸导管，根据实际情况严格控制导管的最小埋深，以保证桩身混凝土的连续均匀，混凝土灌注的上升速度不小于2m/h。灌注时间应控制在埋入导管中的混凝土不丧失流动性的时间内，必要时加入适量的缓凝剂。

（四）后注浆施工

1. 后注浆施工技术概述

后注浆施工是指在钻孔、冲孔和挖孔灌注桩成桩后，通过预埋在桩身的注浆管利用压力作用，将能固化的浆液（如纯水泥浆、水泥砂浆、加外掺剂及掺和料的水泥浆、超细泥浆、化学浆液等），经桩侧或桩端的预留压力注浆装置均匀地注入地层，压力浆液对桩侧或桩端附近的桩周土层起到渗透、填充、置换、劈裂、压密及固结或多种形式的不同作用，改变其物理力学性能及桩与岩、土之间的边界条件，从而提高桩的承载力以及减少桩基的沉降量。

2. 后注浆施工过程

① 成孔。视地层土质和地下水位情况采用合适的成孔方法（干作业法、泥浆护壁法、套管护壁法及冲击钻成孔法）。

② 放钢筋笼及压力注浆装置。多数压力注浆装置附着在钢筋笼上，两者同步放入孔内；有的桩端压力注浆工法是在钢筋笼放入孔内后，再将压力注浆装置放入桩孔底部的。

③ 按常规方法灌注混凝土。

④ 进行压力注浆。当桩身混凝土强度达到一定值（通常为 75%）后，即通过注浆管注浆，注浆次数分 1 次、2 次或多次。

⑤ 卸下注浆接头，成桩。

三、预制桩施工

（一）预制桩制作

我国现在的预制桩施工技术，主要利用翻模法、叠浇法、间隔法和并列法等方法。在近几年的工程施工中，主要就是通过现场布置、场地整平、现场准备、支模、钢筋绑扎、地坪浇筑、浇筑混凝土和养护等环节来完成钢筋混凝土预制桩施工。对于预制桩的具体制作要求为直径一般为 12~25mm，桩长大于 30m，在打桩中也可以分为几段，在整个制桩过程中桩顶和桩尖不能存在掉角、裂缝、麻面和蜂窝。除此之外，在进行预制桩施工中对其制作过程有严格的要求，如要求其场地必须平整，不能存在各种杂物，还不能出现不均匀沉降等问题。

（二）预制桩的起吊、运输与堆放

一般情况下，预制桩的起吊、运输和堆放工作都需要结合工程施工标准，可靠、缓慢和平稳的进行，这样就可以有效地避免预制桩体结构在起吊运输和堆放中出现不必要的损坏问题。另外，如果预制桩没有设置吊钩，要在预制桩和钢丝绳之间加上衬垫，还要保护好预制桩的各个棱角；在起吊、运输和堆放时要注意预制桩本身的抗弯能力非常低，所以要控制好起吊的弯矩和放置位置的稳定可靠。除此之外，在预制桩堆放过程中要保证堆放地面的平整和坚实，场地的排水性能要好，要将不同材质、型号和规格的预制桩分类堆放。

（三）预制桩打桩

预制桩打桩前应做好下列准备工作：处理架空高压线和地下障碍物，场地应平整，排水应畅通，并满足打桩所需的地面承载力；设置供电、供水系统；安装打桩机等。施工前还应做好定位放线。桩基轴线的定位点及水准点，应设置在不受打桩影响的区域，水准点设置不少于两个，在施工过程中可据此检查桩位的偏差以及桩的入土深度。

1. 打桩顺序

由于锤击沉桩是挤土法成孔，因此桩入土后对周围土体产生挤压作用。一方面先打入的桩会受到后打入桩的推挤而发生水平位移或上拔；另一方面土被挤压使后打入的桩不易达到设计深度或造成土体隆起，特别是在群桩打入施工时，这些现象更为突出。为了保证打桩工程质量，防止周围建筑物受土体挤压的影响，打桩前应根据场地的土质、桩的密集程度、规格、长短和桩架的移动方便等因素来正确选择打桩顺序。

当桩较密集（桩中心距小于或等于 4 倍桩边长或桩径）时，应由中间向两侧对称施打或由中间向四周施打。这样，打桩时土体由中间向两侧或四周均匀挤压，易于保证施工质量。当桩数较多时，也可采用分区段施打。

当桩较稀疏（桩中心距大于 4 倍桩边长或桩径）时，可采用上述两种打桩顺序，也可采用由一侧向另一侧单一方向施打的方式（即逐排施打），或由两侧同时向中间施打。

当桩规格、埋深、长度不同时，宜按"先大后小，先深后浅，先长后短"的原则进行施打，以免打桩时因土的挤压而使邻桩移位或上拔。在实际施工过程中，不仅要考虑打桩顺序，还要考虑桩架的移动是否方便。在打完桩后，当桩顶高于桩架底面高度时，桩架不能向前移动到下一个桩位继续打桩，只能后退打桩；当桩顶标高低于桩架底面高度时，则桩架可以向前移动来打桩。

2. 打桩程序

打桩程序包括吊桩、插桩、打桩、接桩、送桩、截桩头。

吊桩：按既定的打桩顺序，先将桩架移动至设计所定的桩位处并用缆风绳等稳定，然后将桩运至桩架下，一般利用桩架附设的起重钩借助桩机上的卷扬机使桩就位，或配一台履带式起重机送桩就位，并用桩架上夹具或落下桩锤借桩帽固定位置。桩提升为直立状态后，对准桩位中心，缓缓放下插入土中，桩插入时垂直度偏差不得超过 0.5%。

插桩：桩就位后，在桩顶安上桩帽，然后放下桩锤轻轻压住桩帽。桩锤、桩帽和桩身中心线应在同一垂直线上。在桩的自重和锤重的压力下，桩便会沉入一定深度，等桩下沉达到稳定状态后，再一次复查其平面位置和垂直度，若有偏差应及时纠正，必要时要拔出重打，校核桩的垂直度可采用垂直角，即用两个方向（互成 90°）的经纬仪使导架保持垂直。校正符合要求后，即可进行打桩。为了防止击碎桩顶，应在混凝土桩的桩顶与桩帽之间、桩锤与桩帽之间放上硬木、麻袋等弹性衬垫作缓冲层。

打桩：桩锤连续施打，使桩均匀下沉。宜用"重锤低击"。重锤低击所获得的动量大，桩锤对桩顶的冲击小，其回弹也小，桩头不易损坏，都用来克服桩周边土壤的摩阻力而使桩下沉。正因为桩锤落距小，因而可提高锤击频率，打桩效率也高，正因为桩锤频率较高，对于较密实的土层，如砂土或黏土也能容易穿过，所以一般在工程中采用重锤低击。而轻锤高击所获得的动量小，冲击力大，其回弹也大，桩头易损坏，大部分能量被桩身吸收，桩不易打入，且轻锤高击所产生的应力，还会促使距桩顶 1/3 桩长范围内的薄弱处产生水平裂缝，甚至使桩身断裂，所以在实际工程中一般不采用轻锤高击。

接桩：当设计的桩较长时，由于打桩机高度有限或预制、运输等因素，只能采用分段预制、分段打入的方法，且需在桩打入过程中将桩接长。接长桩的方法有焊接法和浆锚法，目前以焊接法应用最多。接桩时，一般在距离地面 1m 左右进行，上、下节桩的中心线偏差不得大于 10mm，节点弯曲矢高不得大于 0.1% 的两节桩长。在焊接后使焊缝在自然条件下冷却 10min 后方可继续沉桩。

送桩：如果桩顶标高低于自然土面，则需用送桩管将桩送入土中。桩与送桩管的纵轴线应在同一直线上，拔出送桩管后，桩孔应及时回填或加盖。

截桩头：如果桩底到达了设计深度，而配桩长度大于桩顶设计标高时需要截去桩头。截桩头宜用锯桩器截割，或用手锤人工凿除混凝土，钢筋用气割割齐，严禁用大锤横向敲击或强行扳拉截桩。

四、桩基础施工质量控制

（一）灌注桩施工质量控制

1.灌注施工的质量控制

在灌注施工前应严格控制泥浆质量，并对孔进行二次清洁，保障孔内部充分干净后，才能够让钻孔灌注桩正常施工。在沉放导管过程中，对整体实现二次检查，确保不会产生渗漏。钢筋笼沉放过程中，要清理孔内部，主要是钢筋笼不会始终如一的保持悬浮，因而会导致孔内沉渣出现，此时需利用导管实现清孔。

2.施工温度控制

混凝土浇筑过程中，相关作业人员要严格控制好施工温度，实际施工过程中一定要避免在寒冷或者酷热的天气进行，以避免施工设备与材料性能下降，从而预防工程产生安全威胁。例如，混凝土施工过程中需要将混凝土搅拌流程控制好，避免施工方产生偷工减料的行为。与此同时需要对工程缝隙进行技术处理，应用科学的、有效的方式修补，按照泥浆的实际性能以及裂缝的宽度进行科学修补，特别是在施工后期做好钢筋混凝土的维护工作，进行精细化管理，确保施工质量。

3.配筋质量控制

钻孔灌注桩施工过程中，钢筋配置间距越短越好，适当的间距减弱了灌注桩断裂或者倾斜出现的概率。而且钻孔灌注桩配置的钢筋应该是双向钢筋网，实现双层配置，从而保证其强硬程度。

（二）预制桩施工质量控制

1.桩体位移控制

设计为满堂布置或桩间土层较硬时，在沉桩过程中由于桩的挤土效应，相邻的桩体会出现偏移或上抬；桩在沉入过程中，桩身垂直偏差太大形成斜桩。预防措施：针对上述问题，在桩基施工过程中，场地平整坚硬，防止打桩机械在沉桩过程中产生不均匀沉降；控制好桩身垂直度，使桩身、桩帽或送桩器在同一中轴上，沉桩时在距桩机20m处，成90°方向架设仪器以校准。初打时轻击，待桩身稳定后，再按正常落距锤击；浅层遇有障碍物时应及时清理；根据现场情况及周围既有建构筑物情况制定施工顺序，如逐排打、自中央向边缘打或分段打等，如果在可液化土层中密布施工时还需要做好排水处理。

2.沉桩质量控制

由于浅层的旧基础、建筑垃圾或深层的老黏土、密实的砂层，在沉桩过程中遇到这些"硬层"，无法继续沉桩，此时桩已入土，不可能再将桩拔出。预防措施：开工前做好勘察，适当增加勘察点数量以确保持力层位变化在可控范围之内，并在开工前根据设计图纸标明桩端位置；桩基施工前探明原有障碍物并清除后再施工；深层如遇到"硬层"，可采用比桩径小的钻机引孔后进行预制桩施工。

第三节　岩土工程的地下连续墙施工与质量控制

一、地下连续墙技术原理

地下连续墙施工方法是一种不用模板在地下建造连续墙的施工方法。其工艺是采用合适的挖槽（孔）设备，沿着开挖工程的周边轴线，在泥浆护壁的条件下，挖出一个具有一定长度、宽度与深度的深槽（孔槽），并在槽内设置预先做好的钢筋笼，然后采用导管法往槽内浇灌混凝土，从而形成一个单元墙段，依序施工，再以适当的接头形式将各单元墙段相互连接起来，最终构成完整的地下连续墙体。

地下连续墙适用于建造建筑物的地下室、地下商场、停车场、地下油库、挡土墙，高层建筑等的深基础、逆作法施工的围护结构，工业建筑的深池、坑、竖井，邻近建筑物基础的支护，以及水工结构的堤坝防渗墙、护岸、码头、船坞、桥梁墩台、地下铁道、地下车站、通道或临时围堰工程等。

地下连续墙的优势体现在以下几方面：① 利用机械设备施工，施工进度快、准确度高、工作振动小，产生噪声小，特别适合建筑密集的城市，或者夜间施工，对周围环境产生的不利影响较小。② 使用钢筋混凝土或者素混凝土，提高了墙体强度和整体性，加大了墙体刚度和承载力，减少了结构和地基的变形，既能用于超深支护结构，也能用于主体结构。③ 能适应各种开挖的地层，除了熔岩地质以外，在软弱地层及重要建筑物附近，都能够安全施工；特别是靠近或接近地下管线的施工，沉降和变化相对容易控制。④ 采用触变泥浆施工，主要用于密封和保护孔壁，使施工过程安全、可靠。周边的地基和基础不会产生沉降，施工质量和安全有保证。⑤ 基坑开挖时不需要放坡，土方工程量少了很多，浇筑混凝土时不再需要支撑模板和进行混凝土养护，而且还可以在低温下进行施工，减少了施工成本，并且缩短了施工工期。⑥ 地下连续墙整体性好，墙体厚度和钢筋保护层厚度大，所以地下连续墙有很好的耐久性和抗渗性。⑦ 使用逆作法，与上部主体结构同时施工，具有挡土、防渗、承重的功能，形成深基础多层次地下施工的有效方法。有利于施工安全，加快施工进度，降低工程造价。

地下连续墙有许多优点，但像其他建筑技术和结构形式一样，也有其缺点，需要继续改善，具体如下：① 地下连续墙接头控制很难，是施工中的薄弱环节。② 保证了墙面的垂直度，但表面粗糙，需要进一步加工处理或者加施工衬壁。③ 施工工艺、所选槽机、施工的地下槽、浇筑混凝土、泥浆处理等每一个环节都需要妥善处理，不能留有遗漏。④ 泥浆制作和处理占用土地面积，容易使施工现场泥泞，造成污染；弃土和废弃泥浆需要外运，增加工程费用，同时也污染环境。⑤ 地质条件和施工的适应性问题。从理论上讲，地下连续墙可以用于各种地层，但较适于黏土层，如果是复杂的地质条件，施工难度和工程造价均会增加。⑥ 槽壁坍塌问题。施工中地下水位快速上升，护壁泥浆液面快速下降，如果泥浆的性质有问题或者变质，加之施工管理不当，或者存在软弱疏松砂性夹层等情况，槽壁容易发生坍塌。轻则墙体混凝土超方，结构尺寸出界，重则相邻地面沉降甚至坍塌，造成毗邻建筑和地下管线的危害。

二、地下连续墙施工质量控制

（一）导墙施工质量控制

地下连续墙施工建设之前一定要首先完成导墙的修筑工作，导墙可以设定沟槽的具体位置，还可以当作是测量挖槽的标高和垂直精度的基本准则。此外，它能够成为槽机机械轨道的重要支撑设备，还是钢筋笼和缩口管的支撑点，所以导墙在运转的过程中是需要承受比较大的作用力的。因此导墙的施工质量会直接影响到连续墙施工的正常开展，一定要提高导墙位置的准确性和可靠性。在测量的过程中，测量人员必须要采用全站仪或者是手工测量的方式对导墙进行初次放线。导墙施工中，在开挖之后，一定要对地下连续墙轴线的具体位置进行重新检验和审核。在开挖和定位操作全部结束之后，要严格地按照施工图纸的具体要求进行混凝土结构的建设和施工，同时导墙的尺寸和地下连续墙的厚度都应该比标准大 40mm，采用 C30 的混凝土完成施工，这样就可以充分地满足施工的需要。此外，在导墙施工之前，可以对地面进行硬化处理，在导墙施工的过程中，还可以将导墙的钢筋和地面结构中的钢筋进行有效连接，从而使导墙的稳定性和强度都得到显著提升。

（二）泥浆质量控制

在开展成槽施工工作时，泥浆护壁是成槽施工的前提性工作，泥浆具有的静水压力会给槽壁带来影响，槽壁还需要承受侧向土压力，而泥浆可以对水压力及侧向土压力起到一定的抵抗作用，槽壁不会轻易出现剥落及倒塌问题。在应用泥浆时，抓斗的温度被降低，钻具在泥浆润滑作用的影响下，其磨损情况也被有效削弱，地下连续墙的使用期限也能被延长。基于泥浆在工程中的关键作用，如果泥浆出现质量不良情况，那么槽壁也难以维持原有强度。

检测泥浆的质量时，泥浆的化学性质与物理性质均需要被检测，优质的泥浆一般具有稳定的性质，其流动性也比较强，形成泥皮的能力也比较优越。在检测泥浆质量时，需应用专用的检定仪器。应用泥浆时还需要关注泥浆的存储情况，如果随意处置泥浆会给工程周边环境带来严重的污染问题。

（三）成槽质量控制

地下连续墙施工的关键流程是成槽，其关键是沟槽开挖、沟槽清底、垂直度控制。

沟槽开挖。地下连续墙每施工一段就是一个完整的工艺流程，因此施工之前要把地下连续墙划分成若干个有适当长度的施工单元，这就是单元槽段。根据槽段，每段按"跳一挖一"施工。开槽是地下连续墙施工的关键工序，影响工期和质量。根据工程的土质条件、土质硬度、挖槽深度和垂直精度等要求，应选择合适的挖槽机。在施工过程中，挖槽机对准导墙中心，通过导向杆，使挖槽机保持垂直，进而控制挖槽速度。

沟槽清底。抓斗、潜水泥浆泵或吸泥管下放时不能一下子放到槽底，应先在离槽底 1~2m 处进行试挖或试吸，以防止抓斗搅混槽底沉渣，或将潜水泥浆泵、吸泥管的吸入口陷进土渣里，造成潜水泥浆泵或吸泥管堵塞；清底时，抓斗、潜水泥浆泵或吸泥管都要由浅入深，在槽段全长范围内往复移动作业，直到抓斗里不见土渣或排出的泥浆中不见土渣为止；清底换浆时，要及时向槽内补充优质泥浆，以保持浆面基本平衡；换浆工序是否合格，以全槽段各深度的泥浆取样测试指标都符合质量要求为依据。

垂直度控制。要使槽孔保证垂直，最关键的一条原则是要使抓斗在吃土阻力均衡的状态下挖槽，要么抓斗两边的斗齿都吃在实土中，要么抓斗的两边都落在空洞中，最忌抓斗两边的斗齿一边吃在实土中，一边落在空洞中，这样，抓斗在挖土过程中必然会向空洞一边倒，从而滑进空洞中去，使挖槽垂直度失去控制。

（四）钢筋笼质量控制

在地下连续墙的施工中，钢筋笼的制作是一道十分重要的工序。钢筋笼制作时，先保证钢筋笼制作平台的平顺和稳固，制作平台的好坏直接影响之后钢筋笼的整体质量。根据设计要求，将钢筋间距、预埋件、插筋、钢筋接驳器等的具体位置在制作平台上进行标记，以便于钢筋安装及放样布置。

钢筋笼制作时，控制焊缝质量，确保焊缝长度、宽度、厚度满足设计要求，严格控制钢筋笼长度、宽度、厚度、接驳器位置。钢筋笼的焊接质量问题包括焊接错位和弯曲，这两种质量问题都是人为因素造成的。施工人员注意力不集中就会造成焊接错位；焊接弯曲则是因为焊接完毕后，接头部分还没有冷却就被堆放在地上，使得钢筋接头因受力过大而弯曲。针对此情况，施工单位应对施工人员进行教育和培训，并在其施工时进行监督和管理，提高施工人员的责任感和技术水平，以保证焊接质量。

为保证钢筋笼的顺利吊放，钢筋笼制作前要根据钢筋笼的大小计算出钢筋笼的重心，确定吊点位置，以保证在起吊时吊点重心与钢筋笼的重心在同一铅垂线上。起吊时必须使吊钩重心与钢筋笼形心重合，以保证起吊平衡。用于制作吊点加强筋、吊耳、吊杆、吊梁与搁置钢梁的材料均不能使用螺纹钢筋或其他脆性钢材，选用材料的直径、厚度与钢梁的强度、刚度，均应根据钢筋笼的重量与吊点多少进行验算而定，并要有足够的安全系数。

（五）混凝土灌注质量控制

灌注混凝土前必须具备的条件：施工槽段经过清底换浆之后，槽内泥浆指标完全符合规定要求；清底换浆合格后，应在4h以内吊装好钢筋笼，做好混凝土灌注的准备工作，并开始灌注混凝土。因为槽底部泥浆比重及沉渣厚度等指标会随着时间的延长而增大，所以有关规范规定，凡超过4h而未能开始灌注墙体混凝土的，应重新进行清底。

①灌注混凝土前，导管内放入管堵（常用球胆）以隔离浇入导管之内的混凝土，并借助混凝土的压力推进球胆，由推进的球胆将管内的泥浆压向槽底排出管外，最终将球胆也挤出管外，以防止泥浆混入混凝土中。②灌注混凝土过程中，如果导管埋入混凝土中太浅，流动性很大的混凝土会从导管周围冒出，将管外被泥浆严重污染的劣质混凝土卷入墙体之内。若导管埋入混凝土中过深，又会使混凝土流动不畅，甚至引起钢筋笼上浮，因此现行规范规定导管埋入混凝土中的深度为1.5~4m。③一个混凝土灌注

量在 100m³ 左右的单元槽段，应在 4h 左右灌注完毕，混凝土面在槽内的上升速度不宜大于 4m/h。④ 混凝土要连续灌注，不能长时间中断，一般可容许中断 5~30min（不能超过 30min），否则不能保证质量。夏天灌注混凝土时，由于混凝土凝结较快，因此要在拌好后的 1h 内灌注完，以保持混凝土的流动性。⑤ 灌注混凝土过程中，各导管处混凝土面的高差应小于 0.5m。⑥ 灌注混凝土结束后，墙顶面的高程应高于设计墙顶标高 0.3~0.5m，这样才能保证凿除墙顶面劣质混凝土后的墙顶面标高符合设计要求。⑦ 当混凝土在导管中不能畅通时，可将导管上下抽动，但抽动范围不能太大，以 30cm 为宜，以防导管做上下抽动时会把土渣和泥浆混入混凝土中，影响成墙质量。⑧ 在灌注混凝土过程中，导管不能做横向运动，这是因为导管做横向运动也会把土渣和泥浆混入混凝土中，影响成墙质量。

第四节　岩土工程的锚固技术与质量控制

一、岩土工程的锚固技术概述

锚固作为岩土加固和结构稳定的经济而有效的方法，具有广泛的应用领域：边坡稳定工程、深基坑工程与抗浮工程、抵抗倾覆的结构工程、隧洞与地下工程等。岩土工程的锚固主要有两点作用：一是利用地层承受结构物的拉应力，为工程结构建立有效的支撑；二是对地层施加预应力或加筋，以加固岩土体的不稳定部位。

岩土工程锚固技术是一种把锚杆（索）群埋入地层一定深度处的技术，即将锚杆（索）插入预先钻凿的孔眼并固定于孔眼底端，固定后通常对锚杆（索）施加预应力，锚杆（索）外露于地面的一端用锚头固定。一种情况是锚头直接与结构物相接触，将锚固力传至结构上；另一种情况是通过梁板、格构或其他部件将锚头施加的应力传递于更为宽广的岩土体表面。

岩土工程锚固技术的特点如下：① 在岩土工程中采用锚固技术，能充分调用岩土体能量，调用岩土的自身强度和自承能力，减轻结构自重，确保施工安全。② 在岩土工程中，各类地层均可进行锚固，但作为永久性锚杆的锚固段不能设置在未处理的有机质土、液限大于 50% 的岩土层中，以及相对密度小于 0.3 的砂层中。③ 岩土工程的锚固施工机械及设备作业要求的空间较小，对各种地形及场地无太多的空间要求。④ 用锚杆替代钢横撑作侧壁支撑，不但可节约大量钢材，而且大大改善了施工条件。⑤ 用锚杆或土钉支护替代放坡、衬砌或重力式挡土墙支护，可大量节省土石方工作量，从而节约成本和缩短施工工期。⑥ 锚杆的设计拉力可由现场试验和施工来准确获得，它可保证锚固工程具有足够的安全系数和工作的可靠性。⑦锚固工程支护与其他施工相比，对环境污染小。⑧锚杆施加预应力后可较准确地控制结构物的变位量，以保证结构物的安全。⑨使用年限在2年以内的锚杆，按临时性锚杆设计；使用年限大于2年的按永久性锚杆设计，永久性锚杆设计必须先进行基本试验。

二、岩土工程的锚固技术施工

（一）锚杆制作

1.锚拉杆材料

锚拉杆的质量主要决定于拉杆的材料。拉杆的材料主要有普通螺纹钢、高强精轧螺纹钢、高强钢丝和钢绞线等类型。为保证锚固体系在使用期限内能有效保持所施加应力，对锚杆体系中的拉杆进行防腐处理，以降低锚杆周围环境中的腐蚀物对杆体的腐蚀作用。为保证杆体位于锚固体之中，使锚固体受力均匀，每一段长度安装支撑架，并在拉杆下端安装锚尖，以增加锚杆的承载能力。

2.拉杆与锚杆制作

（1）棒条状拉杆

普通螺纹钢筋和精轧螺纹钢筋统称为棒条状钢筋。选用其作为拉杆时，一般由一根或数根钢筋组合而成。如果用数根（一般不超过三根）钢筋时，则需要焊接或绑扎成为一体。钢筋长度按锚杆设计长度（自由段长、锚固段长之和）与张拉锁定所需要的长度之和计算下料。

拉杆材料按要求下料后，应除油、除锈，并在锚头端焊接螺纹接头。为使拉杆沉入锚孔中时能居中，保证拉杆具有足够保护层厚度，同时使灌浆体对锚固段拉杆起到防腐作用，应在拉杆体上每隔1.5~2.0m设置一个支撑架，支撑架除起对中作用外，同时处于锚固段内的支撑架还可起到增加锚固力的作用（即可起到内锚头作用）。

棒条状拉杆在单根钢筋长度不够时，必须进行连接。对于精轧螺纹钢，出厂时整根钢筋上带有螺纹，所以采用接头连接，并且避免焊接。对于普通Ⅱ级或Ⅲ级螺纹钢，在连接时必须采用焊接，其焊接方法有摩擦对焊、帮条对焊和转角搭接焊三种方式。不论采用哪种方式连接，必须保证两根或多根钢筋的中心线在同一条直线上，保证受拉力时不产生分力。焊接的要求按钢筋焊接规范要求：帮条焊接时其长度不得小于30d（d为拉杆直径）；搭接焊时，搭接长度不得小于300mm，并必须采用双面焊接。多根钢筋组成的拉杆，在同一断面上的焊接点不得超过30%。

支撑架用φ6mm或φ8mm圆钢筋制作，其外径小于钻孔直径5~8mm，长度为150~300mm，每个支撑架上不得少于4根肋筋，可直接焊在杆体上。

（2）多股钢绞线拉杆

采用多股钢绞线拉杆形成的锚杆亦称为锚索。钢绞线拉杆的柔性较好，容易靠自量沉入锚孔内，并且拉力大，长度不受限制，对施工场地空间要求较小，主要用于承载能力大于 600kN 以上、长度大于 20m 的永久性锚固工程之中。但钢绞线拉杆制作复杂且费时。

① 钢绞线严格按要求长度下料，并保证每股长度误差在 ±50mm 以内，并对每股钢绞线作除油、除锈处理。

② 将钢绞线按设计排列，沿杆件轴线方向每隔 1.0~1.5m 安装隔离架和紧箍环，杆体保护层不应小于 2.0cm，将隔离架与紧箍环间隔固定在杆件上，并绑扎牢固。在隔离架与紧箍环中心安装灌浆管至锚杆下底端，距杆体底面 200~300mm 处。

③ 在钢绞线拉杆的自由段除油后，涂防锈漆 0.5~1.0mm 厚，待干燥后，敷 2.0~3.0mm 厚黄油，并套以 PVC（聚氯乙烯）管，管的内径大于单根钢绞线外径 3~4mm，把进入锚孔内的多股钢绞线的下端用密封带绑扎牢固，或加热后使其收缩与钢绞线黏接在一起，进行防腐处理。国内常用于制作拉杆的钢绞线多为 $\varphi12.0$mm 和 $\varphi15.24$mm 两种，以 15.24mm 为主。

④ 采用钢绞线做压力型锚杆体时，选用厂家直接滚压胶的钢绞线制作。这种钢绞线的表面涂有油脂并滚压一层 2~3.0mm 的塑胶。其拉杆制作时同样需安装隔离架和紧箍环，只是在拉杆的下部 0.5m 长去掉防腐层后，再除油、除塑后，安装下锚头并锁紧。

⑤ 用钢绞线制成的拉杆体使用的隔离架和紧箍环有两种形式。隔离架和紧固环材质可用 $\varphi6$mm 或 $\varphi8$mm 的无钢筋，也可用硬塑料。

⑥ 钢绞线锚杆用于高压灌浆的锚固工程时，它的结构与常压灌浆锚杆不同，其主要依靠把锚固段与自由段分隔开的密封袋和带环形止逆密封弹性胶圈的袖阀管完成高压灌浆。

（3）多根钢丝锚杆

国内常用钢丝锚杆（索）材料多为 $\varphi4$mm 或 $\varphi5$mm 的碳素钢丝、刻痕钢丝和冷拔钢丝等。用钢丝组成大型锚杆，不仅费时、费工，而且占用的场地较大，若锚杆较短，则相对容易些。在制作锚杆时，首先将钢丝校直，并按要求长度下料，不能有接头。然后借助于带孔的金属分线板将钢丝按层或按图布置在分线板孔中固定。

分线板的作用是将钢丝有效分离并固定，以增大锚固体对每束钢丝的握固力。编制钢丝如同编制钢绞线，应对钢丝及对应的分线板钢丝孔进行编号，以免在穿孔时出现错误，同时保持全长钢丝的平行性。如果一个锚杆使用的钢丝较少，可以在每根钢丝底部安装一个锚板单独使用，或在底部用内锚头固定所有钢丝。

通常人们采用水泥砂浆或水泥素浆形成的结石体来进行预应力钢丝锚杆的锚固段防腐。而其自由段要对每根钢丝进行除油、除锈处理，涂防锈漆后再涂黄油或沥青油，并分别套上塑料管来防腐。

（二）锚杆孔钻凿

1.孔钻凿

通常，锚杆（索）孔的钻凿是锚固工程中所占费用最高和影响工程进度的关键工序。因此毫无疑问，必须选用最为有效的钻凿方法，也必须认真细致地估算钻凿作业的进度。

（1）小直径浅钻孔的钻凿

在岩石上钻凿小直径浅钻孔（孔径小于45mm，孔深小于4.0m），一般采用气动冲击钻机。它用于大型岩石洞室孔径约为60mm、深6~9m的系统锚杆（索）孔的钻凿。气动冲击钻机常安装于高效移动式单臂或多臂凿岩台车上进行作业。

（2）大直径长锚杆（索）孔的钻凿

承载力大的锚杆（索）一般要求采用大直径（60~168mm）的深钻孔（5~50m），可以用冲击钻、旋转钻或两者相结合的方式来钻凿长锚杆（索）孔，还应当根据岩土类型与质量，钻孔直径和长度、接近锚固工作面的条件，所用冲洗介质的种类以及锚杆（索）类型和要求的钻进速度来选择合适的钻机。在岩石中钻凿大直径深锚杆孔，主要采用两类钻机：一类是多功能全液压履带式钻机，这类钻机的特点是扭矩大，提升力及给进力大，钻机移动快捷，施工效率高，适应地层条件复杂、钻孔直径大、钻孔深度大及工程量较集中的钻孔工程；另一类是轻型液压钻机，这类钻机的特点是重量轻，搬运方便，能在排架上施工，性价比高，能适应崇山峻岭和狭小工作空间条件下的钻孔作业，其是我国目前应用最为广泛的一种大直径深钻孔的钻凿机械。在土层中钻凿大直径深锚杆孔，采用各类地质钻机及自制的螺旋钻。

2.钻孔冲洗

钻孔所用的冲洗方法可以明显地影响钻凿速度和钻孔质量。气洗法是冲击钻机和旋挖钻机最常用的方法。在干燥岩层中使用气洗法，其效果很好，如果存在足够的空气也可用于湿岩层。在后一种情况下的应用效果与水冲的效果相比并无很大差别。水洗法最适合用于旋转式取芯钻凿和套管护壁钻孔。使用水洗可以获得干净的钻孔并且使灰浆与岩层间具有较好的黏结力，即使在潮湿岩层或饱和无黏聚力的土体中使用，冲击钻凿也可获得同样效果。但在黏性土及泥灰岩层中钻孔，使用水洗要慎重，因为水洗会降低这类地层的力学性能，影响锚杆（索）锚固体与岩层间的黏结强度。无论采用哪种洗孔方式，锚杆（索）孔的设计长度都要增长30~70cm，以便收容通过冲洗无法清除的残余的岩土渣块。当钻凿结束时，应当从孔底向上继续冲洗不少于10min。

3.扩孔钻凿

为了增加锚杆的承载力，有时需在钻孔底部进行扩孔处理，这可通过专用的钻孔机具或在孔内放置少量炸药进行扩孔。但机械扩孔不可避免地存在着如何排出孔内切削物的难题，尽管精心操作，但仍会发生卡钻或不能形成理想扩孔的情况，其一般适用于密实土和黏性土层中钻孔的扩孔过程。

爆破扩孔适用于所有地层，与机械扩孔相比，爆破扩孔直径通常较大且形状不规则，即可在钻孔完成后未插锚杆之前进行，也可在钻孔中注入水泥浆并插入锚杆后进行，两者都可获得良好扩孔效果。

（三）锚杆安装

锚杆杆体入孔安装应根据锚杆长度、杆件材料、钻孔倾角及杆体结构等确定。

锚杆杆体的材料为钢筋时，可利用钢筋的刚度和锚杆杆体上安装的支撑环直接安放。将制作质量合格的锚杆杆体直接插入锚孔内，插入深度不得少于设计深度的95%，同时注浆管也一同下入孔底，距孔底为100~200mm。

当锚杆锚杆杆体由钢绞线、钢丝组装而成时，应首先检查锚杆杆体制作质量，确保隔离环、束紧环安装牢固。注浆管安装符合设计要求时，可采用人力直接插入锚孔内，或用钻杆和钢质注浆管送入孔底。安装时不得扭压、弯曲，锚杆杆体送入孔内深度不得小于锚杆长度的95%。注浆管底部管头距孔底距离不得大于200mm，宜为50~100mm。锚杆杆体安装好后，不得扭转或敲击。

三、岩土工程锚固的质量控制

锚杆锚固质量控制，是锚固技术的一个关键。锚杆锚固质量控制的影响因素主要有以下几个方面：① 锚杆杆体与灌浆体间的黏结通过黏结力、机械咬合力、摩擦力来实现。锚固体与岩土间的黏结摩阻力的大小用锚固体中力的变化率来衡量。在外力作用下，锚杆有明显的应力集中现象，只能使与锚固体结合的周围介质先后发生屈服。影响锚杆承载力的主要限制因素为第一和第二个条件，从实际工程来看，一般情况下锚固体与周围岩土体间的摩阻力小于锚固段灌浆体与锚杆体之间的黏结力。土层中的锚杆由于锚固土层的抗剪强度不同，通过锚固体与锚固土层间的摩阻力确定的锚杆长度也会有所不同。② 锚杆锚固质量的好坏，不仅与锚杆的整体抗拔力相关，而且与不同部段的锚固力有关。因此要对锚杆的锚固质量进行评价，必须先测出其各个部段的锚固力。锚固力与锚杆的有效锚固长度成正比，因此锚杆的有效锚固段的总长度是评价锚固质量的一个重要的指标。③ 固结波速是评价锚杆锚固质量的重要参数。它是指激发应力波通过锚杆锚固段的速度，受黏结强度的影响较大。黏结强度越高，固结波速越接近锚固介质的波速，锚固质量越好。

参考文献

[1] 沈扬，张文慧.岩土工程测试技术第2版 [M].北京：冶金工业出版社，2017.06.

[2] 尤志嘉，时健，付厚利.岩土塑性理论及其在地下工程中的应用 [M].北京：煤炭工业出版社，2017.08.

[3] 贾显卓，赵晋，王超.岩土工程与技术 [M].长春：吉林科学技术出版社，2017.04.

[4] 宁宝宽，于丹，刘振平.岩土工程勘察 [M].北京：人民交通出版社，2017.12.

[5] 龚晓南，杨仲轩.岩土工程检测技术 [M].北京：中国建筑工业出版社，2017.11.

[6] 何林，袁健，刘聪，侯纲领.岩土工程监测 [M].哈尔滨:哈尔滨工业大学出版社，2017.02.

[7] 曾照明，毕海民.岩土工程与环境 [M].北京：北京工业大学出版社，2017.11.

[8] 丁凯，曹征齐.岩土工程 [M].郑州：黄河水利出版社，2017.04.

[9] 张广兴，张忠苗.工程地质第2版 [M].重庆：重庆大学出版社，2017.06.

[10] 席永慧，陈建峰.土力学与基础工程 [M].上海：同济大学出版社，2017.05.

[11] 白建光.工程地质 [M].北京：北京理工大学出版社，2017.08.

[12] 吴顺川.边坡工程 [M].北京：冶金工业出版社，2017.09.

[13] 孙兵.基础工程 [M].成都：电子科技大学出版社，2017.07.

[14] 徐超，韩杰，罗敏敏.土体工程 [M].上海：同济大学出版社，2017.03.

[15] 吴圣林.岩土工程勘察第2版 [M].徐州：中国矿业大学出版社，2018.03.

[16] 卢春华.工程钻探与取样技术 [M].武汉：中国地质大学出版社，2018.05.

[17] 倪红梅，殷许鹏.岩土与结构工程中不确定性问题及其分析方法研究 [M].长春：东北师范大学出版社，2018.01.

[18] 齐永正.岩土工程施工技术 [M].北京：中国建材工业出版社，2018.02.

[19] 张我华，王军，符洪涛，倪俊峰.岩土工程损伤力学基础 [M].北京：科学出版社，2018.06.

[20] 何开胜.岩土工程测试和安全监测 [M].北京：中国建筑工业出版社，2018.07.

[21] 雷斌.实用岩土工程施工新技术 [M].北京：中国建筑工业出版社，2018.06.

[22] 龚晓南，杨仲轩.岩土工程计算与分析 [M].北京：中国建筑工业出版社，

2018.01.

[23] 向建，陈旭东，李正兵 . 岩土锚固技术的新发展与工程应用 [M]. 北京：人民交通出版社，2018.10.

[24] 卢春华 . 工程钻探与取样技术 [M]. 武汉：中国地质大学出版社，2018.05.

[25] 刘新荣，杨忠平 . 工程地质 [M]. 武汉：武汉大学出版社，2018.12.

[26] 刘勇，高景光，刘福臣 . 地基与基础工程施工技术 [M]. 郑州：黄河水利出版社，2018.07.

[27] 吕凡任 . 地基基础工程 [M]. 重庆：重庆大学出版社，2018.08.

[28] 张恩祥，冯震 . 工程地质学 [M]. 北京：科瀚伟业教育科技有限公司，2018.04.

[29] 朱济祥 . 土木工程地质第 2 版 [M]. 天津：天津大学出版社，2018.01.

[30] 谢东，许传道，丛绍运 . 岩土工程设计与工程安全 [M]. 长春：吉林科学技术出版社，2019.05.

[31] 赵斌，张鹏君，孙超 . 岩土工程施工与质量控制 [M]. 北京：北京工业大学出版社，2019.10.

[32] 刘克文，沈家仁，毕海民 . 岩土工程勘察与地基基础工程检测研究 [M]. 北京：文化发展出版社，2019.06.

[33] 李振华 . 岩土工程施工技术与安全管理 [M]. 北京：北京工业大学出版社，2019.10.